机械设计制造及其自动化专业系列教材

液压传动与控制

(新版)

曹玉平　阎祥安　主编

天津大学出版社
TIANJIN UNIVERSITY PRESS

内 容 提 要

本书以“回路”和“传动”为主，阐述了液压传动的理论基础；系统介绍了液压元件；将液压元件与基本回路有机地结合起来，阐述了典型液压系统的分析方法，讲授了液压系统的设计内容与步骤。本书可作为高等工科院校的教材，也可供工程技术人员参考。

图书在版编目(CIP)数据

液压传动与控制：新版/曹玉平，阎祥安主编．—天津：天津大学出版社，2009．9（2018.2 重印）

ISBN 978-7-5618-3082-6

Ⅰ.液…　Ⅱ.①曹…　②阎…　Ⅲ.①液压传动－高等学校－教材　②液压控制－高等学校－教材　Ⅳ.TH137

中国版本图书馆 CIP 数据核字(2009)第 125976 号

出版发行	天津大学出版社
地　　址	天津市卫津路 92 号天津大学内(邮编：300072)
电　　话	发行部：022-27403647
网　　址	publish. tju. edu. cn
印　　刷	天津泰宇印务有限公司
经　　销	全国各地新华书店
开　　本	185mm×260mm
印　　张	15. 75
字　　数	394 千
版　　次	2009 年 9 月第 1 版
印　　次	2018 年 2 月第 6 次
印　　数	11 001-13 000
定　　价	30. 00 元

前　言

《液压传动与控制》是为高等学校机械工程类专业编写的教材。为了适应培养21世纪应用型工程技术人才的需要,充分地反映我国改革开放30年液压传动与控制技术的成就,更好地为工程实际服务,编者在原版《液压传动与控制》基础上,总结多年的教学和实践经验,删繁就简,去旧增新,着重突出基本观点、基本原理、基本元件、基本回路,在编写体系上,力求反映我国液压传动与控制技术的最新成果,力求体现教材的稳定性、先进性、理论性和系统性。

“液压传动与控制”课程属于技术基础课。根据专业面适当放宽的原则,学习本课程应着重于基本内容的掌握和应用,而不应局限于对某个专业典型设备的了解。

本书以“回路和传动”为主线,根据液压系统由基本回路组成,回路由基本元件组成的从属关系,将元件和基本回路紧密结合。对于标准元件,则侧重于基本原理及选用原则介绍,不过多地讲述具体结构,读者可根据原理自行分析具体结构。对于辅助元件,按其在系统中的功能分述,使之与内容密切联系,学以致用。对于液压伺服系统不按一般液压传动系统看待,因此本书只简要介绍它的原理及性能,不谈设计问题。

因教材面对初学者,所以应按照教学大纲要求,讲清基本内容、基本理论和基本方法,使学生受到启发后了解进一步探索问题的途径,为科技创新打下坚实的理论基础。

学习本课程的先修科目是“液压流体力学”,但机械类专业尚未单独设立此课程。为了教学需要,本书编入了与本课程内容密切相关的流体力学内容。

参加本书编写工作的有郑炜、徐健、肖聚亮、张承谱等同志。

本书编写过程中吸纳了许多兄弟院校有关教材及同仁专著中的精华,均列于参考文献之中,在此谨向有关作者表示衷心感谢。

由于编者水平有限,书中缺点和错误在所难免,敬请读者批评指正。

编者

2009年5月

目　　录

第 1 章　绪　　论

液压传动与控制是研究以有压液体为能源介质实现各种机械传动与控制的学科。液压传动与控制是以液压油或其他合成液体为工作介质，采用各种元件组成所需要的控制回路，再由若干回路有机组合成能完成各种控制功能的传动系统，以进行能量的转换、传递与控制。因此，研究液压传动及其控制技术，就必须了解传动介质的基本物理性能及静力学、运动学和动力学特性，了解组成系统的各类液压元件的结构、工作原理、工作性能以及由这些元件组成的各种控制回路的性能和特点，并在此基础上设计液压传动控制系统。

相对于机械传动来说，液压传动是一门新兴的技术。由于它具有许多突出的优点，近些年来广泛应用在机械制造、电子、工程机械、交通运输、军事器械、冶金、石油化工、航空、航海、发电、轻工、农机等各个方面，也被应用在宇宙航行、海洋开发、核能建设等新的技术领域中。

1.1　液压传动系统的工作原理及组成

1.1.1　液压传动系统的工作原理

液压传动的应用领域很广，具体的液压传动系统结构也比较复杂。现以图 1-1 所示

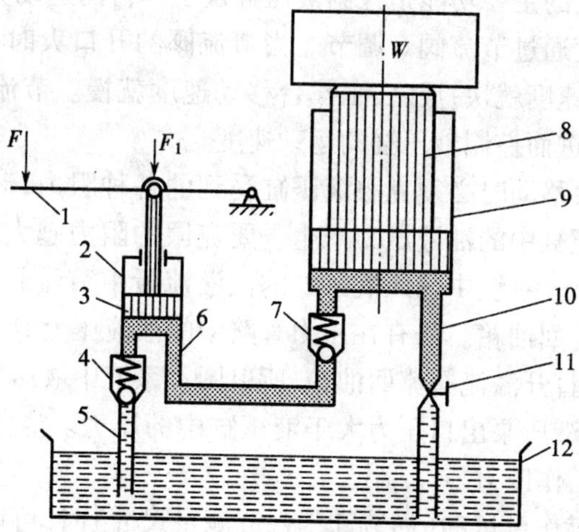

图 1-1　液压千斤顶工作原理

1—杠杆手柄；2—小缸体；3—小活塞；4、7—单向阀；5—吸油管；6、10—管道；8—大活塞；9—大缸体；11—截止阀；12—油箱

的液压千斤顶为例，简述液压传动的工作原理。图中，杠杆手柄1、小缸体2、小活塞3及单向阀4和7组成手动液压泵；大缸体9和大活塞8组成举升液压缸。当提起手柄使小活塞上移时，其下腔容积增大，形成局部真空，油箱中的油液在大气压作用下，通过吸油管5顶开单向阀4，补充到小活塞下腔，此即吸油过程；压下手柄时，小活塞下移，其下腔容积缩小油液压力升高，关闭单向阀4，开启单向阀7，小活塞下腔的油液输入大缸体9的下腔，迫使大活塞8上移，重物 W 被顶起。再次提起手柄完成吸油过程时，单向阀7自动关闭，使大活塞下腔油液不能倒流，从而保证了重物不会自行下落。不断地往复扳动手柄，就能不断地把油液压入举升缸下腔，使重物逐渐升起。千斤顶能顶升多重的物体，决定于施加的压力和两个大、小活塞的面积比。重物举升的速度决定于小活塞的下移速度和大、小活塞的面积比。

从以上分析可以看出，液压传动以液体的压力能传递动力。任何液压传动系统，都是通过处于密闭容积内的受压液体的流动传递机械能的。

1.1.2 液压传动系统的组成

图1-2所示为一个驱动机床工作台作往复运动的液压传动系统，这是一幅半结构式的工作原理图。它由油箱1、过滤器2、液压泵3、溢流阀4、换向阀5、节流阀6、换向阀7、液压缸8及连接这些元件的油管、管接头等组成。该系统的工作原理是：液压泵由电机驱动，油液经过滤器进入液压泵吸油腔，泵输出的压力油经换向阀5、节流阀6、换向阀7进入液压缸左腔。此时液压缸右腔的油液经换向阀7和回油管路排回油箱，液压缸推动工作台9向右移动。

当把换向阀7的手柄移动到图1-2 b）所示状态时，经节流阀6的压力油由换向阀7进入液压缸右腔。此时液压缸左腔的油经换向阀7和回油管排回油箱，液压缸推动工作台向左移动。换向阀7的主要功能是控制液压缸及工作台的运动方向。

工作台的移动速度通过节流阀6调节。当节流阀的开口大时，进入液压缸的油液流量就大，工作台的移动速度就快；反之，工作台移动速度就慢。节流阀6的主要功能是控制进入液压缸的流量，进而控制液压缸的运动速度。

液压缸推动工作台移动时必须克服液压缸受到的各种阻力，液压缸必须具有足够大的推力。该推力由液压缸中的油液压力产生。要克服的阻力越大，液压缸中的油液压力越大；反之，压力就越小。系统中输入液压缸的油液流量由节流阀调节，而液压泵输出的多余油液则经溢流阀排回油箱。只有在压力管路中的油液压力等于或略大于溢流阀中弹簧预压力时，油液才能打开溢流阀流回油箱，所以图示系统中液压泵出口油液压力由溢流阀调定。一般情况下，液压泵出口压力大于液压缸中的压力。溢流阀在液压系统中的主要功能是控制系统的工作压力。

当需要短期停止工作台运动（如装卸工件或测量尺寸）时，可以拨动换向阀5的操纵手柄，使其阀芯处于左位，如图1-2 c）所示状态。此时，液压泵输出的油液经换向阀5直接排回油箱，不再输到液压缸中去，工作台停止运动。此换向阀通常又称为开停阀。

液压系统中的过滤器2的作用是滤除油液中的污染物，保证油液清洁，使系统正常工

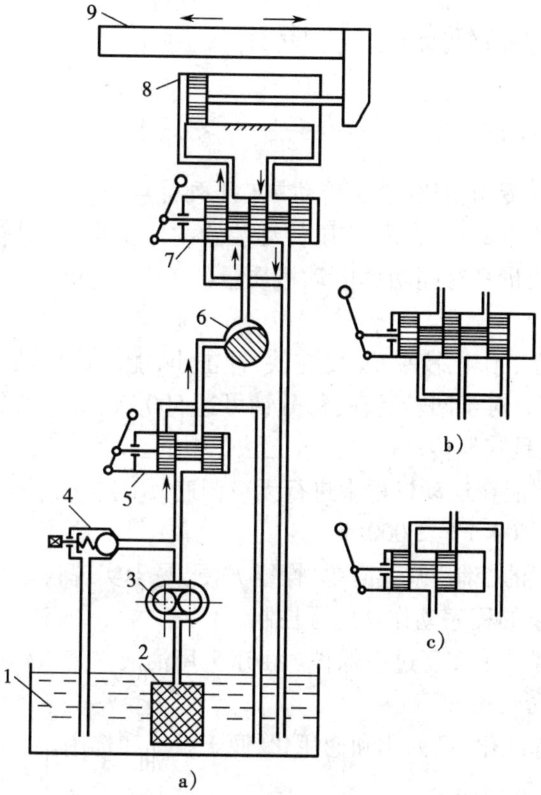

图 1-2　机床工作台液压系统的工作原理

1—油箱;2—过滤器;3—液压泵;4—溢流阀;5、7—换向阀;
6—节流阀;8—液压缸;9—工作台

作。

从上面示例可以看出,一个液压传动系统通常由以下部分组成。

1) 能源装置　它是把机械能转换成油液压力能的装置,最常用的就是液压泵。

2) 执行装置　它是把油液的压力能转换成机械能的装置。在上例中,它是作直线运动的液压缸;在其他情况下,也可以是作回转运动的液压马达等。

3) 控制调节装置　它们是控制液压系统中油液的压力、流量和油流方向的装置,如上例中的溢流阀、节流阀、换向阀等液压元件。这些元件是保证系统正常工作必不可少的组成部分。

4) 辅助装置　除上述三项以外的其他装置,如油箱、过滤器、油管等,对保证液压系统可靠、稳定、持久工作有重大作用。

5) 传动介质　传动介质是指传递能量的流体,即液压油。

1.2 液压传动的优缺点及应用

1.2.1 液压传动的优缺点

与机械传动、电力传动相比,液压传动具有下列优点。

① 在传递同等功率的情况下,液压传动装置的体积小、质量轻、惯性小、结构紧凑。据统计,液压马达的质量只有同功率电动机质量的 10% ~20%,而且能够传递较大的力或转矩。

② 液压传动装置工作比较平稳,反应快,冲击小,能高速启动、制动和换向。液压传动装置的换向频率高。对于回转运动,每分钟可达 500 次;对于直线往复运动,每分钟可达 400 ~1 000次。这是其他传动控制方式无法比拟的。

③ 液压传动装置能在运动过程中进行无级调速,调速方便,调速范围大,而且调速性能好。其传动比可达 100:1至 2 000:1。

④ 液压传动装置的控制、调节简单,操纵方便,易于实现自动化,如与电气控制相配合,可方便地实现复杂的程序动作和远程控制。

⑤ 液压传动装置易于实现过载保护。由于采用油液作为工作介质,液压传动装置能自行润滑,故使用寿命较长。

⑥ 液压元件已标准化、系列化和通用化,便于设计和选用。

液压传动的主要缺点如下。

① 液压传动装置是以液体作为传动介质,无法避免泄漏。液体的泄漏和液体的可压缩性使液压传动难以保证严格的传动比。

② 液压传动装置在能量转换过程中存在着机械摩擦损失、压力损失和泄漏损失等,故不易用作远距离传输。

③ 液压传动装置对油温比较敏感,不宜在低温和高温条件下工作。液压传动装置对油液的污染比较敏感,要求有良好的过滤装置。

④ 液压元件制造精度要求高,使用维护要求严;液压传动装置出现故障时不易诊断和排除。

1.2.2 液压传动技术的应用

由于液压传动技术的独特优势,因而在国民经济的各个领域得到广泛应用。目前,其应用领域仍在不断扩展,从组合机床、机械手、自动加工及装配线到金属及非金属压延、注射成型设备;从材料及构件强度试验机到电液仿真试验平台;从建筑、工程机械到农业、环保设备;从能源机械调整控制到热力与化工设备过程控制;从橡胶、皮革、造纸机械到建筑材料生产自动线;从采煤机械到石油钻探及采收设备;从航空航天器控制到船舶、火车、汽车等运输设备等等。液压传动与控制技术已成为现代机械工程制造业的基本要素和工程控制关键技术之一。

液压传动与控制技术在各个领域被采用的原因不尽相同。例如，工程机械、矿山机械、起重运输机械、压力机械等领域采用液压传动技术的重要原因是其结构简单、体积小、输出力大、功率大；航空、航天等领域采用液压传动技术的主要原因是其单位功率的质量轻、结构尺寸小；机床及其加工自动线上采用液压传动技术的原因是其能在工作过程中实现无级调速，易于实现频繁启动、制动及换向，易于实现自动化等等。

液压传动技术在各类机械行业中的应用见表1-1。

表1-1 液压传动在各类机械行业中的应用

行业名称	应用举例	行业名称	应用举例
工程机械	挖掘机、装载机、推土机	轻工机械	打包机、注塑机
矿山机械	凿石机、开掘机、提升机、液压支架	灌装机械	食品包装机、真空镀膜机、化肥包装机
建筑机械	打桩机、液压千斤顶、平地机	汽车工业	高空作业车、自卸式汽车、汽车起重机
冶金机械	轧钢机、压力机、步进加热炉	铸造机械	砂型压实机、加料机、压铸机
锻压机械	液压机、模锻机、空气锤	纺织机械	织布机、抛纱机、印染机
机械制造	组合机床、车床、自动线	电子机械	IC制造业

1.3 液压传动技术的发展概况

相对于机械传动来说，液压传动是一门新兴技术。如果从17世纪中期帕斯卡提出静压传递原理、18世纪末英国制成世界上第一台水压机算起，液压传动已有二三百年的历史。然而，液压传动的真正推广使用却是近四五十年的事。

19世纪是液压传动技术走向工业应用的世纪。18世纪以前奠定的流体力学、热力学、摩擦学、机构学及控制理论等科学基础及机器制造工艺基础，为20世纪流体传动与控制技术的发展提供了科学与技术条件。值得一提的是，1905年美国人Janney首先将矿物油引入液体传动作为传动介质，并设计研制了第一台轴向柱塞泵及其液压驱动装置。液压油的引入，为改善液压元件的摩擦、润滑和泄漏，为提高液压系统工作压力创造了条件。由于无成熟的液压元件，一些通用机床设备及机械直到20世纪30年代才开始采用液压传动技术，而且很不普遍。第二次世界大战期间，大规模的武器生产促进了机械制造工业标准化、模块化概念与技术的形成和发展，车辆、舰船、航空器、兵器等采用了反应快、动作准、功率大的液压传动装置，推动了液压元件功率密度和控制性能的提高，推动了液压技术的发展。战后，液压传动技术迅速转向民用，在机床、工程机械、汽车等行业中逐步推广。20世纪60年代，随着原子能、空间技术、计算机技术的发展，液压传动技术已渗透到国民经济的各个领域，并且得到了长足发展。

我国的液压工业起步较晚，开始于20世纪50年代，从仿制苏联产品起步，附属于机床制造业、农业机械制造业、工程机械制造业等主机行业，当时没有专业生产厂。自1964年从国外引进液压元件制造技术，同时自行设计液压产品以来，我国的液压元件生产已从低压到高压形成系列，并在各种机械设备上得到广泛应用。

回顾历史可见，液压传动技术是机械设备中发展速度最快的技术之一。特别是近年来液压与微电子、计算机技术的结合，使液压技术进入了一个崭新的发展阶段，预计未来的液压技术将变得更为机械电子一体化、模块化、智能化和网络化。按照可持续发展理念，未来液压传动介质、材料、工艺及产品应符合生态与环保要求，符合可再生、可持续发展要求，新的液压传动介质将可能具有自洁净、自补偿（压敏、场敏、温敏）、自降解（光敏或生物降解），更适应传动、润滑和生态环境友好的要求。随着材料科学的发展，新材料、新工艺引入液压技术，将使液压传动与控制元器件加工精度及表面质量达到新的量级，从而使元器件的效率、寿命得以极大提高。

第2章　液压系统工作介质

在液压传动系统中，石油型介质——液压油具有优良的润滑性能，在应用中占据主导地位。此外还有各种特性不同的液压介质可供选择，以满足各类系统应用需要。为合理选择与使用液压油，必须了解它的一些重要特性。

2.1　液压油

2.1.1　液压油的主要物理性质

1. 密度与重度

单位体积均质液体所具有的质量称为密度(ρ)，即

$$\rho = \frac{m}{V} \tag{2-1}$$

式中　m——液体质量；

　　V——液体的体积。

单位体积均质液体所具有的重量称为重度(γ)，即

$$\gamma = \frac{G}{V} \tag{2-2}$$

式中　G——液体的重量；

　　V——液体的体积。

因为 $G = m\,g$，所以 $\gamma = \rho \cdot g$。

在国际单位制(SI)中，液体的密度单位用 kg/m^3，重度单位用 N/m^3。

液体的密度和重度随着压力和温度的变化而变化。在一般工作条件下，压力和温度对石油型液压油的密度和重度的影响很小，可忽略不计。计算时取　$\rho = 900\ kg/m^3$，$\gamma = 8.83 \times 10^3\ N/m^3$。

2. 压缩性

液体受压力作用体积缩小的性质称为压缩性。压缩性的大小用体积压缩系数 K 表示。其定义为：体积压缩系数即单位压力变化时，液体体积的相对变化量。其表示式为

$$K = -\frac{1}{\Delta p} \cdot \frac{\Delta V}{V} \tag{2-3}$$

式中　Δp——液体压力的变化值；

　　ΔV——液体体积在压力变化 Δp 时的变化量；

　　V——液体的初始体积。

式中负号是因为压力增大时，液体的体积减小，反之则增大。为使 K 值为正值，故加一负号。

液体体积压缩系数的倒数称为液体体积模量，用 E 表示，即

$$E=\frac{1}{K} \tag{2-4}$$

液压油的体积压缩系数 $K=(5\sim7)\times10^{-10}\ \text{Pa}^{-1}$，其体积模量 $E=(1.4\sim2.0)\ \text{GPa}$。钢的体积模量 $E=2.06\times10^{2}\ \text{GPa}$，液压油的体积模量为钢的 $\frac{1}{140}\sim\frac{1}{100}$。因此，在系统压力变化不大时，液压油的压缩性可忽略不计，即认为液压油是不可压缩的。当系统压力变化较大、研究液压系统的动态性能、设计液压伺服系统时，则必须考虑其压缩性。常用液压系统工作介质体积模量如表 2-1 所示。

表 2-1　常用液压系统工作介质体积模量　(GPa)

水	油包水	水—乙二醇	磷酸酯	矿物油	甘油	硅酮油
2.12	2.3	3.45	2.05	1.4~2.0	4.0	1.0

实际液压系统中，油液中混有空气，使压缩性显著增加，体积模量显著减小。

设封闭容器中压力增加 Δp 后，油液体积缩小了 ΔV_1，而容器体积增大了 ΔV_c，这时油液等效体积模量 E' 的表达式为

$$E'=-\frac{\Delta p\cdot V}{\Delta V_1+\Delta V_c}$$

则

$$\frac{1}{E'}=-\frac{\Delta V_1+\Delta V_c}{\Delta p\cdot V}=-\frac{\Delta V_1}{\Delta p\cdot V}-\frac{\Delta V_c}{\Delta p\cdot V}=\frac{1}{E}+\frac{1}{E_c} \tag{2-5}$$

式中　E——油液的体积模量；

E_c——封闭容器的体积模量。

3. 黏性

液体在外力作用下流动时，由于液体分子的内聚力而产生阻止液体分子相对运动的内摩擦力，液体的这种特性称为黏性。黏性的大小用黏度表示。黏度是液体最重要的物理特性之一，是选择液压油的主要依据。

如图 2-1 所示，设两平行平板间充满油液，上平板以速度 u_0 向右运动，下平板固定不动，紧贴在上平板的油液在附着力的作用下随上平板以相等的速度 u_0 向右运动，紧贴在下平板的油液保持静止不动。当两平板间距离较小时，中间油液层的速度按线性分布。由于各层的速度不同，运动快的流层拖动运动慢的流层，运动慢的流层阻滞运动快的流层。流层之间产生相互作用力，即内摩擦力。

实验测定，流层间的内摩擦力 F_τ 与流层接触面积 A 及流层间相对运动速度 $\mathrm{d}u$ 成正

比，而与流层间的距离 dy 成反比，即

$$F_\tau=\mu \cdot A \cdot \frac{du}{dy} \tag{2-6}$$

式中　μ——比例系数，称为动力黏度；

$\frac{du}{dy}$——速度梯度，即流层相对速度对流层距离的变化率。

由式(2-6)知，对于静止液体来说，du=0，则 $F_\tau=0$，所以静止液体不呈现黏性。

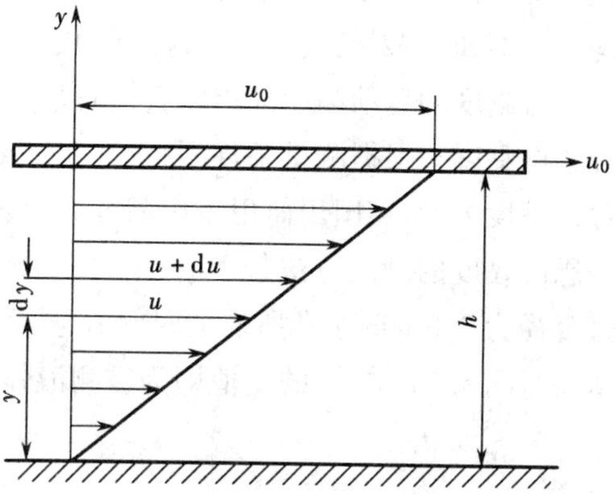

图 2-1　相对运动与黏性

如以 $\tau=\frac{F_\tau}{A}$表示切应力，则有

$$\tau=\frac{F_\tau}{A}=\pm\mu\frac{du}{dy} \tag{2-7}$$

当$\frac{du}{dy}>0$时，取"+"；当$\frac{du}{dy}<0$时，取"-"。

动力黏度 μ 为常数的液体称为牛顿液体；速度梯度变化，μ 值也随之变化的液体称为非牛顿液体。除高黏度或含有特殊添加剂的油液外，一般液压油均可视为牛顿液体。

由式(2-7)得动力黏度

$$\mu=\frac{\tau}{\frac{du}{dy}} \tag{2-8}$$

式(2-8)的物理意义是，液体以单位速度梯度流动时，单位面积上产生的内摩擦力。

在国际单位制(SI)中，动力黏度 μ 的单位是帕斯卡·秒(Pa·s)。在工程制中用泊(P)表示，即 1P=1 dyn·s·cm^{-2}，或用厘泊(cP)表示。之所以称为动力黏度，是因为在其量纲中有动力学的要素——力的缘故。两种单位制的换算关系为

1 Pa·s=10 P=10^3 cP

动力黏度 μ 与液体密度 ρ 之比值叫做运动黏度(ν)，即

$$\nu=\frac{\mu}{\rho} \tag{2-9}$$

运动黏度并无特殊的物理意义，只是因为在理论分析和计算中常遇到$\frac{\mu}{\rho}$，为方便起见采用 ν 表示。它的量纲中只有长度与时间，故称其为运动黏度。

在国际单位制(SI)中，运动黏度 ν 的单位是 m^2/s，在 CGS 制中以 cm^2/s 为单位，通常称为"沲"(Stocks)，或用厘沲(cSt)表示。1 St=100 cSt，又有

1 m^2/s=10^6 cSt=10^6 mm^2/s

我国液压油的黏度一般都采用运动黏度表示。机械油的运动黏度直接表示在它的牌

号上。每一种机械油的牌号，就表示这种油在 40 ℃时以 mm^2/s 为单位的运动黏度 ν 的平均值。例如，N32 机械油，表示在 40 ℃时其运动黏度的平均值为 32 mm^2/s。

动力黏度和运动黏度都难以直接测量。工程上常用便于测量的相对黏度。相对黏度又称条件黏度。根据测量条件不同，中国、俄罗斯和德国用恩氏黏度$°E_t$ 表示，美国用国际赛氏黏度表示，英国用商用雷氏黏度表示。

恩氏黏度的测定方法如下：测定 200 cm^3 温度为 t（℃）时的被测液体在重力作用下流过直径为 2.8 mm 小孔所需的时间 t_1，然后测出同体积的蒸馏水在 20 ℃时流过同一小孔所需时间 t_2。t_1 与 t_2 的比值即为被测液体在温度为 t（℃）时的恩氏黏度值，表示为

$$°E_t = \frac{t_1}{t_2} \tag{2-10}$$

工业一般以 20 ℃、50 ℃和 100 ℃作为测定恩氏黏度的标准温度，并相应地以符号$°E_{20}$、$°E_{50}$和$°E_{100}$表示。

各种黏度的单位名称、符号、采用国家与换算公式见表 2-2。

表 2-2　各种黏度单位名称、符号、采用国家与换算公式

黏度单位名称	又　名	符　号	单　位	采用国家和地区	与运动黏度（mm^2/s）之换算公式
动力黏度	黏性动力系数（绝对黏度）	μ	厘　泊	俄罗斯	$\nu = \frac{\mu}{\rho}$
运动黏度	黏性运动系数（绝对黏度）	ν	厘　沲 cct（俄罗斯） cst（英国）	中国、俄罗斯、英国、美国、日本	
恩氏黏度	相对黏度	$°E_t$	度	中国、欧洲	$\nu = 7.31°E_t - \frac{6.31}{°E_t}$ （乌别洛德近似公式）
赛氏黏度	通用赛波尔特　秒	S	秒	美国	$\nu = 0.225S$
雷氏黏度	雷氏秒	R_1	秒	英国、美国	$\nu = 0.26R_1 - \frac{172}{R_1}$

液压油黏度对温度的变化十分敏感，温度升高，油的黏度下降。不同种类的油液的黏度随温度变化的规律也不同。不同黏度等级的油液黏度与温度的关系（黏度指数 =95）如图 2-2 所示。

液压油的黏度指数（VI）表明液压油的黏度随温度变化的程度同标准油黏度变化程度比值的相对值。黏度指数高，则黏温特性好。一般液压油的黏度指数要求在 90 以上，优异的在 100 以上。

油液的黏度也受压力变化的影响。压力增加，其分子间距离缩小，黏度增大。但压力

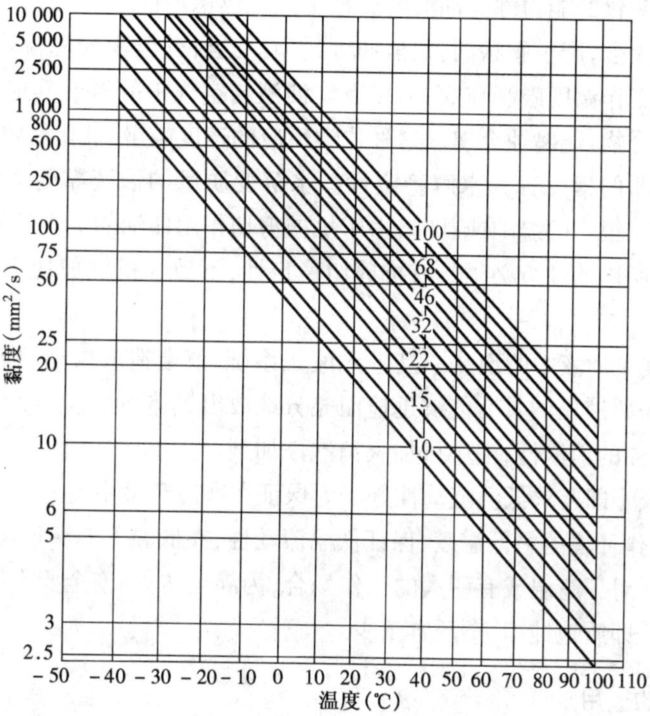

图 2-2　油液的黏度与温度特性

在 20 MPa 以下时，黏度变化不大，实际应用中可忽略不计。当压力很高时，黏度将急剧增大，不容忽视。矿物油系液压油的黏度与压力的关系可用经验公式表示，即

$$\nu_p = \nu_0 e^{bp} \tag{2-11}$$

式中　ν_p——压力为 p 时的运动黏度；

ν_0——压力为 1 个大气压时的运动黏度；

b——系数，对于一般液压传动油为$(0.002 \sim 0.004) \times 10^{-5}\ Pa^{-1}$；

p——油的压力，Pa。

2.1.2　对液压油的要求

液压介质是液压系统中最重要的材料，是系统的生命线。它将系统中各元件沟通起来成为一个有机整体。液压系统对所用油液的要求如下。

1）黏度适宜和黏温特性好　适宜的黏度和良好的黏温特性对液压系统十分重要。一般液压系统所用的液压油的黏度范围为

$$\nu = (11.5 \sim 35.3) \times 10^{-6}\ m^2/s$$

2）润滑性能好　在液压机械设备中，除液压元件外，还有一些相对运动的零件也需要润滑，因此，液压油应具有良好的润滑性和很高的油膜强度。

3）稳定性好　即对热、氧化、水解和剪切都有良好的稳定性，使用寿命长。油液抵抗

受热时发生化学变化的能力称为油液的热稳定性。热稳定性差的油液在温度升高时油的分子容易裂化或聚合,产生脂状沥青、焦油等物质。这种化学反应随温度升高而加快,所以一般液压油的工作温度限制在65 ℃以下。油液与空气中的氧或其他含氧物质发生反应后生成酸性化合物,能腐蚀金属。这种化学反应的速度越慢,氧化稳定性就越好。油液遇水发生分解变质的程度称为水解稳定性。水解变质后的油液黏度降低,腐蚀性增加。油液在高压下流过很小的缝隙或孔时,由于机械剪切作用使油的化学结构发生变化,黏度减小。液压系统所用的油液必须具有抗剪切稳定性,不致受机械剪切作用而使黏度显著变化。

4）消泡性好　油液中的泡沫一旦进入液压系统,就会造成振动、噪声以及增大油的压缩性等,因此需要液压油具有能够迅速而充分地放出气体而不致形成泡沫的性质,即消泡性。为了改善油的消泡性,油中可加入消泡添加剂。

5）凝固点低　即要求低温流动性好。为保证在寒冷环境中能够正常工作,液压油的凝固点应低于工作环境的最低温度,保证低温流动性,在低温下能够正常工作。

6）闪点高　对于高温或有明火的工作场合,为满足防火、安全要求,油的闪点要高。

7）杂质少　即质地纯净,杂质含量少。

2.1.3　液压油的选用

正确、合理地选用液压油,是保证液压设备高效运行的前提,也是保证各液压元件性能、延长使用寿命的关键。

① 液压油的选择应以液压元件生产厂推荐的油品及黏度为依据。各厂家的产品不同,所推荐的黏度值也不同。但液压系统中工作最繁重的元件是泵和马达,针对泵和马达选择的油液黏度一般也适用于阀类元件。厂家推荐的黏度范围见表2-3。正常工作黏度范围是指液压系统油温稳定后油液黏度的范围。石油型液压油的温度范围为 -20 ~ +80 ℃。为使油液和液压系统获得最佳使用寿命,最高温度不宜超过 +65 ℃。含水液压油液的温度范围为 +10 ~ +54 ℃。无论在实际温度内如何变化,都必须保证油液黏度值在表2-3规定的范围内。同一厂家生产的不同设备也应尽量选用同一牌号的油品。

② 根据液压系统的工作压力、工作温度、液压元件种类及经济性等因素全面考虑,一般首先确定适用的黏度范围,再选择合适的液压油品种。同时还要考虑液压系统工作条件的特殊要求,如在寒冷地区工作的系统,则要求油的黏度指数高、低温流动性好、凝固点低;伺服系统则要求油质纯、压缩性好;高压系统则要求油液抗磨性好。

③ 选用液压油时,黏度是一个重要的参数。黏度高低将影响运动部件的润滑、缝隙泄漏以及流动时的压力损失、系统的发热等。所以,在环境温度较高、工作压力较高和运动速度较低时,为减少泄漏,应选用黏度较高的液压油;否则相反。

④ 选用油的品种时,对要求不高的液压系统可选用机械油、汽轮机油或普通液压油。对于条件要求较高或专用液压传动设备,可选用各种专用液压油,如抗磨液压油、稠化液

压油、低温液压油、航空液压油等。这些油都加入了各种改善性能的添加剂,性能较好。部分国产液压油质量指标及应用见表2-4。

⑤ 要选用优质油,不得选用劣质油。劣质油对液压元件会造成较大的损害,对系统造成更多的污染,极易发生故障,影响系统的性能,缩短重要液压元件的寿命。

⑥ 使用液压油,不得在受污染的油液中加兑新油液,更换油液必须清洗系统,注入过滤后的新油液。

表2-3 液压元件的适用黏度范围

厂家	元件	推荐黏度(mm^2/s)		
		黏度上限	黏度下限	正常工作范围
Vickers	直轴式柱塞泵、马达	220	13	13~54
	齿轮式、叶片式、弯轴式泵马达	860	13	13~54
	低速大扭矩叶片马达	110	13	13~54
	普通阀	500	13	13~54
	叠加阀	500	8	8~51
	比例阀	500	13	13~54
	伺服阀	220	13	13~54
Resroth	柱塞泵、马达	1 000	10	16~36
	齿轮泵	1 000	10	10~300
	变量叶片泵	800(供油启动) 200(截流启动)	10	10~160(截流压力<6.3 MPa) 25~160(截流压力>6.3 MPa)
	普通阀	800	10	
	比例阀	380	2.8	
	液压缸	380	2.8	
Bosch	各类元件	800~200	10	12~100
Danfoss	柱塞泵、摆线马达			20~15

表2-4 普通液压油质量指标及应用

名称		N32号 普通液压油	N46号 普通液压油	N68号 普通液压油	N100号 普通液压油	N150号 普通液压油	N32G号 普通液压油	N68G号 普通液压油
代号		YA-N32	YA-N46	YA-N68	YA-N100	YA-N150	YA-N32G	YA-N68G
原牌号		20号	30号	40号	60号	80号	20号	40号
运动黏度(mm^2/s)	40 ℃	28.8~35.2	41.4~50.6	61.2~74.8	90~110	135~165	28.8~35.2	61.2~74.8
	50 ℃	17~23	27~33	37~43	57~63	77~83	17~23	37~43
黏度指数≥		90	90	90	90	90	90	90
开口闪点≥ (℃)		170	170	170	170	170	170	170

续表

名　　称		N32 号 普通液压油	N46 号 普通液压油	N68 号 普通液压油	N100 号 普通液压油	N150 号 普通液压油	N32G 号 普通液压油	N68G 号 普通液压油
凝点≤　(℃)		-10	-10	-10	-10	-10	-10	-10
抗氧化安定性(酸值达 2 mgKOH/g)≥　(h)		1000	1000	1000	—	—	1000	1000
防锈性(蒸馏水法)		无锈	无锈	无锈	无锈	无锈	无锈	无锈
临界载荷≥　(N)		600	600	600	600	600	600	600
抗泡沫性 (93 ℃)≤　(mL)	起泡	50	50	50	50	50	50	50
	消泡	0	0	0	0	0	0	0
抗磨性(四球,PB)　(N)		800	800	800	800	800	800	800
应　　用		适用于环境温度为 0 ~ 40 ℃的各类中高压系统(适用工作压力为 6.3 ~ 2.1 MPa),并专用于各种精密机床的液压和导轨合用的系统						

注:1. 尾注号 G 表示具有良好的黏度与温度特性,减少导轨爬行现象,专用于各类精密机床的液压和导轨合用的系统中。

2. 表中 YA-N100、YA-N150 质量指标按 Q/SY8049—79 质量标准等资料编制。

3. YA-N＊原名为精密机床液压油,YA-N＊G 原名为精密机床液压—导轨两用油。

2.1.4　抗燃型液压介质

石油型液压油具有众多的优良特性,但它们会燃烧,且燃点比其他液压介质低。有以下几种抗燃液压油可替代使用。

1. 水包油乳化液(高水基液)

水包油乳化液的主要组分是基础油、乳化剂和防锈剂,并根据需要添加助溶剂、防霉剂和抗泡剂等。基础油(占 5% ~10%)主要作为各种添加剂的载体。这种乳化液黏度低,所以通过液压元件间隙的泄漏量较多,使系统效率降低,因此液压系统的最高工作压力不超过7 MPa。增黏型水包油乳化液的压力可达 14 MPa。由于水的饱和蒸气压较高,为防止产生气蚀,液压泵转速不宜超过 1 200 r/min。该乳化液的 pH 值高,应避免用于镁合金和锌、镉之类的金属。

2. 油包水乳化液

油包水乳化液是用黏度、凝点合适的基础油(60%)和水(40%)加入乳化剂、抗磨剂、防锈剂等调制而成。它既具有石油型液压油的良好性能,又具有抗燃性。它与密封橡胶材料、油箱涂料以及金属材料的相容性和一般液压油相近,使用温度不宜超过 65 ℃。

3. 水-乙二醇

水-乙二醇液是真正的溶液,而非乳化液。它含有三种成分,即水、乙二醇、水溶性高分子聚乙二醇。它具有很好的抗燃性和润滑性。其黏度选择范围很宽,黏度指数高,与大多数金属材料(如钢、铝、铜等)相适应。其使用温度为 -18 ~ +65 ℃。

4. 磷酸酯

磷酸酯液是一种纯净的合成液,具有很好的润滑性能。它也是最好的抗燃介质,在高温、高压下具有更好的特性。它对大多数金属不腐蚀,可与丁基胶、乙丙胶、氟橡胶、硅橡胶、聚四氟乙烯相容，工作温度可达 135 ℃，但价格较高。

几种常用液压油（介质）性能见表 2-5。

表 2-5 几种常用液压油（介质）性能

质量项目	高黏度指数石油基(HR)	抗磨石油基(HM)	水包油(HFA)	油包水(HFB)	水-乙二醇(HFC)	磷酸酯(HFD)	多元醇酯(HFD)
外观	浅褐	浅褐	透明、乳化	乳白	透明	透明	深褐
密度(g/cm^3)	0.86	0.87	1.005	0.95	1.07	1.13	0.91
黏度(mm^2/s)	15～100	46	—	68	33	48	46
黏度指数	140	106	—	150	150	-30	185
倾点(℃)	-45	-33	0	-23	-50	-21	-26
使用温度(℃)	-20～65	-5～74	0～55	-5～60	-30～60	-5～80	-10～80
闪点(℃)	220	222	—	—	—	252	260
燃点(℃)		298		410	440	650	482
含水量(%)	0	0	80～98	44～47	40～45	0	0
蒸气压	低	低	高	中	高	低	低
泵磨损(ASTMD 2882)(mg)	—	22	高	100	100	<25	15
难燃性	差	差	优	可	优	良	良
防腐蚀性	优	优	可	良	良	优	优
黏度压力系数	20.4	石蜡基 22 环绕基 27	0.6	20.7	4.5	14	7.5
适应密封材料①	BN、N、V、T	BN、N、V、T	NY、E、B、BN、T、V、P、N	BN、N、V、T	BN、N、V、T	E、B、T、V	BN、N、V、T
耐用上限压力(MPa)	35	35	7	15	21	40	40

①包含 BN 丁腈、N 聚氯丁、V 氟缩物、T 聚四氟乙烯、NY 尼龙、P 聚尿烷、B 丁基、E 乙丙共聚橡胶。

2.2 液压介质的污染与控制

液压系统大多数故障与液压介质受到的污染有关。污染物来自多种渠道并具有不同的形式，铁屑、灰尘、砂粒、水分、管件密封胶、焊渣、涂料及清洗液等均会造成液压介质的污染。

2.2.1 污染源

污染源众多，主要污染源如下：

① 液压系统管道及液压元件内的型砂、切屑、磨料、焊渣、锈片、灰尘等污垢在安装和使用前未清洗干净，系统工作时，这些污染物进入液压油；

② 液压系统周边环境中的污染物经空气滤清器、油路板以及密封部位进入介质；

③ 液压系统工作时，液压缸活塞杆的防尘圈并不能将活塞杆上非常细小的污染物刮除，相当多的微小颗粒进入系统；

④ 由于机械磨损和元件老化，污染物不断进入液压系统；

⑤ 液压油本身也带有污染物，即使新油也可能超过系统所要求的污染度，另外油品在生产、灌装、储运中也不同程度地受到污染，因此说“新油”未必清洁。

2.2.2 污染的影响

污染是导致绝大多数液压元件出现故障、性能不良及失效的主要原因。

1）突发性失效　较大颗粒进入液压泵或阀内，使元件完全失灵。

2）间歇性失效　由污染物在阀座上造成的。

3）退化性失效　污染物浓度超过元件承受能力，元件磨损加剧。元件在磨损、侵蚀及气蚀的持续作用下，导致系统元件内泄漏增加。90% 的污染失效是由磨蚀造成的。

2.2.3 污染的控制

对液压系统和液压元件危害最大的是颗粒性污染。为了控制和减轻这种颗粒性污染，过滤是液压油净化行之有效的方法之一。目前液压系统中主要采用过滤器滤除液压油中的污染颗粒，保持液压油的清洁，达到净化目的。

从对液压油的要求来说，液压油中的污染颗粒越少越好。虽然过滤的方法可以做到这一点，但是液压油还不断地被污染，而且污染的速度又较快，所使用的过滤器的寿命也就很短。这就需要频繁地更换滤芯，但成本和代价是昂贵的。为此用过滤的方法控制液压油的颗粒污染时，并不要求液压油达到最干净的程度，而是从以下方面提出对过滤程度的要求。

① 根据液压元件对污染的敏感度，过滤器只过滤掉液压油中较大的污染颗粒，以保证液压元件不致被卡住或被堵塞而能正常运转，如泵进口的粗滤器及个别液压元件前的精滤器等。各种液压元件对污染颗粒尺寸的最大允许值见表 2-6。

表 2-6　各种液压元件对污染颗粒尺寸的最大允许值

液压元件	过滤精度(μm)
齿轮泵与齿轮马达	50
叶片泵与叶片马达	30
柱塞泵与柱塞马达	20
液压控制阀	30
液压缸	50

② 对于使液压元件磨损加剧的微小颗粒，采用部分过滤的方法，将这些微小颗粒滤除。由于前面提到的原因，不可能将所有的微小颗粒全部滤除，因此只是在保证液压元件正常使用寿命的前提下使液压油含有微小颗粒的浓度保持在一定的范围之内，也就是使滤除的污染颗粒数量和进入液压油的污染颗粒数量相等，使污染程度处于平衡状态。

除了采取净化的措施外，还应设法减少或避免液压油被污染，如：系统温度不得过高，以免油氧化变质；外漏的油不得直接流回油箱；应在油箱的通气孔及活塞杆处加防尘装置等。

2.2.4 污染测定和污染等级

液压油污染的程度可以通过测定它的污染度判别。测定污染度的方法有目测法、比色法、淤积指数法、称重法和颗粒计数法等。

目测法是用眼直接观察油液的污染程度。由于人的视力最小只能观察到 40 μm 的颗粒，因此这种方法判别的精度较低。比色法是将一定体积的油液试样的污垢用滤纸过滤，再根据滤纸的颜色来判别油液的污染程度。这种方法需要预先制定出用做比较的标准。淤积指数法是根据油液中的污垢堵塞过滤器的程度判别油液污染程度的方法。这种方法是：取一定体积的油液试样在一定压力下通过一个细孔型的过滤器，过滤器逐渐被堵塞时油液的流速逐渐减慢，因此后面一部分试样通过过滤器的时间将增长，前后两部分油液试样在通过过滤器的时间的差值即可用来表示油液的污染程度。称重法是取一定重量的油液试样通过过滤器，用阻留在过滤器上的污垢重量表示油液污染的程度。以上几种方法都比较简单，但是只能判别油液中的污垢数量的多少，而不能判别污垢颗粒的大小。因此，用这些方法所测定的结果表示液压油的污染程度是不完全和不十分确切的。因为在相同体积的油液中，当污垢的数量相同而颗粒的尺寸不同时，对液压元件的影响是不同的。

颗粒计数法是通过测定油液中颗粒的大小和数目确定油液污染等级的方法。常用的颗粒计数法有显微镜法和自动计数法两种。显微镜法是用孔径为 4.5 μm 的微孔过滤薄膜从 100 cm^3 油液试样中滤出污垢颗粒，然后放在显微镜下观察计数。这种方法能测出大于 5 μm 的颗粒，并可判断颗粒的种类，但操作费时，而且计数误差较大。自动计数法是用自动颗粒计数器测定油液中污垢颗粒的数目和尺寸。自动颗粒计数器有光电式、电气式、超声波式等。光电式自动颗粒计数器的工作原理是：让油液在流动过程中穿过一柱光束，颗粒掠过光束时使光敏元件发出电脉冲信号，信号的大小与颗粒尺寸成正比，脉冲次数等于掠过光束的颗粒数。把脉冲信号记录下来进行数据处理，就可以得出每立方厘米油液试样中各种尺寸大小的颗粒含量。在实际使用中，油液的污染程度可以用污染等级来定量说明。表 2-7 是美国国家航空及宇宙航行空间标准 NAS1638 颗粒计数法污染等级标准。

表 2-7 颗粒计数法等级标准（NAS1638）

尺寸范围(μm)	污染等级													
	00	0	1	2	3	4	5	6	7	8	9	10	11	12
	每 100 cm^3 油液中所含颗粒的数目													
5 ~ 15	125	250	500	1 000	2 000	4 000	8 000	16 000	32 000	64 000	128 000	256 000	512 000	1 024 000
15 ~ 25	22	44	89	178	356	712	1 425	2 850	5 700	11 400	22 800	45 600	91 200	182 400
25 ~ 50	4	8	16	32	63	126	253	506	1 012	2 025	4 050	8 100	16 200	32 400
50 ~ 100	1	2	3	6	11	22	45	90	180	360	720	1 440	2 880	5 760
>7 100	0	0	1	1	2	4	8	16	32	64	128	256	513	1 024

第3章　液压流体力学基础

液压传动以液体为工作介质传递能量。流体力学是研究流体宏观平衡和运动规律的科学。本章只讨论与液压传动及控制密切相关的流体力学基本理论知识。这对正确理解、分析液压传动及液压元件的基本原理,正确使用、维护液压系统及装置,设计优良的液压系统十分重要。

3.1　静止液体的力学特性

静止液体是指液体内质点间无相对运动、不呈现黏性的液体。本节主要讨论液体平衡规律、压力的分布与传递规律以及液体对壁面的作用力。

3.1.1　静压力及其性质

作用在液体上的力有质量力和表面力。

质量力是作用在液体质点上的力,大小与质量成正比,如重力、惯性力等。

表面力可以是其他物体(如活塞、容器、大气层)作用在液体上的力(外力),也可以是一部分液体作用在另一部分液体上的力(内力)。

静止液体不能抵抗拉力或切向力,即使微小的拉力和切向力也会使液体流动。静止液体只能承受法向力(压力)。

液体内某点单位面积所受的法向力叫做压力 p(静压力),其大小为

$$p=\frac{F}{A}$$

或

$$p=\lim_{\Delta A\to 0}\frac{\Delta F}{\Delta A} \tag{3-1}$$

静压力有两个重要特性:

① 静止液体内任意点所受到各个方向的静压力都相等;

② 液体静压力的方向总是指向作用面的内法线方向。

3.1.2　静力学基本方程

静止液体内部受力如图3-1所示。作用在液体上的力有液体重力、液面上的外压力 p_0 和容器壁面对液体的反压力。

为求出液体内任意点1处的压力,取一小圆柱液体作为“隔离体”。它的底面过点1,面积为 ΔA,高度为点1到液面的距离 h,如图3-1 b) 所示。由于“隔离体”是静止的,各方

向受力平衡，因而上下方受力平衡方程式为

$$p \cdot \Delta A = p_0 \cdot \Delta A + F_G$$

$$p \cdot \Delta A = p_0 \cdot \Delta A + \gamma \cdot h \cdot \Delta A$$

所以

$$p = p_0 + \gamma \cdot h \tag{3-2}$$

式中　p——距液面 h 处的压力；

F_G——作用在"隔离体"上的重力。

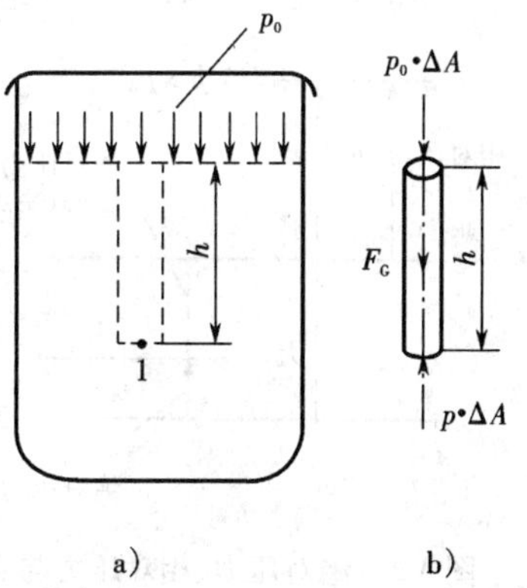

图 3-1　静止液体

由静压力性质可知，静止液体中任一点所受到的各方向压力相等，所以上下方向压力 p 即为液体点 1 处的压力。

式(3-2)称为液体静力学基本方程式。该式表明：

① 静止液体内任一点的压力 p 由两部分组成，一部分是作用于液体表面的压力 p_0，另一部分是液体重度 γ 与该点到液面距离 h 的乘积 $\gamma \cdot h$，当液体只受大气压力 p_a 作用时，该点的静压力

$$p = p_a + \gamma \cdot h \tag{3-3}$$

② 静止液体内的压力随深度增加按线性规律递增，斜率由液体密度决定；

③ 距液面深度相同处各点压力都相等，压力相等的所有点组成的面叫做等压面，重力作用下静止液体中的等压面是个水平面。

在液压传动中，由外力产生的压力要远远大于由液体本身质量引起的压力，以致可以把静力学基本方程中 $\gamma \cdot h$ 项忽略不计，而认为静止液体中的压力处处相等。

在密闭容器内，施加于静止液体的压力将以相等的数值传递到液体内各点，这就是众人皆知的帕斯卡定理。

3.1.3　压力的表示方法及单位

液压系统中的压力一般用单位面积所受的力表示。由于作用于物体上的大气压一般自成平衡，所以分析时往往只考虑外力而不再考虑大气压。绝大多数测压仪表测得的压力只是高于大气压力的那部分压力，所以在实际压力测试中有两种不同基准：一种以绝对真空为基准测得的压力为绝对压力；另一种是以当地大气压为标准，高于大气压的那一部分压力，称为相对压力。可见

绝对压力 = 大气压力 + 相对压力

当静止液体液面上作用的是大气压力 p_a 时，距液面 h 处的绝对压力为

$$p = p_a + \gamma \cdot h$$

某一空间的绝对压力低于大气压时，称为真空。因此真空度的定义为：某点的绝对压力低于大气压的那部分数值，称作该点的真空度。其最大值不超过 1 个大气压。

真空度 = 大气压力 - 绝对压力

一般压力表测得的压力均为相对压力，即

表压力 = 相对压力 = 绝对压力 - 大气压力

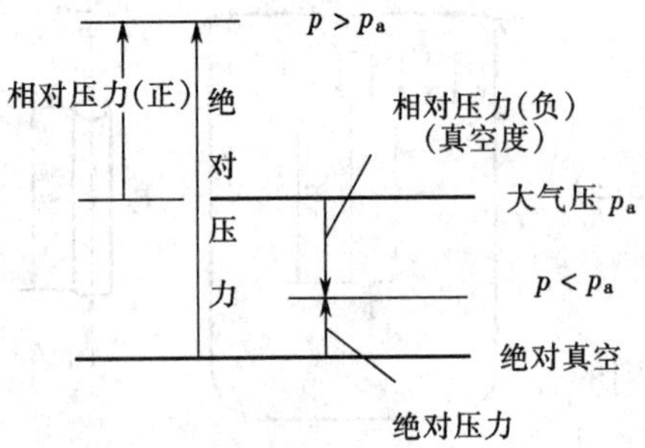

图 3-2　绝对压力、相对压力与真空度

大气压力、相对压力与真空度的关系见图 3-2。

国际单位制(SI)中,压力的单位为帕(Pa),实际中还采用兆帕(MPa)作为液压系统中压力的计量单位。

$$1\ \text{Pa} = 1\ \text{N/m}^2$$

$$1\ \text{MPa} = 10^6\ \text{Pa}$$

工程上常用的计量单位可以换算成国际单位制。

工程大气压　　1 atm = 98 kPa

1 米水柱压力　　$1\ \text{mH}_2\text{O} = 9.81\ \text{kPa}$

1 毫米汞柱压力　$1\ \text{mmHg} = 1.33 \times 10^2\ \text{Pa}$

3.1.4　液体静压力作用在固体表面上的力

如前所述,在液压系统中质量力($\gamma \cdot h$)可以忽略不计,静压力处处相等。可以认为作用于固体表面上的压力是均匀分布的,且垂直于承受压力的表面,固体表面上各点在某一方向上所受静压力的总和就是液体在该方向上作用于固体表面的力。

1. 作用于平面上的力

当固体表面为一个平面时,静止液体对该平面的作用力 F 等于静压力 p 与平面面积 A 的乘积,方向垂直于固体表面,即

$$F = p \cdot A$$

2. 作用于曲面上的力

当固体表面为一曲面时,曲面上各点处静压力是不平行的。如图 3-3 所示液压缸筒,如需求出油压力在缸右半壁上水平作用力 F_x,可在缸筒上取一微小窄条,其面积为

$$dA = l \cdot ds = l \cdot r \cdot d\theta$$

式中　r——缸筒半径;

l——缸筒长度。

计算压力油在这小块面积上的作用力 dF 的水平分量 dF_x,即

$$dF_x = dF \cdot \cos\theta = p \cdot dA \cdot \cos\theta = p \cdot l \cdot r \cdot d\theta \cdot \cos\theta$$

积分得

$$F_x = \int_{-\frac{\pi}{2}}^{\frac{\pi}{2}} dF_x = \int_{-\frac{\pi}{2}}^{\frac{\pi}{2}} p \cdot l \cdot r\cos\theta \cdot d\theta = 2 \cdot l \cdot r \cdot p = A_x \cdot p \qquad (3\text{-}4)$$

式中　A_x——缸筒在垂直于作用力 x 向上的投影面积。

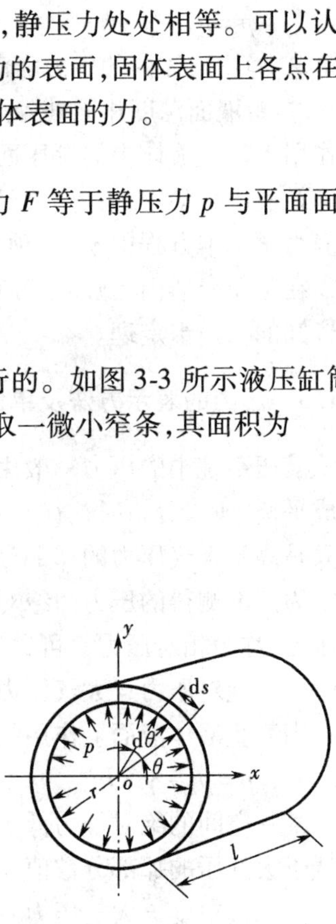

图 3-3　作用在曲面上的压力

对图 3-4 所示的球面、锥面，液压力 p 沿垂直方向作用在球面和圆锥底面积上的力

$$F = p \cdot A = p \cdot \frac{\pi}{4} \cdot d^2$$

因此得出结论：曲面上液压力在某方向上的分力等于静压力和曲面在该方向的投影面积的乘积。

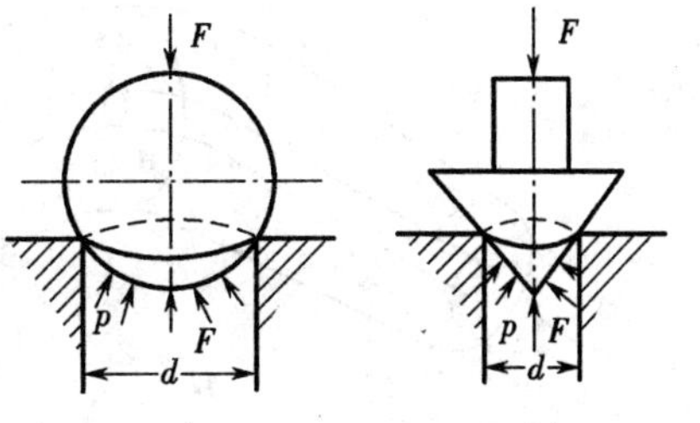

图 3-4　液压力作用在球面及锥面上的分力

3.2　流动液体基本方程

上节讨论了静止液体的力学规律及其在实际中的应用。由于液体处于静止或相对平衡状态，无相对运动，故液体的黏性不起作用。实际液压系统中，元件内的油液经常流动，因而黏性起着重要作用。液体表面显示的表面力，除了压力外，还有切应力。

流动液体的连续性方程、能量方程与动量方程是描述流动液体力学规律的三个基本方程。前两个方程用于解决压力、流速与流量之间的关系问题，动量方程用于解决流动液体与固体壁面作用力的问题。

3.2.1　流动液体的一些基本概念

1. 理想液体与稳定流动

液体有黏性，而且只有在流动时才呈现出黏性，研究流动液体必须考虑其黏性。开始分析时，假设液体没有黏性，然后再考虑黏性的作用，并通过实验对假设的理想结论补充修正。对液体的压缩性亦可采用同样的办法处理。这种处理方法不仅使问题简单化，所得结论在实际应用中亦有足够的精确度。人们把既无黏性、又无压缩性的液体称为理想液体；把既有黏性、又有压缩性的液体称为实际液体。

液体流动时，如果液体中任何一点的压力、速度和密度等运动参数都不随时间变化，则称液体的流动为稳定流动（恒定流动）；如果压力、速度和密度参数随时间变化，就称为非稳定流动。研究液压系统静态性能时，可认为液体是稳定流动，而研究动态性能时必须按非稳定流动考虑。

2. 流量和流速

单位时间内流过通流截面的流体体积称为流量，用 q 表示。设液流中某一微小通流截面 dA 上的流速为 u（图 3-5 b)），则通过 dA 的微小流量 $dq = u \cdot dA$。对此式积分，可得到经过通流截面 A 的流量

$$q = \int_A u \cdot dA \qquad (3\text{-}5)$$

用式(3-5)求解 q，必须知道整个通流截面上的流速分布规律。图 3-5 b）中的流速 u 按抛物线分布。在液压技术中一般采用平均流速 v 求流量，即

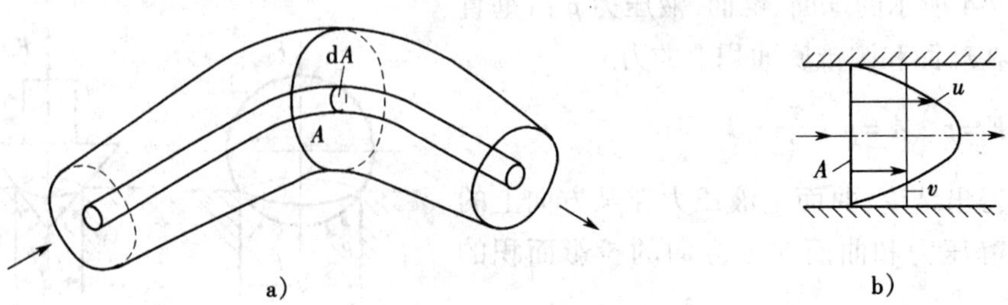

图 3-5　流量和平均流速

$$q = \int_A u \cdot dA = v \cdot A \tag{3-6}$$

若已知某通流截面的流量 q，则平均流速

$$v = q/A$$

3.2.2　流动液体的连续性方程

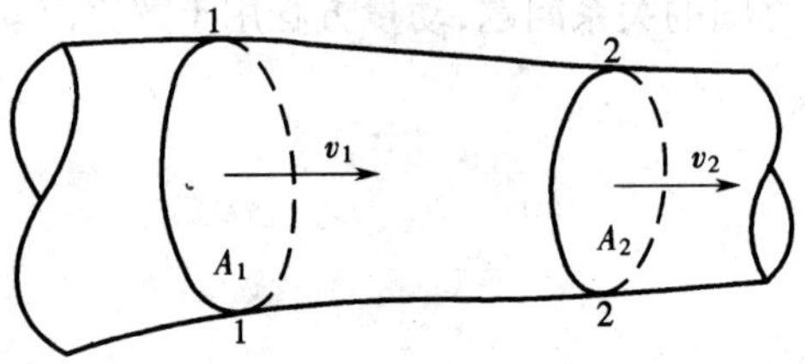

图 3-6　液流连续性简图

理想液体在管中作稳定流动，由于假定液体不可压缩，即密度 ρ 是常数，液体是连续的，无空隙存在。根据物质守恒定律，液体在管内既不能增多，也不能减少，所以，单位时间内流过管子每一个截面的液体质量一定相等。这就是液流的连续性原理（即质量守恒定律），如图 3-6 所示。

设截面 1—1 和 2—2 的面积分别为 A_1 和 A_2，两截面上液体的平均流速分别为 v_1 和 v_2。根据液流连续性原理，单位时间内流经截面 1—1 和 2—2 的液体质量相等，即

$$\rho \cdot v_1 \cdot A_1 = \rho \cdot v_2 \cdot A_2 = \text{常量} \tag{3-7}$$

式(3-7)即为流动液体的连续性方程。

式(3-7)两边除以 ρ，得

$$v_1 \cdot A_1 = v_2 \cdot A_2 \tag{3-8}$$

$$\frac{v_1}{v_2} = \frac{A_2}{A_1} \tag{3-9}$$

式(3-9)说明，管中液体流速与管径截面积成反比，即管径截面小流速大，管径截面大流速小。

式(3-8)中流速 v 与截面积 A 的乘积表示单位时间内流过管道的液体体积，即流量

$$q = v \cdot A = \text{常量} \tag{3-10}$$

液流连续性方程应用很广，管道计算时要用到。

3.2.3 流动液体的能量方程(伯努利方程)

1. 理想流体的能量方程

流动液体的能量方程由能量守恒定律得到。对于理想流体,外力对单位体积流体所做的功等于该流体动能的增量。

如图 3-7 所示,理想液体在管道内作稳定流动,管道各部分截面积和中心位置高度均不同。

假设在很短时间 t 内,液体在管道中从 AB 段流到 $A'B'$ 段,即说明外力对此液体做了功。由于从 A 到 A' 及从 B 到 B' 这两段距离很小,故可把两段距离内的截面积、压力、流速和高度都看成是不变的。设在 AA' 处及 BB' 处的截面积分别为 A_1、A_2,压力分别为 p_1、p_2,平均流速分别为 v_1、v_2,高度分别为 h_1、h_2。

(1) 求作用在 AB 液体段上的力在 t 时间内所做的功

基于理想液体,作用在流动液体上只有重力与压力。

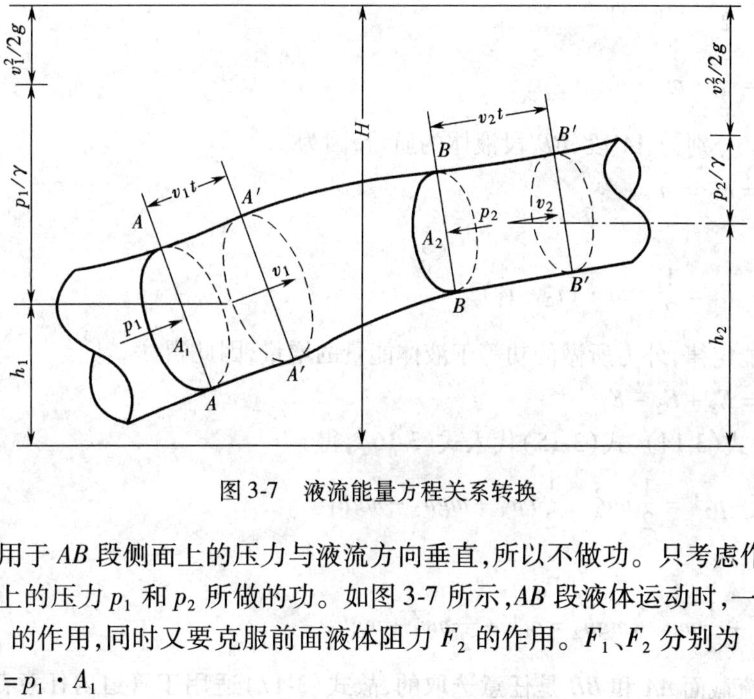

图 3-7 液流能量方程关系转换

因为作用于 AB 段侧面上的压力与液流方向垂直,所以不做功。只考虑作用于 AB 两端通流截面上的压力 p_1 和 p_2 所做的功。如图 3-7 所示,AB 段液体运动时,一方面受后续液体推力 F_1 的作用,同时又要克服前面液体阻力 F_2 的作用。F_1、F_2 分别为

$$F_1 = p_1 \cdot A_1$$

$$F_2 = p_2 \cdot A_2$$

AB 段液体由 AB 运动到 $A'B'$ 时,F_1、F_2 对液体所做的总功

$$N_1 = p_1 \cdot A_1 \cdot v_1 \cdot t - p_2 \cdot A_2 \cdot v_2 \cdot t \tag{3-11}$$

由连续性方程

$$A_1 \cdot v_1 = A_2 \cdot v_2 = q$$

或

$$A_1 \cdot v_1 \cdot t = A_2 \cdot v_2 \cdot t = V \tag{3-12}$$

式中　V——AA'或BB'段液体的体积。

将式(3-12)代入式(3-11),得

$$N_1 = p_1 \cdot V - p_2 \cdot V \tag{3-13}$$

(2) 求AB段运动到$A'B'$段时位能的增量

因为液体由AB流到$A'B'$是稳定流动,所以ρ不变,$A'B$公共段在t时间内相对位置不变,在t时间内只是AA'段液体流到BB'段,位置发生变化。因此,重力所做的功

$$E_3 = mg \cdot (h_2 - h_1) \tag{3-14}$$

式中　mg——AA'或BB'段液体的重力。

(3) 求AB段运动到$A'B'$时动能的增量

由图3-7可知,因为液体从AB移到$A'B'$是稳定流动,所以在公共段$A'B$内ρ、v都不变化,因此这段液体的动能不会增减,仅是AA'段液体移到了BB'段。因此,液体AB段的动能变化是BB'段与AA'段液体动能之差。设这两段的动能分别为E_1、E_2,则

$$E_1 = \frac{1}{2} \cdot m_1 \cdot v_1^2$$

$$E_2 = \frac{1}{2} \cdot m_2 \cdot v_2^2$$

式中　m_1、m_2分别为AA'段、BB'段液体的质量,因为

$$m_1 = m_2 = m$$

故动能增量

$$E_2 - E_1 = \frac{1}{2} \cdot m \cdot (v_2^2 - v_1^2) \tag{3-15}$$

根据动能定律,外力所做的功等于液体能量的增量,因此得

$$N_1 = E_3 + E_2 - E_1 \tag{3-16}$$

将式(3-13)、式(3-14)、式(3-15)代入式(3-16),得

$$p_1 V - p_2 V = \frac{1}{2}mv_2^2 - \frac{1}{2}mv_1^2 + mgh_2 - mgh_1$$

移项得

$$p_2 V + \frac{1}{2}mv_2^2 + mgh_2 = p_1 V + \frac{1}{2}mv_1^2 + mgh_1 \tag{3-17}$$

由于通流截面AA和BB是任意选取的,故式(3-17)适用于管道内任意截面。所以,式(3-17)也可以写成

$$p \cdot V + \frac{1}{2}mv^2 + mgh = \text{常量} \tag{3-18}$$

式(3-17)与式(3-18)是对重力为mg的液体而言。式中各项均除以mg,得单位重力液体的能量表达式

$$\frac{p_1}{\gamma} + \frac{v_1^2}{2g} + h_1 = \frac{p_2}{\gamma} + \frac{v_2^2}{2g} + h_2 \tag{3-19}$$

或

$$\frac{p}{\gamma}+\frac{v^2}{2g}+h=\text{常量} \tag{3-20}$$

式中 γ ——液体的重度，$\gamma=\frac{mg}{V}$；

$\frac{p}{\gamma}$ ——单位重力液体具有的压力能，称为比压能或压力高度（压力头），其量纲是长度；

$\frac{v^2}{2g}$ ——单位重力液体具有的动能，称为比动能或速度高度（速度头），其量纲是长度；

h—— 单位重力液体具有的势能，称为比势能（位置头），其量纲也是长度。

式（3-19）和式（3-20）称为理想液体的能量方程或理想液体的伯努利方程。

伯努利方程的物理意义是：在密闭管道内作稳定流动的理想流体具有三种能量，即压力能、动能和势能。三种能量的总和是一个常数，但三者之间可以互相转换，如图 3-7 所示。当管道水平放置（$h_1=h_2$），流体的流速越高，它的压力越低。即截面小的管道，流速较高，压力较低；截面大的管道，流速较低，压力较高。在液压传动中，液体主要的能量形式为压力能。

2. 实际流体的伯努利方程

式（3-19）是以理想液体为条件推导而来。实际液体流动时，由于黏性产生摩擦阻力，要消耗一部分能量 $h_{损}$，动能按平均流速表达，存在一定误差，因此应用时需要修正。把这些因素考虑在内，实际流体伯努利方程为

$$\frac{p_1}{\gamma}+\frac{\alpha_1 v_1^2}{2g}+h_1=\frac{p_2}{\gamma}+\frac{\alpha_2 v_2^2}{2g}+h_2+h_{损} \tag{3-21}$$

式中 α_1、α_2——动能修正系数。

α 的表达式为

$$\alpha=\frac{\text{实际动能}}{\text{平均动能}}=\frac{\int_A \frac{1}{2}\mathrm{d}m\cdot u^2}{\frac{1}{2}mv^2}=\frac{\int_A \frac{1}{2}(\rho u\mathrm{d}A\Delta t)u^2}{\frac{1}{2}(\rho vA\Delta t)\cdot v^2}=\frac{\int_A u^3\mathrm{d}A}{v^3 A}$$

α 数值见 3.3 节。

式（3-21）中 $h_{损}$ 为能量损失，详见 3.3 节。

应该注意，伯努利方程是在下列条件下得到的：

① 稳定流动的、不可压缩的液体，即密度 ρ 为常数；

② 液体所受质量力只有重力，忽略惯性力的影响；

③ 所选择的两个通流截面必须是渐变流（即流线近于平行线，有效截面近于平面），不考虑两截面间的流动状态。

3.2.4 流动液体的动量方程

流动液体的动量方程是流体力学的基本方程之一，是研究流动液体的动量变化与作用于液体外力之间关系的。液压传动中，经常要计算液流作用在固体表面的力，应用动量方程解决比较方便。

理论力学的动量定理同样适用于液体，即在单位时间内，液体在某方向动量的增量等于该液体在同一方向上所受外力的和。即作用于液体上力的大小等于液体在力的作用方向上的动量变化率，即

$$F=\frac{\Delta I}{\Delta t}=\frac{\Delta(mv)}{\Delta t} \tag{3-22}$$

如图 3-8 所示，液体在管内 1—2 段作稳定流动，截面 1—1 和 2—2 处的平均流速分别为 v_1 和 v_2，面积分别为 A_1 和 A_2。经过很短时间 Δt，液体从 1—2 位置流到 1′—2′位置。因为是稳定流动，故液体段 1′—2 内各点流速不变，体积和质量也不变，所以动量也未发生变化。在时间 Δt 内，液体在 1—2 段的动量变化等于液体在 2—2′段的动量与液体在 1—1′段动量之差，也等于在同一时间内在 1—2 段流出与流入的液体的动量差。其表达式为

$$\begin{aligned}\Delta(mv)&=(m\cdot v_2)_{2-2'}-(m\cdot v_1)_{1-1'}\\&=\rho\cdot q\cdot\Delta t\cdot v_2-\rho\cdot q\cdot\Delta t\cdot v_1=\rho\cdot q\cdot(v_2-v_1)\cdot\Delta t\end{aligned} \tag{3-23}$$

式中 m——液体段 1—1′或 2—2′的质量，$m=\rho\cdot V=\rho\cdot q\cdot\Delta t$；

ρ——液体密度；

q——液体流量。

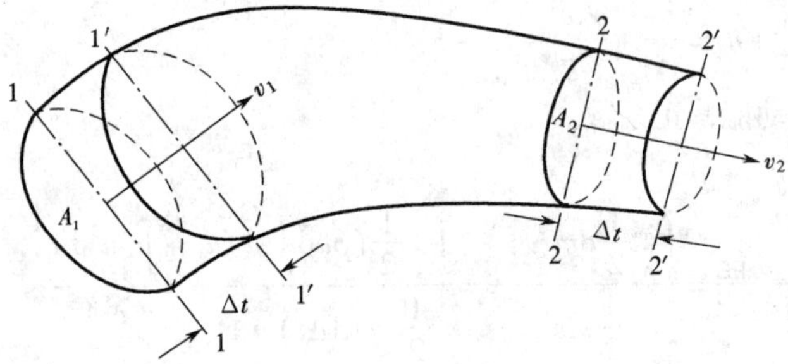

图 3-8 液流动量变化

将式(3-23)代入式(3-22)，得

$$F=\rho\cdot q\cdot(v_2-v_1) \tag{3-24}$$

必须注意：液体对固体壁面的作用力 F' 与液体所受外力 F 大小相等，方向相反。用平均流速代替实际流速有误差，需用动量修正系数 β 修正。β 的表达式为

$$\beta=\frac{实际动量}{平均动量}=\frac{\int_A \mathrm{d}m\cdot u\cdot\Delta t}{m\cdot v\cdot\Delta t}=\frac{\int_A(\rho\cdot u\cdot\mathrm{d}A)\cdot u}{(\rho\cdot v\cdot A)\cdot v}=\frac{\int_A u^2\cdot\mathrm{d}A}{v^2\cdot A}$$

β 数值见 3.3 节。

用动量修正系数 β 修正后，式(3-24)变为

$$F = \rho \cdot q(\beta_2 \cdot v_2 - \beta_1 \cdot v_1) \tag{3-25}$$

现举例说明动量方程的应用。

例 1 分析图 3-9 所示两种情况下液体对固体壁面的作用力 F'。

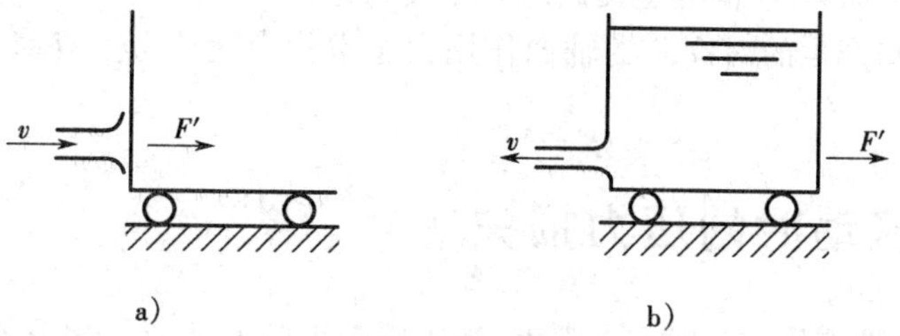

图 3-9 液体对固体壁面的作用力

图 a) 中，管的通流面积为 A，液体以流速 v 垂直射向车厢壁面，求液流对车厢壁面的作用力 F'。

图 b) 中，管的通流截面积为 A，在压力作用下液体以流速 v 流出管道，求液流对箱体壁面的作用力 F'。

解 在图 a) 中，$q = Av, v_1 = v, v_2 = 0$，取 $\beta_1 = \beta_2 = 1$，得

$$F' = -F = -\rho q(\beta_2 v_2 - \beta_1 v_1) = -\rho q(0 - v) = \rho A v^2$$

F'方向向右与液流方向一致。

在图 b) 中 $q = Av, v_1 = 0, v_2 = v$，取 $\beta_1 = \beta_2 = 1$，得

$$F' = -F = -\rho q(\beta_2 v_2 - \beta_1 v_1) = -\rho q(v - 0) = -\rho A v^2$$

F'方向向右与液流方向相反。

例 2 分析图 3-10 所示两种情况下液体对阀芯的轴向作用力 F'。

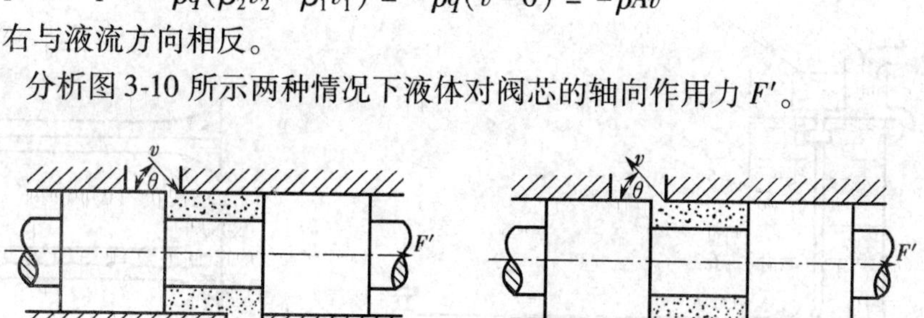

图 3-10 滑阀液动力

解 在图 3-10 中，液流在阀体与阀芯所形成容积中的动量变化引起了阀芯轴向作用力的变化，取该容积为控制体积。

在图 3-10 a) 中，控制体积内液流初速在轴向分量 $v_1 = v \cdot \cos\theta$，出流速度在轴向分量 $v_2 = 0$，因此阀芯受到的轴向作用力

$$F' = -F = -\rho q(v_2 - v_1) = -\rho q(0 - v\cos\theta) = \rho q v\cos\theta$$

F'方向与 $v\cos\theta$ 同向，使阀芯趋于关闭方向。

在图 3-10b）中，控制体积内液流初速度在轴向分量 $v_1 = 0$，出流速度在轴向分量 $v_2 = v\cos\theta$，因此阀芯受到的轴向作用力

$$F' = -F = -\rho q(v_2 - v_1) = -\rho q v\cos\theta$$

F'方向与 $v\cos\theta$ 方向相反，同样也使阀芯趋于关闭方向。

液流通过阀口产生的对阀芯的轴向作用力通常称为液动力。液动力使阀芯趋于关闭。

3.3 液体流动时的压力损失

实践表明，黏性液体流动时存在阻力，为克服阻力就要消耗一部分能量，损失的能量就是实际流体伯努利方程中的 $h_{损}$，见式（3-21）。

液压技术研究阻力的目的是：①正确计算液压系统中的阻力；②寻找减少流动阻力的途径；③利用阻力形成的压差 Δp 控制某些液压元件工作。

液体具有黏性，是产生流动阻力的根本原因。流动状态不同，阻力大小也不同。

3.3.1 液体的流动状态

1. 层流与紊流

流体有两种流动状态，即层流与紊流。这两种流动状态的物理现象可以从雷诺实验中观察到。实验装置如图 3-11 a）所示。

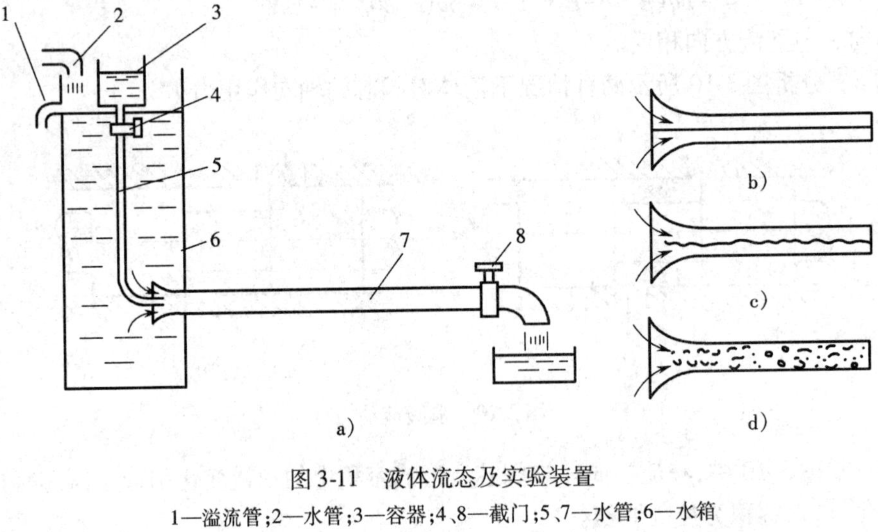

图 3-11　液体流态及实验装置

1—溢流管；2—水管；3—容器；4、8—截门；5、7—水管；6—水箱

水管 2 向水箱 6 充水，并由溢流管 1 保持水箱水面恒定，容器 3 盛有红颜色水，打开截门 8，水从管 7 流出，打开截门 4，红色水即从管 5 流入管 7。根据红色水在管 7 中的流

动状态，即可观察管 7 中水的流动状态。管 7 中水的流速较低时，红色水在管 7 中呈明显的直线，红色水线与管轴线平行，如图 3-11 b）所示。实验表明，管中红色线条与周围液体无掺混现象，称液体的这种流动状态为层流。

截门 8 逐渐开大，管 7 中水流速逐渐增大，可看到红线开始曲折、断裂，如图 3-11 c）所示。表明液体质点流动已经不再是互不干扰的平行于轴线的直线运动，而伴有横向运动。如果继续将截门 8 开大，管 7 中水的流速更大，则可看到红线成紊乱状态，如图 3-11 d）所示。称液体质点流动时除沿轴向运动外还有横向无规律的运动状态为紊流。

在层流与紊流之间的过渡状态是一种不稳定的流态，一般按紊流处理。

2. 雷诺数

根据试验，液体的流态（层流或紊流）不仅与其平均速度 v 有关，而且与管径 d 及液体运动黏度 ν 有关。实际工作中常用雷诺数 Re 作为判别流动状态的准则。其值为

$$Re = \frac{v \cdot d}{\nu} \tag{3-26}$$

在平均流速、管径、运动黏度各异的情况下，流动液体的流态由临界雷诺数 $Re_{临}$ 决定。当 $Re < Re_{临}$ 时为紊流。临界雷诺数由实验求得。常见液压元件流道的临界雷诺数如表 3-1 所示。

表 3-1　常见液压元件流道的临界雷诺数

流 道 形 状	临界雷诺数 $Re_{临}$
内壁光滑的金属管	2 000 ~ 2 300
橡胶软管	1 600 ~ 2 000
光滑的同心环状缝隙	1 100
光滑的偏心环状缝隙	1 000
有环槽的偏心环状缝隙	400
有环槽的同心环状缝隙	700
滑阀阀口	260

雷诺数是液流的惯性力对黏性力的无因次比。雷诺数大，表明惯性力起主导作用，液体流态为紊流；雷诺数小，表明黏性力起主导作用，液体流态为层流。

3. 非圆截面流道雷诺数的计算

非圆截面流道中液体流动的雷诺数

$$Re = \frac{4 \cdot v \cdot R}{\nu} \tag{3-27}$$

式中　R——流道截面的水力半径。

水力半径是有效截面积 A 与有效截面的周界长度（湿周）x 之比，表示为

$$R = \frac{A}{x} \tag{3-28}$$

在液压传动系统中，油液总是充满流道的，液流有效截面就是流道通流截面。

3.3.2 直管中的压力损失

液体流经直管的压力损失是由液体流动时摩擦引起的，称为沿程损失。它主要决定于管路的长度、管径以及液体流速和黏度等。液流的流态不同，沿程压力损失也不相同。

1. 直管中的层流流动

在液压传动中，液体的流动状态多数是层流。液流为层流时，液体流经直管的压力损失可以通过理论计算求得。如图 3-12 a）所示，液体在直径 d 的圆管中作层流运动，圆管水平放置。在管内取一段与管轴线重合的微圆柱体，设其半径为 r，长度为 l，作用在微圆柱体沿管轴线方向的力有左端压力 p_1、右端压力 p_2，圆柱面上的摩擦力 F_f，圆柱体受力平衡方程式为

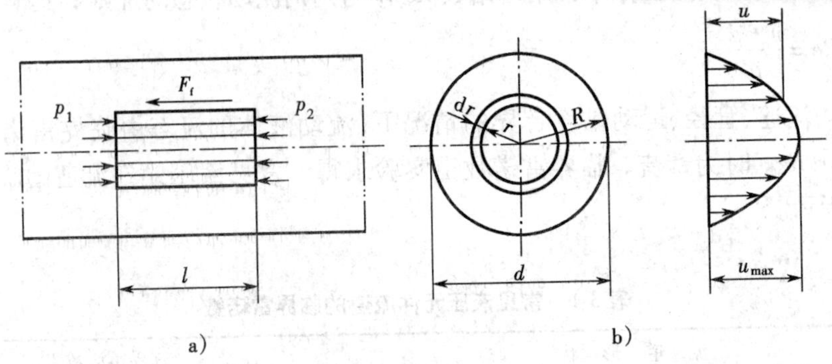

图 3-12 圆管中的层流

$$(p_1 - p_2) \cdot \pi r^2 - F_f = 0 \tag{3-29}$$

根据牛顿内摩擦定律可知

$$F_f = -\mu \cdot \frac{du}{dr} \cdot 2\pi r l \tag{3-30}$$

因为速度增量 du 与半径增量 dr 符号相反，所以式前加负号。

因为 $\Delta p = p_1 - p_2$，将 Δp、式（3-30）代入式（3-29），得

$$\frac{du}{dr} = -\frac{\Delta p}{2\mu l} \cdot r \tag{3-31}$$

（1）通流截面上流速的分布规律

对式（3-31）积分得

$$u = -\frac{\Delta p \cdot r^2}{4\mu l} + c \tag{3-32}$$

当 $r = R$ 时，$u = 0$，代入式（3-32），得积分常数

$$c = \frac{\Delta p \cdot R^2}{4\mu l}$$

则

$$u=\frac{\Delta p}{4\mu l}\cdot(R^2-r^2) \tag{3-33}$$

由式(3-33)知，管内流速 u 沿半径方向按抛物线规律分布。最大流速在轴线上，其值为

$$u_{max}=\frac{\Delta p}{4\mu l}\cdot R^2 \tag{3-34}$$

(2) 流量

图 3-12 b)所示抛物体体积即为液体在单位时间内流过通流截面的体积，即流量。在半径为 r 处取一层厚度为 dr 的微圆环面积，通过此环形面积的流量

$$dq=u\cdot 2\pi r\cdot dr \tag{3-35}$$

对式(3-35)积分，得

$$q=\int_0^R u\cdot 2\pi r\cdot dr=\int_0^R\frac{\Delta p}{4\mu l}\cdot(R^2-r^2)\cdot 2\pi r\cdot dr$$

$$=\frac{\pi\cdot R^4}{8\mu l}\cdot\Delta p=\frac{\pi d^4}{128\,\mu l}\cdot\Delta p \tag{3-36}$$

(3) 平均流速

设管内平均流速为 v，则 $v=\frac{q}{A}=\frac{q}{\frac{\pi}{4}\cdot d^2}$，代入式(3-36)得

$$v=\frac{\pi d^4}{128\,\mu l}\cdot\Delta p\cdot\frac{4}{\pi d^2}=\frac{\Delta p\cdot d^2}{32\mu l}=\frac{R^2}{8\mu l}\cdot\Delta p \tag{3-37}$$

将式(3-37)与式(3-34)进行比较，得平均流速与最大流速的关系为

$$v=\frac{1}{2}u_{max} \tag{3-38}$$

用平均流速计算层流状态的动能和动量时，修正系数 α 与 β 值可由式(3-33)和式(3-37)求得，即

$$\alpha=\frac{\int_A u^3 dA}{v^3A}=\frac{\int_0^R\left[\frac{\Delta p}{4\mu l}(R^2-r^2)\right]^3\cdot 2\pi r dr}{\left[\frac{\Delta p\cdot R^2}{8\mu l}\right]^3\pi R^2}=2 \tag{3-39}$$

$$\beta=\frac{\int_A u^2 dA}{v^2A}=\frac{\int_0^R\left[\frac{\Delta p}{4\mu l}(R^2-r^2)\right]^2\cdot 2\pi r dr}{\left[\frac{\Delta p\cdot R^2}{8\mu l}\right]^2\cdot\pi R^2}\approx 1.33 \tag{3-40}$$

(4) 沿程压力损失

层流状态时，液体流经直管的沿程压力损失可由式(3-37)求得，即

$$\Delta p=\frac{8\mu l v}{R^2}=\frac{32\mu l v}{d^2} \tag{3-41}$$

由式(3-41)可看出，层流状态时，液体流经直管的压力损失与黏度、管长、流速成正

比，与管径平方成反比。

计算压力损失时，将式(3-41)简写成

$$\Delta p = \frac{64}{2} \cdot \left(\frac{1}{Re} \cdot \frac{v \cdot d \cdot \rho}{\mu}\right) \cdot \frac{\mu l}{d^2} \cdot v$$

$$= \frac{64}{Re} \cdot \gamma \cdot \frac{l}{d} \cdot \frac{v^2}{2g} = \lambda \cdot \frac{l}{d} \cdot \frac{v^2}{2g} \cdot \gamma \tag{3-42}$$

式中　λ——沿程阻力系数，其理论值 $\lambda = \frac{64}{Re}$。

实际应用时，由于各种因素的影响，对于光滑金属管，取 $\lambda = \frac{75}{Re}$；对于橡胶管，取 $\lambda = \frac{80}{Re}$。

2. 直管中的紊流流动

紊流的特性之一是液体各质点不再是规则的轴向运动，而在运动中互相碰撞、掺混与脉动，并形成旋涡。紊流能量损失比层流大得多。紊流状态下的压力损失可用式(3-42)计算，即

$$\Delta p = \lambda \cdot \frac{l}{d} \cdot \frac{v^2}{2g} \cdot \gamma$$

阻力系数 λ 除与雷诺数 Re 有关外，还与管壁相对粗糙度有关。对光滑管，λ 值可用下式计算

$$\lambda = \frac{0.316\ 4}{Re^{0.25}} \tag{3-43}$$

各种粗糙管的 λ 值可参考尼古拉茨实验图求得。

由式(3-42)与式(3-43)知，层流与紊流压力损失的计算式相同，仅阻力系数 λ 值不同。

3.3.3　局部压力损失

流动液体除通过直管产生沿程损失外，通过阀门、弯头、接头等局部障碍时也要消耗能量。这些损失称为局部损失。

流动液体各种局部损失 $h_{局}$ 均用速度头表示。局部损失是由旋涡使液体质点相互撞击消耗动能造成，或者是由于截面流速剧烈变化产生附加摩擦消耗动能造成。消耗的动能均由压力能变为热能。因此局部压力损失的计算式为

$$\Delta p = \xi \cdot \frac{v^2}{2g} \cdot \gamma \tag{3-44}$$

式中 ξ 为局部阻力系数。各局部阻力区的结构形状和尺寸差别较大，表面质量也不尽相同，局部阻力系数的实验值也不完全相同。不同局部阻力系数的参考值可查液压手册。

对于标准管接头，直通式取 $\xi = 0.1 \sim 0.15$，直角式取 $\xi = 0.2$。

对于标准的阀类元件，技术说明中已给出额定流量 q_H 时的压力损失 Δp_H，通过阀的

实际流量用下式计算实际压力损失，即

$$\Delta p = \frac{q^2}{q_H^2} \cdot \Delta p_H \tag{3-45}$$

3.3.4 管路系统中的总压力损失

管路系统中总的压力损失等于系统中所有直管沿程压力损失 $\Delta p_{沿}$、局部压力损失 $\Delta p_{局}$ 之和，即

$$\Delta p = \sum \Delta p_{沿} + \sum \Delta p_{局} \tag{3-46}$$

或

$$\Delta p = \sum \lambda \cdot \frac{l}{d} \cdot \frac{v^2}{2g} \cdot \gamma + \sum \xi \cdot \frac{v^2}{2g} \cdot \gamma \tag{3-47}$$

用式(3-46)或式(3-47)计算总压力损失时的限定条件是：两相邻局部损失元件之间要有足够长的距离 l。如果距离过小会互相干扰，使局部阻力系数增大 2～3 倍，一般取 $l > (10 \sim 20)d$。d 为管子内径。液压系统的总压力损失也可由实验测量得出。

由式(3-47)看出，流速高，Δp 增大；流速低，管径 d 增大。为使液压系统正常工作，又不致 Δp 过大，管路中液流速度推荐如下：

压油管路 $v = 3 \sim 4.5$ m/s；

吸油管路 $v = 0.5 \sim 1.5$ m/s；

回油管路 $v \leqslant 3$ m/s。

压力损失 Δp 消耗能量会使系统发热，应极力避免，但 Δp 又可理解为作用于某控制体两端的压差。在液压技术中，有意控制或造成某些阀类元件所必需的压差，实现流量与压力的控制，这又是我们所希望的。

3.4 小孔及间隙的流量计算

在液压系统中，液体经常流经小孔或配合间隙。例如，液压元件中相对运动表面的配合间隙在压差作用下会造成泄漏；改变节流阀孔的通流面积，可调节液压缸的运动速度。了解与控制液流通过小孔与间隙的流动，可以提高液压元件的性能与液压系统的效率。

3.4.1 小孔流量计算

1. 细长孔

细长孔是指小孔长度与直径比值 $\frac{l}{d} > 4$ 的孔。油液流经细长孔为层流状态，流量可由式(3-36)确定，即

$$q = \frac{\pi d^4}{128 \mu l} \cdot \Delta p = \frac{d^2}{32 \mu l} \cdot A \cdot \Delta p = K \cdot A \cdot \Delta p \tag{3-48}$$

式中 $K = \frac{d^2}{32 \mu l}$。

可见流经细长孔的流量 q 与小孔前、后压差 Δp 的一次方成正比，且受黏度（温度）、孔长 l 及孔径 d 的影响较大，流量不稳定。因此，细长孔主要作固定节流孔和阻尼器用。

2. 薄壁小孔

薄壁小孔是指孔长度与直径比值 $\frac{l}{d}<0.5$ 的孔，孔口边缘一般成刃口形式，如图 3-13 所示。

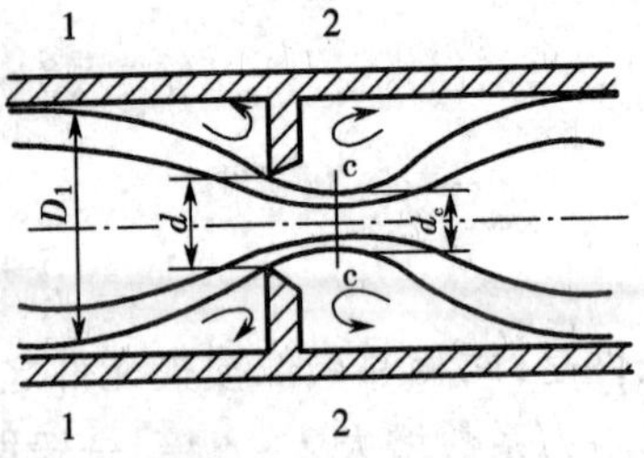

图 3-13　薄壁小孔

液体流经薄壁小孔时，只有局部压力损失，无沿程压力损失。液体在截面 1—1 流速较低，流经小孔时产生很大加速度，在惯性力作用下向中心汇集，流束收缩，收缩至孔口下游约 $\frac{d}{2}$ 处为最小。截面 2—2 处称为收缩断面。收缩断面面积 A_2 与小孔面积 A 之比称为收缩系数 C_c，即

$$A_2=C_c\cdot A=C_c\cdot\frac{\pi}{4}\cdot d^2$$

因为在截面 1—1 和 2—2 之间的流动为紊流，可用伯努利方程求得流经薄壁小孔的流量。

列出截面 1—1 和 2—2 的伯努利方程式如下：

$$\frac{v_1^2}{2g}+\frac{p_1}{\gamma}+h_1=\frac{\alpha_2v_2^2}{2g}+\frac{p_2}{\gamma}+h_2+\xi\cdot\frac{v_2^2}{2g} \tag{3-49}$$

由于 $v_2\gg v_1$，$h_1=h_2$，略去 $\frac{v_1^2}{2g}$ 后，式(3-49)写为

$$\frac{p_1}{\gamma}=\frac{p_2}{\gamma}+(\alpha_2+\xi)\cdot\frac{v_2^2}{2g}$$

$$v_2=\frac{1}{\sqrt{\alpha_2+\xi}}\cdot\sqrt{\frac{2g}{\gamma}\cdot(p_1-p_2)}=C_u\cdot\sqrt{\frac{2g}{\gamma}\cdot\Delta p} \tag{3-50}$$

式中　Δp——小孔前后压差，Pa（其中 $\Delta p=p_1-p_2$）；

α_2——截面 2—2 动能修正系数，$\alpha_2=1$；

C_u——速度系数，$C_u=\frac{1}{\sqrt{\alpha_2+\xi}}=\frac{1}{\sqrt{1+\xi}}$。

根据连续性方程式(3-8)，有

$$v_1\cdot A_1=v_2\cdot A_2$$

式中　A_1 和 A_2 分别是截面 1—1 和 2—2 的面积。

流经薄壁小孔的流量为

$$q=A_2\cdot v_2=C_c\cdot A\cdot C_u\cdot\sqrt{\frac{2g}{\gamma}\cdot(p_1-p_2)}$$

$$q=C_q\cdot A\cdot\sqrt{\frac{2}{\rho}\cdot\Delta p}=K\cdot A\cdot\Delta p^{\frac{1}{2}} \tag{3-51}$$

式中　$K = C_q \cdot \sqrt{\frac{2}{\rho}}$;

$\Delta p = p_1 - p_2$;

C_q——流量系数，当管道内径 D 与孔径 d 比值 $\frac{D}{d} \geqslant 7$ 时，$C_q = 0.61 \sim 0.62$，当 $\frac{D}{d} < 7$ 时，$C_q = 0.7 \sim 0.8$。

从式(3-51)知，流经薄壁小孔的流量与小孔前后压差 Δp 的平方根成正比。因为摩擦阻力很小，所以由温度引起的黏度变化对流量影响也很小。因此薄壁小孔常作为节流装置使用。用液压阀调节节流面积以控制压力和流量时，式(3-51)作为基本方程使用。式(3-48)和式(3-51)合写为

$$q = K \cdot A \cdot \Delta p^m \tag{3-52}$$

式中　m——指数，$m = 0.5 \sim 1$。

此式为小孔流量的统一公式。

3.4.2　间隙流量的计算

液压元件中，合理的配合间隙是零件间正常相对运动所必需的。间隙对液压元件的性能影响极大。讨论液流在间隙中的流动特性，对液压元件的设计、制造、性能分析、计算泄漏都具有实际意义。

间隙通常都很小。液体在间隙中的流动受固体壁面的影响很大，流态一般均为稳定层流。本书在稳定流动且为层流的情况下讨论几种常见间隙，推导均从切应力表达式开始，进而研究间隙中的流速和压力分布规律，得出流过间隙的流量。

1. 流经平面间隙的流量计算

液体在平面间隙流动，有压差流动、剪切流动以及在压差和剪切同时作用下的流动。现分别讨论如下。

(1) 压差作用下的流量计算

设两固定平行平板间隙为 h，沿液流方向的长度为 l，宽度为 b(图 3-14)，且 $l \gg h$，b

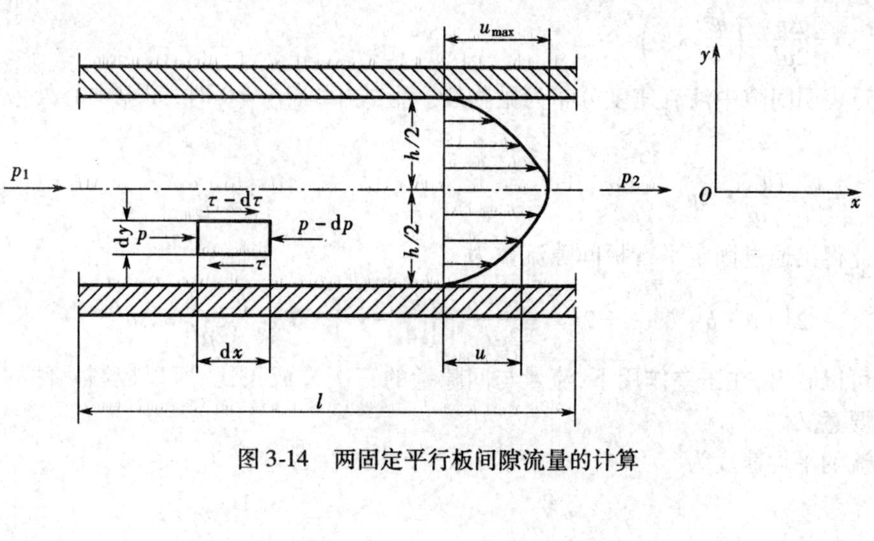

图 3-14　两固定平行板间隙流量的计算

$\gg h$。液体自左向右流动，左端压力为 p_1，右端压力为 p_2，压差 $\Delta p = p_1 - p_2$。取一微单元体长度为 dx、厚度为 dy、宽度为 db，令 $db = 1$。作用于微单元体上的力有：左端压力 p，右端压力 $p - dp$；下表面切应力 τ，上表面切应力 $\tau - d\tau$，方向如图 3-14 所示。稳定流动时微单元体受力平衡方程式为

$$p \cdot dy + (\tau - d\tau) \cdot dx = \tau \cdot dx + (p - dp) \cdot dy$$

$$dp \cdot dy - d\tau \cdot dx = 0$$

即

$$\frac{dp}{dx} = \frac{d\tau}{dy} \tag{3-53}$$

由式(2-7)知 $\tau = \mu \dfrac{du}{dy}$，所以有

$$\frac{dp}{dx} = \mu \cdot \frac{d^2 u}{dy^2}$$

因为 $\dfrac{dp}{dx} = -\dfrac{p_1 - p_2}{l} = -\dfrac{\Delta p}{l}$，所以

$$\frac{d^2 u}{dy^2} = \frac{1}{\mu} \cdot \left(-\frac{\Delta p}{l}\right)$$

式中负号是因为 dp 增量与 dx 增量方向相反。

对上式进行两次积分后得

$$u = \frac{y^2}{2\mu} \cdot \frac{-\Delta p}{l} + c_1 y + c_2 \tag{3-54}$$

把边界条件 $y = \pm \dfrac{h}{2}$，$u = 0$ 代入式(3-54)，得积分常数

$$c_1 = 0$$

$$c_2 = \frac{h^2}{8\mu l} \cdot \Delta p$$

将 c_1、c_2 代入式(3-54)得

$$u = \frac{\Delta p}{2\mu l} \cdot \left(\frac{h^2}{4} - y^2\right) \tag{3-55}$$

式(3-55)表明间隙中液流速度分布为抛物线。上式中，当 $y = 0$ 时，间隙中心处液流最大速度为

$$u_{max} = \frac{h^2}{8\mu l} \cdot \Delta p \tag{3-56}$$

由此得出通过固定平行板间隙流量为

$$q = 2\int_0^{\frac{h}{2}} u \cdot b \cdot d \cdot y = 2\int_0^{\frac{h}{2}} \frac{\Delta p \cdot b}{2\mu l} \cdot \left(\frac{h^2}{4} - y^2\right) \cdot dy = \frac{h^3 \cdot b}{12\mu l} \cdot \Delta p \tag{3-57}$$

由上式可以看出，在压差作用下，流量与间隙量的三次方成正比，所以控制元件的配合间隙有重要意义。

液流的平均速度为

$$v=\frac{q}{A}$$

$$A=bh \quad (\text{间隙截面积})$$

所以

$$v=\frac{h^2}{12\mu l}\cdot\Delta p=\frac{2}{3}u_{\max}$$

(2) 剪切作用下的流量计算

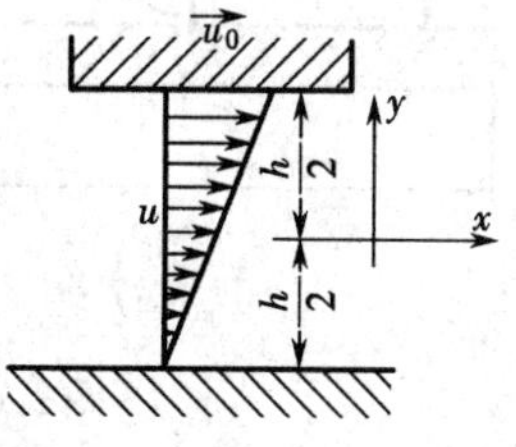

图 3-15　有相对运动的平行平面间隙中的液流

图 3-15 所示两平行平面间隙为 h,上平面以速度 u_0 相对下平面运动,无压差作用,两平面间的液体在黏性力作用下的流速由式(3-54)求出。

$\Delta p=0$ 时,把边界条件 $y=-\frac{h}{2}$、$u=0$ 和 $y=\frac{h}{2}$、$u=u_0$ 代入式(3-54),得积分常数

$$c_1=\frac{u_0}{h},c_2=\frac{u_0}{2}$$

把 c_1、c_2 代入式(3-54),得

$$u=\frac{u_0}{h}y+\frac{u_0}{2}$$

在剪切作用下,两平面间液流流速分布呈线性规律。流量

$$q=\int_{-\frac{h}{2}}^{\frac{h}{2}}u\cdot b\cdot \mathrm{d}y=\int_{-\frac{h}{2}}^{\frac{h}{2}}\left(\frac{u_0}{h}y+\frac{u_0}{2}\right)\cdot b\cdot \mathrm{d}y=\frac{u_0\cdot b\cdot h}{2} \tag{3-58}$$

由式(3-58)可以看出,在剪切作用下流量与间隙量、相对运动速度及间隙宽度的一次方成正比。

(3)压差与剪切联合作用下流量的计算

液压技术中经常遇到既有压差又有剪切作用的间隙流动,如图 3-16 所示。其流速分布规律及流量为压差作用下流动与剪切作用下流动的叠加,即

$$u=\frac{\Delta p}{2\mu l}\cdot\left(\frac{h^2}{4}-y^2\right)\pm\left(\frac{u_0}{h}\cdot y+\frac{u_0}{2}\right) \tag{3-59}$$

$$q=\frac{h^3\cdot b\cdot\Delta p}{12\mu l}\pm\frac{b\cdot h}{2}\cdot u_0 \tag{3-60}$$

式中　l——配合间隙的长度。

式中正、负号取法如下:长平板相对短平板运动方向与压差作用下流向一致时,取正号,如图 3-16 a)所示;反之取负号,如图 3-16 b)所示。

2. 同心环状间隙

液体流经同心环状间隙如图 3-17 所示,间隙量为 h,圆柱直径为 d,沿液流方向间隙长度为 l。将圆柱面展开后就相当于一个平面缝隙,因此用 πd 代替式(3-60)中的间隙宽度 b,得环状间隙流量公式

$$q=\frac{\pi d\cdot h^3}{12\mu l}\cdot\Delta p\pm\frac{\pi d\cdot h}{2}\cdot u_0 \tag{3-61}$$

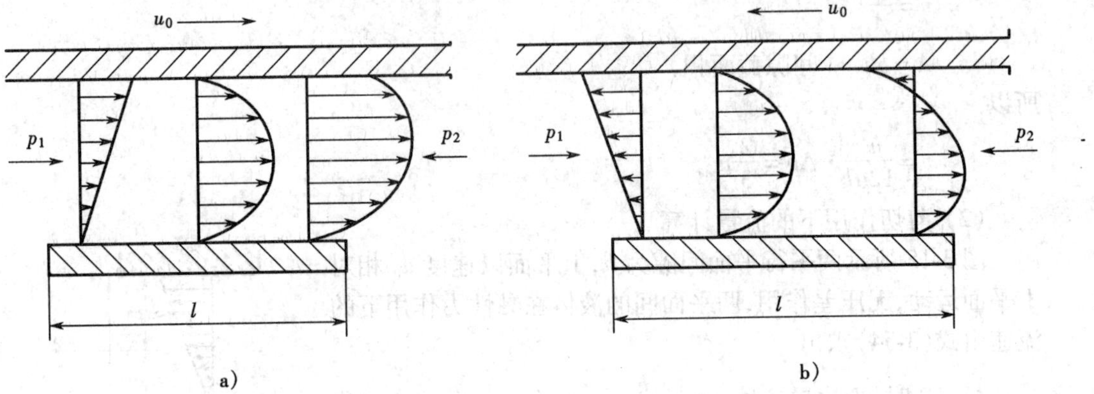

图 3-16 压差与剪切联合作用下平行平板间隙中的液流

3. 偏心环状间隙

由于制造和安装误差，液压元件中经常出现偏心环状间隙，例如活塞与液压缸体不同心时就形成偏心环状间隙。图 3-18 为偏心环状间隙简图。图中孔半径为 R，圆心为 O，轴半径为 r，圆心为 O_1，偏心距为 e。设半径在任一角度 α 时两圆柱表面间隙为 h。由图可见

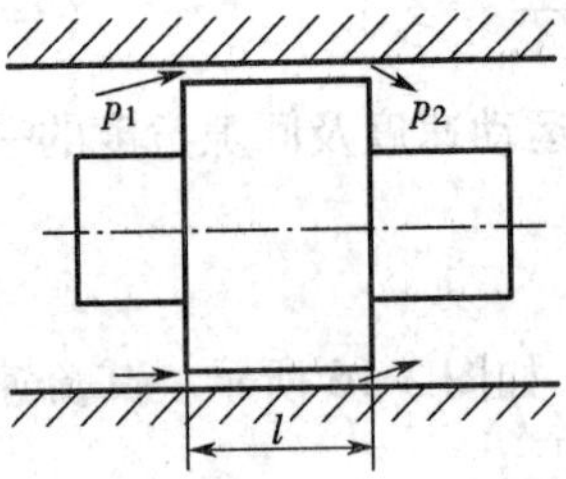

图 3-17 同心环状间隙中的液流

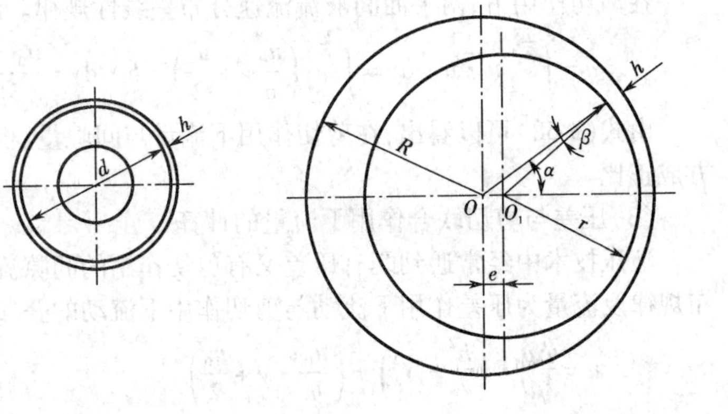

图 3-18 偏心环状间隙中的液流

$$h = R - (r \cdot \cos\beta + e \cdot \cos\alpha)$$

因为 β 很小，$\cos\beta \to 1$，所以

$$h = R - (r + e \cdot \cos\alpha) \tag{3-62}$$

在 $d\alpha$ 很小角度范围内，流经间隙的流量 dq 可用平行板间隙流量公式(3-57)计算，即

$$q = \frac{h^3 \cdot b}{12\mu l} \cdot \Delta p$$

式中，b 相当于 $R \cdot d\alpha$。于是得

$$dq = \frac{\Delta p}{12\mu l} \cdot h^3 \cdot R \cdot d\alpha \tag{3-63}$$

将式(3-62)代入式(3-63),从0到2π区间积分,得通过整个偏心环状间隙的流量

$$q=\frac{R\cdot\Delta p}{12\mu l}\cdot\int_0^{2\pi}h^3\cdot d\alpha=\frac{R\cdot\Delta p}{12\mu l}\cdot\int_0^{2\pi}(R-r-e\cdot\cos\alpha)^3\cdot d\alpha$$

令$R-r=h_0$(同心时半径间隙量),$\frac{e}{h_0}=\varepsilon$(相对偏心率),则有

$$R-r-e\cdot\cos\alpha=h_0-e\cdot\cos\alpha=h_0(1-\varepsilon\cos\alpha)$$

令$d=2R$,于是

$$q=\frac{h_0^3\cdot R\cdot\Delta p}{12\mu l}\cdot\int_0^{2\pi}(1-\varepsilon\cdot\cos\alpha)^3\cdot d\alpha=\frac{\pi d\cdot h_0^3\cdot\Delta p}{12\mu l}\cdot(1+1.5\varepsilon^2)\qquad(3\text{-}64)$$

由式(3-64)可知,$\varepsilon=0$,即为同心环状间隙;$\varepsilon=1$,即为最大偏心$e=h_0$,其流量为同心流量的2.5倍。

在液压元件中,为减小间隙泄漏,应使配合件尽量处于同心状态。

在液压技术中,圆柱形滑阀因加工产生几何误差和装配误差。此时,阀芯在阀孔中产生偏心,作用于阀芯一侧的压力将大于其另一侧的压力。在径向不平衡力作用下,使阀芯产生径向偏置而靠在阀孔壁面,因而发生所谓的液压卡紧现象。为防止液压卡紧,大多在阀芯的外圆柱面上设置环形沟槽(均压槽,或平衡槽),使阀芯四周压力得到平衡,并使轴线与阀孔轴线对中。

3.5 液压冲击、空穴与气蚀

3.5.1 液压冲击

在液压系统中,快速换向或关闭油路时,引起液体压力剧烈上升,出现瞬时高压,这种现象称为液压冲击。在液压系统中,某些元件反应不灵敏,也会出现压力升高现象。这些现象的压力峰值称为冲击压力。

液压冲击会引起设备振动,影响正常工作,导致元件损坏,因此设计液压系统时要防止或减少液压冲击。

1. 液压冲击分析

图3-19所示管中液体流速为v_0,压力为p。快速关闭阀门时,紧挨阀门B处的液体首先停止流动,油液动能转变为压力能,油压突然升高Δp,此即冲击压力。接着其他各层油液也依次停止流动,相应压力也突然升高。于是就形成高压区与低压区分界面,增压波s以速度c向输入端A传递(c为冲击波传播速度,它等于液体中的声速)。

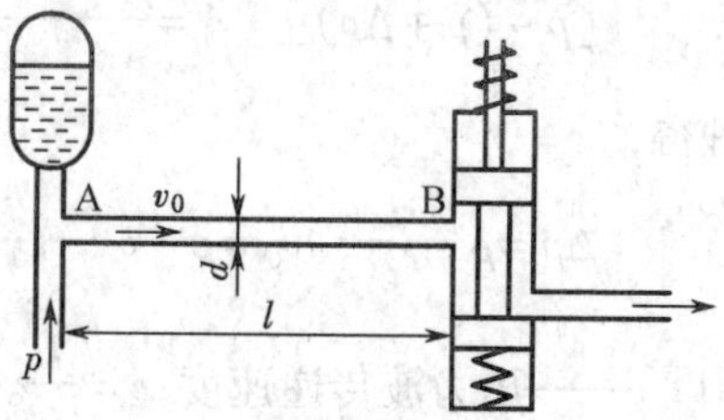

图3-19 液压冲击

设管长为l,阀门关闭后,$t_1=\frac{l}{c}$时,此升高压力传至管道入口A处。由于蓄能器内压

力低于管道内压力，油液以流速 v_0 流向蓄能器，A 处液压力恢复到 p。管中高压区与低压区分界面即减压波，以音速 c 由 A 向 B 传播。至 $t_2=\frac{2l}{c}$时，管长 l 内压力与体积恢复至原状。但液体因惯性继续以 v_0 向蓄能器流动，因而使紧挨阀门 B 边上一层油液松弛，压力突然下降 Δp，其余各层也逐渐松弛，减压波以音速 c 向蓄能器传播。至 $t_3=\frac{3l}{c}$时，减压波到达蓄能器入口处 A。蓄能器内液体压力高于管道内液体的压力。在压差作用下，油液又由蓄能器以流速 v_0 流向管道，使 A 处压力上升至 p。增压波以音速 c 向 B 处传输。至 $t_4=\frac{4l}{c}$时，全管内压力为 p，流速为 v_0，完全恢复到原来状态。由于液流以流速 v_0 流向阀门，动能转换为压力能，又开始上述循环，如图 3-20 曲线 1 所示，压力以 $T=\frac{4l}{c}$为周期循环变化，使管内压力持续振荡，这在液压中称为压力冲击。

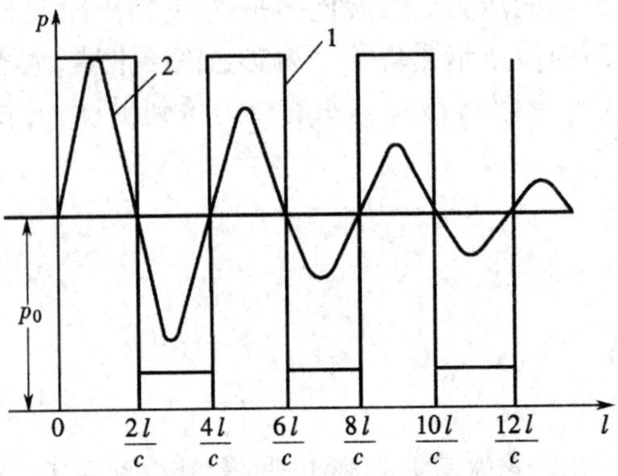

图 3-20　冲击压力的衰减

1—压力冲击波；2—压力波

由于管壁弹性变形及流动阻力，振荡过程逐渐衰减而趋向稳定，如图 3-20 曲线 2 所示。

产生液压冲击的另一种情况是，当运动部件快速制动时，惯性使液压缸和管道内压力剧烈升高，形成压力波，产生液压冲击。

2. 冲击压力

液压冲击是一个衰减过程，故冲击压力 Δp 可按图 3-20 曲线 2 第 1 波计算。设图 3-19 管道截面积为 A，管长为 l，第一波从阀门 B 传到 A 的时间为 t，液体密度为 ρ，管中液体初始流速为 v_0，由动量方程得

$$[p-(p+\Delta p)]\cdot A=\frac{\rho\cdot A\cdot(0-v_0)\cdot l}{t}$$

整理得

$$\Delta p=\rho\cdot\frac{l}{t}\cdot v_0=\rho\cdot c\cdot v_0 \tag{3-65}$$

式中　c——压力波传递速度，$c=\frac{l}{t}$。

若流速 v_0 不是突然降到零，而是降至 v_1，则上式变为

$$\Delta p=\rho\cdot c(v_0-v_1)=\rho\cdot c\cdot\Delta v \tag{3-66}$$

阀门关闭时间 $t'<T=\frac{2l}{c}$时，此间压力冲击称为完全冲击，按式(3-65)计算。

当阀门关闭时间 $t'>T$ 时，此间压力冲击为不完全冲击。此时，液流由于速度改变而

引起能量变化，相当于$\frac{T}{t'}$的部分转化为液压能。冲击压力 Δp 可近似按下式计算

$$\Delta p = \rho \cdot c \cdot \frac{T}{t'} \cdot (v_0 - v_1) \quad (3\text{-}67)$$

3. 防止液压冲击的措施

防止液压冲击的措施如下。

① 适当降低管路系统的换向速度。对于电液动换向阀，通过控制先导阀进入液动主阀控制腔的流量，减缓主阀换向速度，可选择带阻尼器的换向阀。

② 在易发生液压冲击点附近安装蓄能器，以吸收冲击压力峰值，消除冲击。

③ 在换向阀并联系统中，各换向阀的动作应协调，各阀的换向时间和换向速度应相互配合。

④ 液压缸内设置缓冲装置，可消除高速运动液压缸突然停止或反向启动时的液压冲击。

⑤ 采用橡胶软管吸收液压冲击能量。

3.5.2 空穴与气蚀

1. 空穴

液体溶解空气的浓度受压力和温度的影响，这是流体的物理特性。标准大气压（0.1 MPa）下，空气在水中溶解的体积为2%，石油型液压油中的溶解度为10%。压力降低时，溶解的空气量减少。随着压力的降低，流体介质必定释放出所溶解的空气。温度一定时，液体有一定的饱和蒸气压，即液体分子的汽化和液化过程处于平衡状态时的压力。当压力小于该液体介质的饱和蒸气压时，液体就沸腾汽化。

液压系统中，液体流速很高的局部区域（如液压泵吸油口、节流口）形成低压，溶解于液体介质中的空气释放出来，以气泡的形式存于液体中，形成空穴。若此时的压力低于液体介质的饱和蒸气压，液体就沸腾汽化，以填充形成的空穴。

2. 气蚀

在低压区形成的气泡进入高压区，又迅速被挤压破裂，对流道或元件产生破坏作用。这种作用近于爆炸形式，即从金属部件上剥蚀或击落一些小颗粒并产生强烈的噪声和振动，这种现象称为气蚀。

3. 预防措施

预防措施如下：

① 限定液压泵的吸油高度，既保证液压泵的油口有足够的真空度，又要保证不产生空穴，尤其要防止液压泵转速过高；

② 泵的吸油管径要大，过滤器的压力损失要小，自吸能力差的泵应采用辅助泵供油；

③ 节流口压力降要小，一般控制节流口前后压力比$\frac{p_1}{p_2} < 3.5$；

④ 液压系统管路密封性好，各处接头不得松动，以防空气渗入；

⑤ 液压泵的吸油管和系统回油管一定要在液面以下；

⑥ 油箱体积要足够大，使其既利于散热、降温，又利于油液中的游离气泡逸出。

第4章 液压系统动力元件及装置

液压系统动力元件及装置包括液压泵、蓄能器、油箱、过滤器等。液压泵是一种能量转换装置。它把驱动原动机(一般为电机)的机械能转换为油液的压力能提供给液压系统。蓄能器是储存和释放液体压力能的装置。蓄能器在液压系统中的主要功能是实现短期大量供油、维持系统压力、吸收冲击压力或脉动压力。油箱具有储存油液、沉淀油液中的污物、散热及使渗入油液中的空气逸出等功能。过滤器是保持液压油清洁、保证液压系统正常工作的元件。

4.1 液压泵的基本概念

4.1.1 液压泵工作原理

液压泵是液压传动系统的重要组成部分。它为系统提供工作所需的具有一定压力和流量的液压介质,驱动系统中各执行装置输出负载所必需的力和速度。液压泵通常由原动机(电机或内燃机)拖动。液压泵将原动机的机械能转换成液压工作介质的压力能,所以说液压泵是液压系统的动力元件。

绪论中曾以千斤顶为例简述液压传动工作原理,现仍以千斤顶(图1-1)为例说明液压泵的工作原理。它由小缸体2、小活塞3、单向阀4、单向阀7及管道组成。手柄1带动小活塞向上运动时,小缸体2下腔(泵腔)容积增大,并形成局部真空。此时单向阀7关闭,油箱内液体在大气压力作用下打开单向阀4,液体经吸油管5、单向阀4进入泵腔,即完成液压泵吸油过程。手柄推动小活塞向下运动时,泵腔容积逐渐减小,液体受小活塞挤压,压力升高,将单向阀4关闭,而将单向阀7打开,泵腔内液体经单向阀7输入系统,即完成液压泵排油过程。如果手柄连续往复运动,液压泵便连续吸油和排油。

液压传动系统所用的液压泵都是依靠液压泵密闭工作容积的变化工作的。这种液压泵称为"容积式液压泵"。

4.1.2 液压泵的主要参数

1.液压泵的压力

液压泵的压力是指液压泵输出液体介质的压力,分为额定压力、最高压力、工作压力。

1)额定压力　液压泵铭牌上标示的压力,指在正常工作条件下,按试验标准规定能连续运转的最高压力,是液压泵结构和密封所能承受的压力。

2)最高压力 p_{max}　按试验标准规定,它是液压泵允许短暂运行的最高压力。

3)工作压力 p　指液压泵的实际工作压力,它由外负载决定。

液压系统的用途不同，系统所需压力也不同。为便于液压(元、辅)件的设计、生产，我国规定了液压系统及元件公称压力系列值，如表 4-1 所示。

表 4-1　液压系统及元件公称压力系列值　(MPa)

1.0	1.6	2.5	4.0	6.3	10.0	12.5	16.0
20.0	25.0	31.5	40.0	50.0	63.0	80.0	100

2. 液压泵的排量、流量及容积效率

(1) 排量 V

液压泵每转一转，由其密闭容腔几何尺寸变化计算出的排出液体的体积叫做排量。

(2) 理论流量 q

泵在单位时间内由密封容腔几何尺寸变化计算出的输出液体的体积称为流量，即

$$q = V \cdot n \times 10^{-3} \tag{4-1}$$

式中　q——理论流量，L/min；

V——泵的排量，mL/r；

n——泵的转数，r/min。

(3) 实际流量 q_p

实际流量为液压泵工作时，泵输出的实际流量。液压泵的实际流量 q_p 小于理论流量 q。这是因为构成液压泵工作容积的相对运动零件存在间隙，液压泵工作时不可避免地产生泄漏。液压泵的工作压力越高，泄漏量就越大。实际流量

$$q_p = q - \Delta q \tag{4-2}$$

式中　q_p——实际流量，L/min；

q——理论流量，L/min；

Δq——泄漏量，L/min。

液压泵的流量与压力的关系如图 4-1 所示。

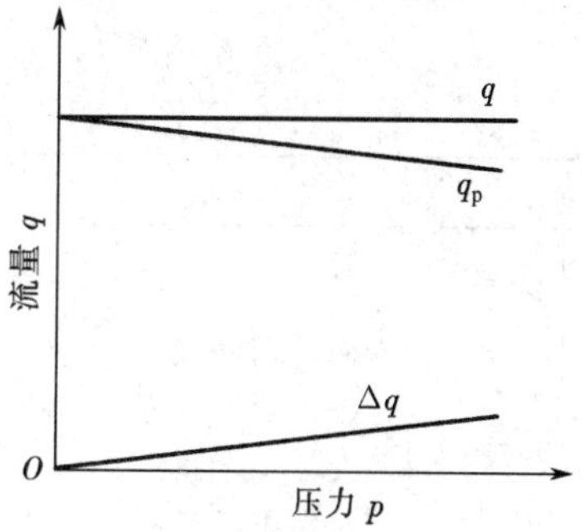

图 4-1　液压泵流量与压力的关系

(4) 容积效率 η_V

泵的实际流量与理论流量之比称为液压泵的容积效率，即

$$\eta_V = \frac{q_p}{q} \times 100\% \tag{4-3}$$

3. 液压泵的功率和效率

液压泵向系统输入压力为 p(MPa)、流量为 q(L/min)的液体时，输出功率

$$P_o = \frac{p \cdot q}{60} \tag{4-4}$$

式中　P_o——液压泵的输出功率，kW。

液压泵向系统输入能量，需要电机为其输入功率。若液压泵在进行能量转换过程中无损失，则液压泵输入功率与输出功率相等。实际上，能量转换过程中会有能量损失，即

由泄漏等原因产生的流量损失以及相对运动表面摩擦产生的机械损失。所以当泵的工作压力为 p(MPa)、实际流量为 q_p(L/min)时,实际输出功率

$$P_o=\frac{p\cdot q_p}{60}=\frac{p\cdot q\cdot \eta_V}{60} \tag{4-5}$$

向液压泵输入的功率

$$P_i=\frac{P_o}{\eta}=\frac{p\cdot q_p}{60\cdot \eta}=\frac{p\cdot q_p}{60\cdot \eta_m\cdot \eta_V}$$

$$=\frac{p\cdot q}{60\cdot \eta_m}(\mathrm{kW}) \tag{4-6}$$

$$\eta=\eta_m\cdot \eta_V \tag{4-7}$$

式中 η_V——液压泵容积效率;

η_m——液压泵机械效率;

η——液压泵总效率。

4. 最大吸入能力

最大吸入能力即液压泵能正常运转并且在不发生气蚀的条件下吸入口允许的最低压力。

4.1.3 液压泵的分类

液压传动中使用的容积式液压泵按构成密封工作容积的方式及吸排油机理分为齿轮式、叶片式和柱塞式三大类。每一类又有多种类型。

就排量而言,液压泵分为两种类型,即定量泵和变量泵。定量泵的排量固定不变,即 V 是定值,仅仅在改变泵的转速时输出流量才发生变化。用某种控制方式通过其内部变量机构改变排量 V 的泵叫变量泵。

液压泵的图形符号见表 4-2。

表 4-2 液压泵的图形符号

<table>
<tr><th colspan="2">名 称</th><th>符 号</th></tr>
<tr><td rowspan="2">定量液压泵</td><td>单向定量液压泵</td><td>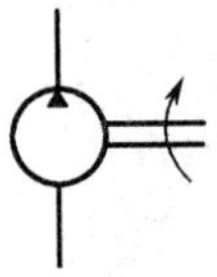</td></tr>
<tr><td>双向定量液压泵</td><td>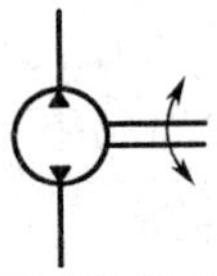</td></tr>
</table>

续表

名　　称		符　　号
变量液压泵	单向变量液压泵	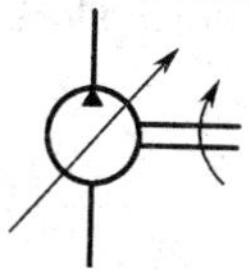
	双向变量液压泵	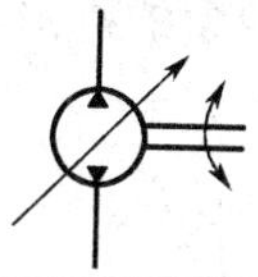

4.2　齿轮式液压泵

在容积式液压泵中，齿轮式液压泵具有结构简单、体积小、质量轻、易制造、成本低、工作可靠、对介质污染不敏感等优点，广泛应用于机床、工程机械、农业机械及航空、船舶等领域。

4.2.1　外啮合齿轮泵工作原理

图 4-2 为外啮合齿轮泵工作原理图。泵壳内有一对模数、齿数、齿宽相等且相啮合的渐开线齿轮。齿轮的两端面用端盖密封，齿轮将泵壳体分隔成左、右两密封工作腔。主动

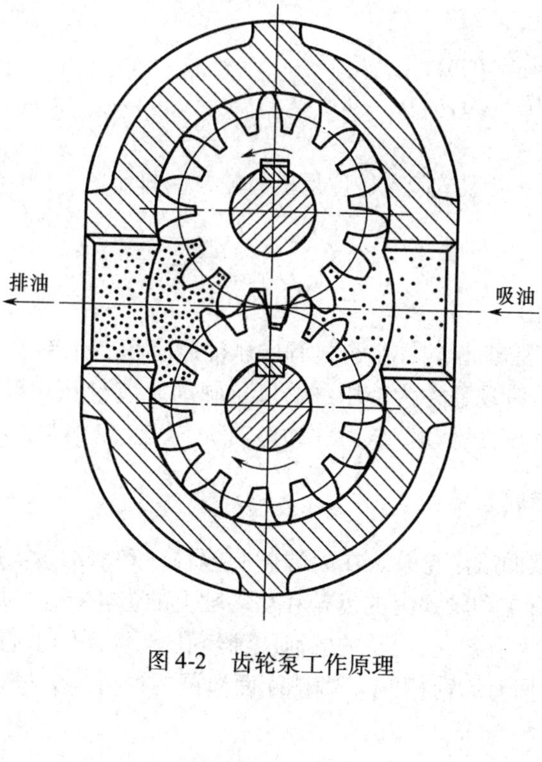

图 4-2　齿轮泵工作原理

齿轮与从动齿轮按图示方向旋转时，轮齿从右侧退出啮合，露出齿间，该腔容积增大，形成局部真空，油箱中的油液在大气压力作用下经吸油管进入右腔——吸油腔。随着齿轮的转动，每个齿轮的齿间把油液从右腔带到左腔，轮齿在左侧进入啮合，齿间被对方轮齿填塞，容积减小，齿间油液被挤出，使左腔油压升高，油液从排油口输出，所以左腔便是泵的排油腔。齿轮不断转动，泵的吸排油口便连续不断地吸油和排油。

4.2.2 外啮合齿轮泵的排量及流量

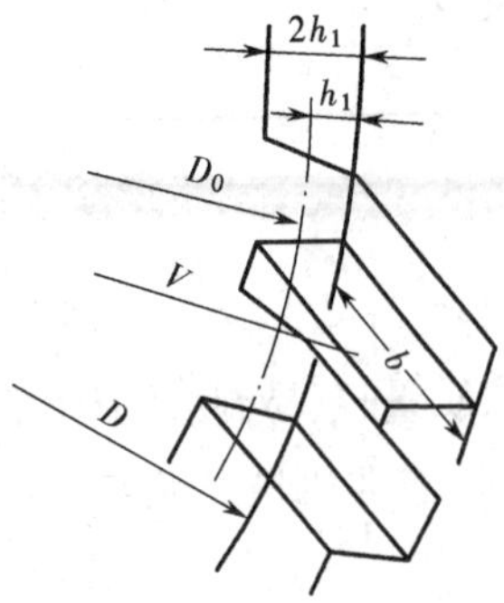

图4-3 齿轮泵排量计算的主要参数

齿轮泵的排量是齿轮每转一转，两个齿轮的齿间从吸油腔带入排油腔的油液的体积，即等于两个（齿数相同的）齿轮所有齿间有效容积的总和。设齿轮的齿数为 z，每一个齿间的有效容积为 V_i(cm^3)，液压泵每转一转，输送油的齿间数为两齿轮齿数之和，即 $2z$，故泵的排量

$$V = 2z \cdot V_i$$

对于渐开线齿轮，精确计算齿间容积比较困难。为简化计算，设齿间容积与轮齿的体积相等，且齿间的有效深度等于两倍齿顶高 h_1（图4-3）。两个齿轮齿间的有效容积之和为 $2z \cdot V_i$，相当于外径等于齿顶圆直径 D、厚度等于齿间的有效深度 $2h_1$、宽度为齿宽 b 构成的圆环的体积。此时，泵的排量

$$V = \pi D_0 \cdot (D - D_0) \cdot b \tag{4-8}$$

式中 V——泵的排量，mL/r；

D——齿顶圆直径，mm；

D_0——齿轮节圆直径，mm；

b——齿宽，mm。

将模数 m、齿高 h_1、齿数 z 代入整理得出齿轮泵的排量

$$V = 2\pi z m^2 b \tag{4-9}$$

齿轮泵的实际流量

$$q_p = V n \eta_V \times 10^{-3} \tag{4-10}$$

由齿轮泵工作原理知，齿轮在啮合过程中压油腔容积变化率是不均匀的，故齿轮泵的瞬时流量是变化的，这种现象称为液压泵的流量脉动。流量脉动影响工作部件运动的平稳性，也会引起系统的压力脉动。压力脉动对轴承、管道、密封都产生不利影响。

4.2.3 外啮合低压齿轮泵结构

图4-4为CB-B型低压齿轮泵。在后端盖1、泵体3和前端盖4用定位销定位、螺钉联结组成的泵壳内，装有主动轴5上的齿轮和从动轴上的齿轮。主、从动轴支承于两侧端滚针轴承2中。小孔a为泄漏孔，使泵内的泄漏油经孔a、从动轴中心轴孔c及d返回吸油腔。中间泵体3两端面有卸荷槽b，使两侧端面泄漏的油液经该槽返回吸油腔，以减小连

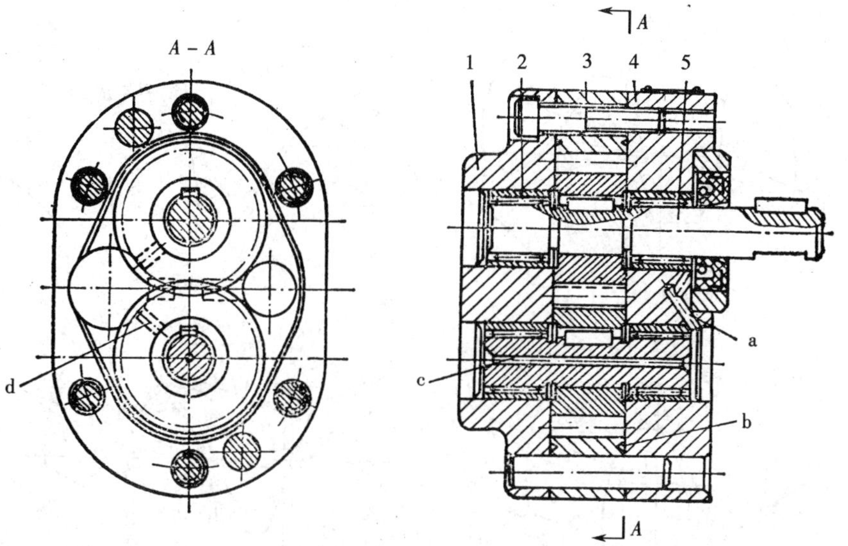

图 4-4　CB-B 型低压齿轮泵结构

1—后端盖；2—滚针轴承；3—泵体；4—前端盖；5—主动轴

接螺钉的紧固力。后端盖 1 上有吸、排油口。大者为吸油孔，小者为排油口。

齿轮泵的其他问题及消除措施如下。

1. 困油现象及其消除措施

为使齿轮泵连续供油，要求齿轮啮合重合度 $\varepsilon>1$。$\varepsilon>1$ 会出现两对轮齿同时啮合的情况，即原先一对轮齿尚未退出啮合，后面一对轮齿又进入啮合。两对啮合的轮齿之间形成一闭死容积，称为"困油区"。齿轮在转动过程中，困油区容积也发生变化，如图 4-5 所示。容积缩小（由图 a）过渡到图 b））时，困油区的油液受挤压，压力急剧升高，并从一切可能泄漏的缝隙强行挤出一部分，使轴承受到很大的附加载荷，轴承寿命降低，产生功率损失，油温升高。容积增大（由图 b）过渡到图 c））时，如果不能补油，困油区则形成局部真空，溶于油液中的空气析出而产生气泡，气泡进入液压系统，引起振动和噪声。这种不良现象叫做"困油"。

困油现象是由于闭死容积发生变化而油液无法排出和补入引起的。为消除困油现象，CB-B 型泵的前、后端盖上都铣有两个"消除困油槽"（图 d））。其作用为：困油容积达到最小之前，使困油容积与排油腔相通；过了困油最小容积位置之后，通过另一个槽使困油容积与吸油腔相通，实现补油。槽距 a（图 4-5 d））不能太小，以防止吸、排油腔通过困油容积连通，影响泵的容积效率。

2. 齿轮泵径向力不平衡及消除措施

齿轮泵工作时，排油腔压力大于吸油腔压力。齿顶圆与泵体内表面之间存在间隙。油液通过间隙泄漏，压力也从排油腔到吸油腔依次递减，压力分布如图 4-6 所示。由此可见泵内齿轮所受的径向力是不平衡的。这个不平衡力将齿轮压向一侧。轴承受该力影响，会降低使用寿命。因此，必须从结构上消除或减少径向不平衡力。

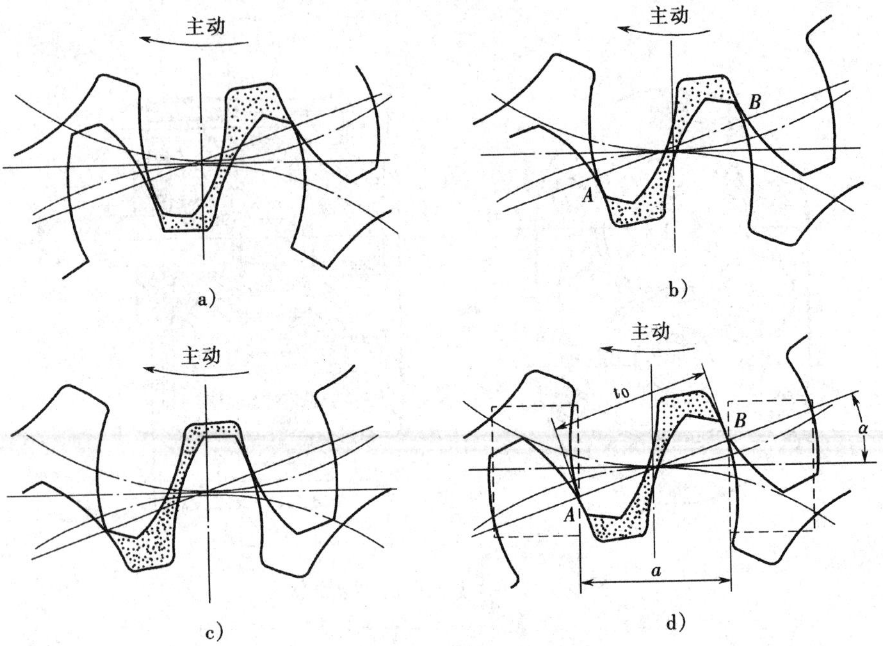

图 4-5　齿轮液压泵的困油现象

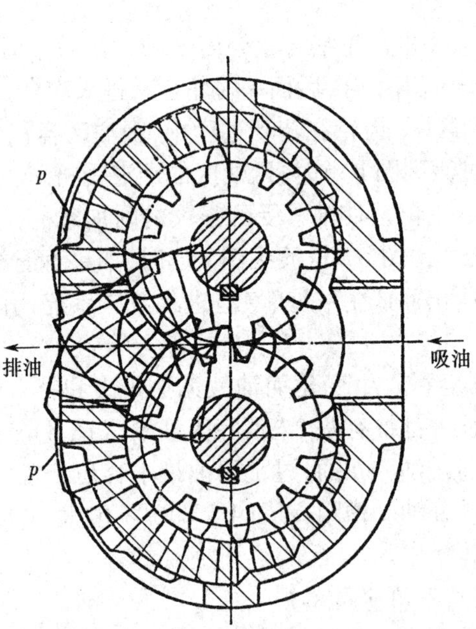

图 4-6　齿轮泵的径向压力分布

CB-B 型泵消除径向力不平衡的有效方法是缩小排油口直径,使高压仅作用在一个齿到两个齿的范围,压力油作用于齿轮上的面积缩小了,径向力也相应减小。另一办法是在泵的有关零件(通常是在轴承座圈)上开出四个接通齿间的压力平衡槽,四个槽对称布置,并使其中的两个与排油腔相通,另外两个则与吸油腔相通。这种办法可使作用到齿轮上的径向力基本平衡,但却使泵的高压区与低压区更加接近,泄漏增加,容积效率降低。

4.2.4 高压齿轮泵

对于普通结构的齿轮泵,齿轮端面与端盖的间隙及齿顶与泵体的径向间隙是定值,油液通过端面间隙的泄漏量占泵总泄漏量的 75% ~80% 。提高泵的工作压力,则间隙泄漏加剧,泵的容积效率显著降低。即使把间隙做得很小,由于间隙磨损后不能补偿,容积效率又会很快下降,压力仍不能提高。再者泵的压力过高,不平衡的径向力也随之增大,致使轴承受力情况恶劣而不能正常工作。因此提高齿轮泵的压力,主要是改善齿轮端面的密封状况,使齿轮端面磨损后轴向间隙能自动补偿。为提高容积效率,中压和高压齿轮泵都采用轴向间隙自动补偿。轴向间隙自动补偿一般采用"弹性侧板"或"浮动轴套"。在液压力作用下,"弹性侧板"或"浮动轴套"压向齿轮端面,使轴向间隙减小,泵的工作压力提高。采用这种结构的齿轮泵压力可达到 10 MPa 以上的中、高压压力级。

外啮合齿轮泵采用液压补偿轴向间隙结构,径向间隙补偿较困难。这里重点介绍一种既能补偿轴向间隙,又能补偿径向间隙的高压内啮合齿轮泵。其最高工作压力为 30 MPa,排量为 3.6 ~250 mL/r。图 4-7 为 IPH 型内啮合齿轮泵的结构图。轴承支座 3、9 和前泵盖 11、后泵盖 2 用螺钉 1 紧固在一起。双金属滑动轴承 4 和 10 装在轴承支座 3 和 9 的轴承孔内,用于支承小齿轮轴 7。内齿环 6 用径向半圆支承环 15 支承。两齿轮的两侧面装有浮动侧板 5 和 8。浮动侧板 5、8 外周上各有一小段被支承环 15 支承。小齿轮轴 7 和内齿环 6 之间装有棘爪形填隙片 12,它的宽度与齿轮、齿环的宽度相等。填隙片用导销 14 支承在两个浮动侧板 8 上,导销 14 与浮动侧板孔有径向间隙。填隙片 12 的顶部用止动销 13 支承,止动销 13 的两端插入轴承支座 3 和 9 的相应孔内(止动销轴径与孔之间能够转动)。当小齿轮轴 7(主动轮)按图示方向旋转时,内齿环 6 也同向旋转。轮齿在退出啮合时,a 腔的油液便充满已退出啮合的齿间,齿间将油带到压油腔 b 处(由填隙片 12 的尖端至轮齿啮合点之间形成压油腔 b)。轮齿在 b 处进入啮合,齿间内的油液受到轮齿的挤压,便从内齿环 6 齿根处的孔 f 及支承块上的孔 g 处排出。

1. 轴向间隙补偿原理

齿轮两侧的浮动侧板 5 和 8 上各有背压室 e(图 4-8),压油腔的压力油经侧板上的通孔 h 与背压室相通。当压油腔内的压力升高时,背压室内的压力也随之升高。在背压的作用下,两侧的浮动侧板紧贴在小齿轮、内齿环和填隙片端面。轮齿端面与侧板磨损后,侧板在背压作用下向前移动,自动补偿轴向间隙。

2. 径向间隙补偿原理

内齿环外圆支承在径向半圆支承环的内圆表面上。由于内齿环的高速旋转,使两者配合表面磨损,间隙将逐渐变大。但因径向半圆支承环 15 的下面也有两个背压室 c 和

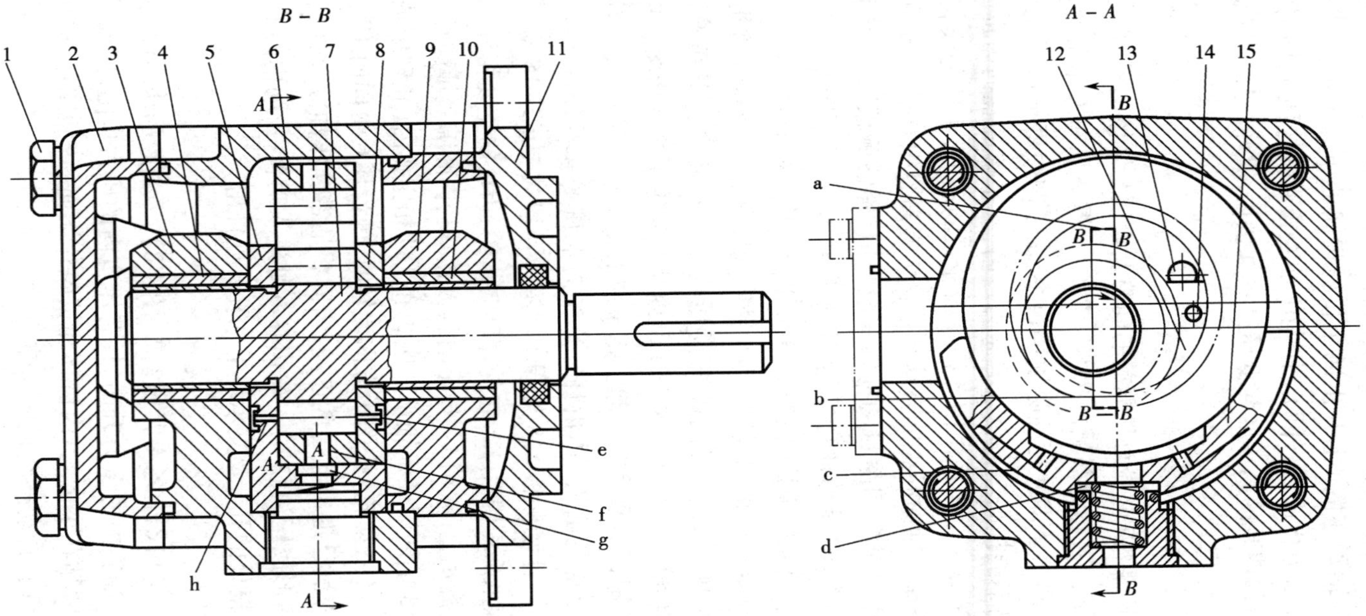

图4-7　IPH型渐开线内啮合齿轮泵

1—螺钉；2—后泵盖；3、9—轴承支座；4、10—滑动轴承；5、8—浮动侧板；
6—内齿环；7—小齿轮轴；11—前泵盖；12—填隙片；13—止动销；14—导销；15—支承环

d,各背压室均与压油腔相通。在背压作用下,径向半圆环支承块推动内齿环 6,内齿环又推动填隙片 12 与小齿轮齿顶相接触,形成高压区的径向密封。

内啮合齿轮泵同时采用挠性轴承并采用螺旋吸油式低压润滑,使轴颈和轴承始终接触均匀,不会发生负载集中于轴承端而产生局部磨损、烧伤现象。

这种泵的流量和压力脉动比外啮合齿轮泵小,压力脉动一般仅为 1% 左右。由于采用轴向和径向间隙补偿,高压腔密封完善,高压腔小,轴承受力小,所以容积效率和总效率高。其排油压力为 30 MPa,转速为 1 800 r/min,容积效率为 96.5% ,总效率可达 90% 。这种泵的轴承受力好、运转平稳、机械噪声小且无困油现象,吸油充分,不会发生气蚀。

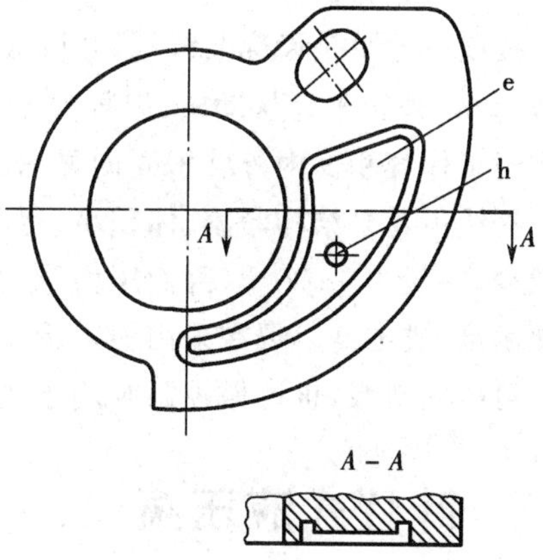

图 4-8　侧板及背压室

4.2.5　齿轮泵的优缺点及使用

齿轮泵结构简单,具有良好的自吸能力,对油液污染不敏感,耐冲击性负荷。但齿轮泵的零件在磨损后不易修复,零件需选配组装,互换性差,常因个别零件损坏而不得不更换新泵。

齿轮泵具有较大的转速范围,但转速不能太高,否则油液在受离心力作用不能充满整个工作空间,并对吸油形成阻力,产生“吸空”现象。齿轮泵的转速也不能太低,否则流量减小,容积效率下降。

齿轮泵的旋转方向有明确规定,其吸油口、排油口不能互换,使用时必须格外注意。

4.2.6　其他类型的齿轮泵

1. 螺杆泵

螺杆泵的工作原理与螺杆驱动螺母移动的原理相同。螺杆泵是由一根主动螺杆和两根从动螺杆组成。主动螺杆与从动螺杆并排啮合,螺杆的啮合线将套筒内的体积分隔成若干密封容腔。主动螺杆转动时,从动螺杆也随之转动。主动螺杆每转一周,各密封容积就移动一定的距离,并且容积也不断被压缩。在密封容积中的液体逐渐移向压油腔,完成压油过程。

与其他容积式液压泵相比,螺杆泵结构紧凑,体积小,流量、压力无脉动,噪声低,自吸能力强,允许较高的转速,工作可靠,寿命长。它常用于传动要求十分平稳的精密机床,如镜面磨床;也用于工作可靠性要求很高的装置中,如飞机和轮船。螺杆泵既可作为液压泵,又可用于输送黏度大的液体或含有颗粒的液体,在水电设备、食品工业、化学工业中也得到广泛应用。

2. 摆线齿轮泵

摆线齿轮泵是齿廓曲线采用“圆弧—摆线”齿形的内啮合齿轮泵。内转子为主动轮，齿数为 z_1；外转子为从动轮，齿数为 z_1+1。内外转子偏心安装，齿廓全部啮合，构成若干个密封工作容积。内外转子同向异速旋转，通过配油窗口吸油和压油。

摆线齿轮泵结构紧凑、体积小、运动平稳，转速为 1 000～10 000 r/min。摆线齿轮泵齿数少，一般为 4～7 个，因而压力脉动大，高压、低速时容积效率较低。过去齿廓曲面加工较困难，成本高。现在采用粉末冶金工艺压制成型，成本降低，应用领域逐步扩展。摆线泵可做润滑泵，也可做控制泵用于机床液压传动系统。

4.3 叶片式液压泵

叶片式液压泵结构紧凑、体积小、流量均匀、运动平稳、噪声小、容积效率高、寿命较长。根据转子每转吸、排介质的次数，叶片式液压泵分为单作用式叶片泵和双作用式叶片泵。单作用式叶片泵可做成各种变量型液压泵，双作用式叶片泵必须制成定量型液压泵。

4.3.1 单作用式叶片泵

1. 工作原理

单作用式叶片泵主要由配油盘 1、转动轴 2、转子 3、定子 4、叶片 5 和壳体组成，如图 4-9 所示。

定子内表面为圆柱面，转子 3 上均匀分布径向槽，矩形叶片 5 安装在槽内，并在槽内滑动。转子与定子偏心距为 e。定子和转子的两个端面有配油盘，盘上的吸油窗口和排油窗口分别与泵壳上的进油口、出油口相通。转子旋转时，叶片在离心力及叶片槽底压力油的作用下紧贴定子内壁。两相邻叶片与定子内表面、转子外表面及两端配油盘构成若

图 4-9　单作用式叶片泵工作原理

1—配油盘；2—转动轴；3—转子；4—定子；5—叶片

干个密封工作容积。转子按图示方向旋转时，右边的叶片逐渐伸出，相邻两叶片间容积逐渐增大，形成局部真空，油液受大气压力作用经配油盘的吸油窗口进入密封工作容积，这就是吸油过程。左边的叶片被定子的内表面逐渐压进槽内，工作容积逐渐减小，油液经配油窗口排出，这就是排油过程。吸油区和排油区之间各有一段封油区把它们隔开。这种泵的转子每转一转，每个密封工作容积吸油、排油各一次，故称为单作用式叶片泵。对于这种泵，转子受到排油腔单向作用的压力，轴承载荷较大，所以也称为非卸荷式叶片泵。这种泵一般不宜用于高压系统。

2. 变量叶片泵

由工作原理可计算出单作用式叶片泵的排量

$$V = 4\pi \cdot R \cdot e \cdot B \tag{4-11}$$

式中 R——定子半径，m；

B——转子（叶片）宽度，m；

e——偏心距，m。

由式（4-11）知，改变单作用式叶片泵的偏心距 e，可改变排量 V，所以单作用式叶片泵都做成变量型。按改变偏心距的方法，其类型可分为手动变量叶片泵、限压式变量叶片泵和稳流式变量叶片泵等。限压式变量叶片泵又有内反馈式变量叶片泵和外反馈式变量叶片泵两种。

外反馈式变量叶片泵如图 4-10 所示。它由转子 1、定子 2、吸油窗口 3、控制柱塞 4、调节螺钉 5、柱塞腔 6、通路 7、排油窗口 8、调压弹簧 9、调压螺钉 10 组成。泵的排油窗口 8 经泵内通路 7 与柱塞腔 6 相通。泵未工作时，定子 2 在调压弹簧 9 作用下压紧柱塞 4，使柱塞 4 与调节螺钉 5 紧密接触，并由调节螺钉 5 定位，这时定子与转子的偏心距为 e_0。调节螺钉 5，可以改变最大偏心量 e_0。泵工作时，若出口压力为 p，柱塞面积为 A，弹簧刚度为 k_s，预压缩量为 x_0，当出口压力较低时，则有

$$p \cdot A < k_s \cdot x_0 \tag{4-12}$$

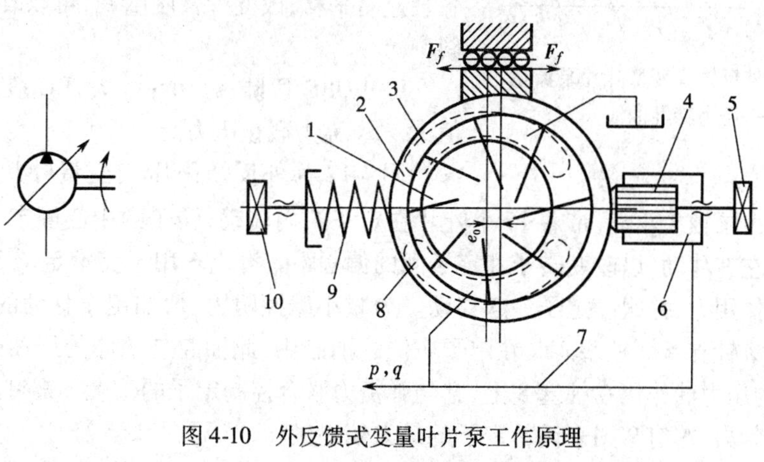

图 4-10　外反馈式变量叶片泵工作原理

1—转子；2—定子；3—吸油窗口；4—柱塞；5—调节螺钉；6—柱塞腔；

7—通路；8—排油窗口；9—调压弹簧；10—调压螺钉

此时，定子相对转子的偏心量最大，排量最大，流量也最大。随着外负载增大，p 升高，当压力升到与弹簧力相平衡时的控制压力(p_B)时，则有

$$p_B \cdot A = k_s \cdot x_0 \tag{4-13}$$

即

$$p_B = \frac{k_s}{A} \cdot x_0 \tag{4-14}$$

式中　p_B——限定压力。

当压力继续上升，即 $p > p_B$ 时，弹簧进一步压缩了 x，使偏心量减小。设定子最大偏心量为 e_0，则此时的偏心量

$$e = e_0 - x \tag{4-15}$$

定子受力平衡方程式为

$$p \cdot A = k_s \cdot (x_0 + x) \tag{4-16}$$

得

$$e = e_0 - \frac{A \cdot (p - p_B)}{k_s} \quad (p \geqslant p_B) \tag{4-17}$$

上式表示泵的工作压力与偏心量的关系。泵的工作压力越高，偏心量越小，泵的流量就越小。当 $p_C = k_s \cdot (e_0 + x_0)/A$ 时，泵的输出流量为零。外反馈式变量叶片泵的特性曲线如图 4-11 所示。

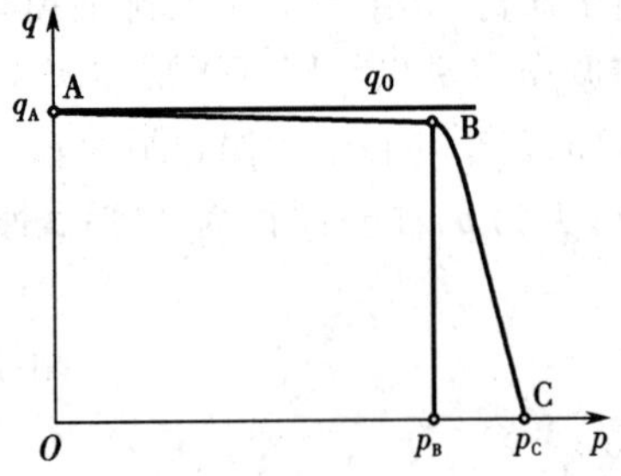

图 4-11　外反馈式变量叶片泵流量—压力特性曲线

当 $p < p_B$ 时，e_0 保持不变，泵输出流量不变，即 $q_A = q_0$；$p \geqslant p_B$ 时，e 变化，泵输出流量变小。$e = 0$ 时，泵输出流量为零，即 p_C 点的 $q = 0$。调节螺钉 5，可调节泵的初始偏心量，改变泵的最大输出流量，曲线 AB 段上下平移；调节调压螺钉 10，改变弹簧预压缩量 x_0，可改变限定压力 p_B，曲线 BC 段沿水平轴左右平移；改变弹簧刚度 k_s，可以改变 BC 段的斜率。

k_s 小，BC 段陡，p_C 小；k_s 大，BC 段平缓，则 p_C 值大。p_C 称为截止压力。

图 4-12 为外反馈限压式变量叶片泵的结构。图中转子 4 由泵轴 7 驱动，带着 15 个叶片在定子 5 内转动，转子的中心固定。定子 5 可在泵体 3 内左右移动，以改变转子和定子间的偏心距。滑块 6 用于支承定子 5，承受定子内壁的液压作用力，并跟随定子一起移动。为减小摩擦阻力，增加定子移动的灵活性，滑块顶部采用滚针支承。柱塞 8 装在定子右侧的油腔中，此油腔与泵体的压油区有通道相连，油腔中的压力油作用在柱塞 8 上，它与弹簧力联合控制定子的位置。螺钉 1 用来调整弹簧 2 的顶紧力，螺钉 9 用来调节定子的最大偏心量。

配油盘 10 上压油腔 a 和吸油腔 c 的位置使定子内壁所受液压力的合力方向垂直于弹簧 2 的轴线，使弹簧力只与柱塞 8 上的液压力相平衡。油槽 b 和 d 分别与转子

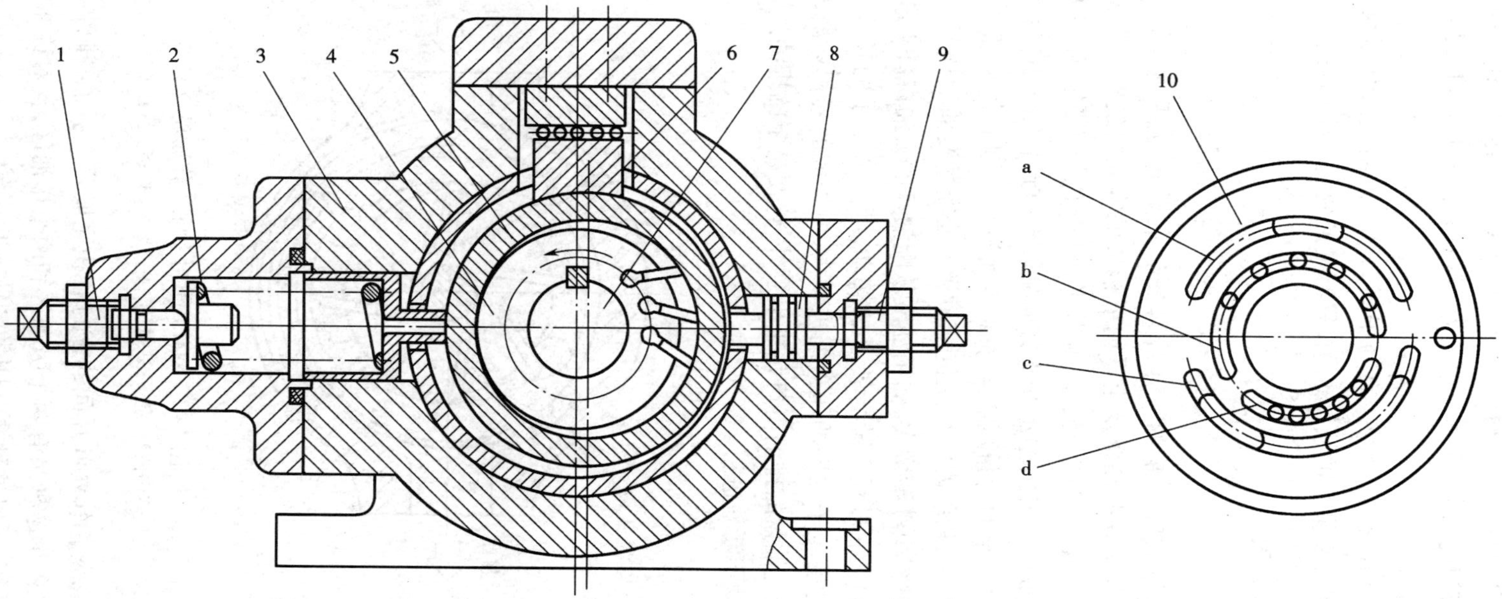

图 4-12　外反馈限压式变量叶片泵结构

1—螺钉；2—弹簧；3—泵体；4—转子；5—定子；6—滑块；7—泵轴；8—柱塞；9—螺钉；10—配油盘

上压油区和吸油区叶片槽根部接通。由于 a 和 b、c 和 d 连通，所以在吸油区和压油区内叶片顶部和底部的液压力基本平衡。在封油区内，为保证叶片可靠地压在定子内表面上，叶片槽的根部与压油区相通。

外反馈式变量叶片泵通用性好，有利于系列开发。限压式变量泵、稳流量式变量泵、恒压式变量泵、手调式变量泵的泵体通用，只需更换变量机构即可。

4.3.2 双作用式叶片泵

1. 工作原理

图 4-13 为双作用式叶片泵的工作原理图。定子的前、后两端有配油盘（图中未示出），转子 3 带着叶片 1 在配油盘及定子内壁构成的容腔内旋转。定子和转子同心，定子内表面由两段半径为 R 的长径圆弧面、两段半径为 r 的短径圆弧面以及连接长、短圆弧面的四段过渡曲面构成。转子沿图示箭头方向旋转时，叶片在离心力和叶片根部油压的作用下向外伸出，并以一定的力量压着定子内表面滑行。因而每相邻两叶片之间就形成一个可变的密封容积。当相邻两叶片从定子短径 r 处经过渡曲面向长径 R 处滑行时，叶片向外伸，构成的密封容积逐渐增大，油箱油液从配油盘的吸油窗口 4 进入并充满容积的整个容腔，这便是泵的吸油过程。随着转子的转动，叶片从定子的长径 R 处经过渡曲面向短径 r 处滑行，叶片受定子内壁的压迫缩进槽内，所构成的容积逐渐缩小，其中油液受到挤压，压力升高，从配油盘的排油窗口 5 排出泵外，这便是泵的排油过程。转子不断旋转，泵的吸油、排油连续不断地进行。

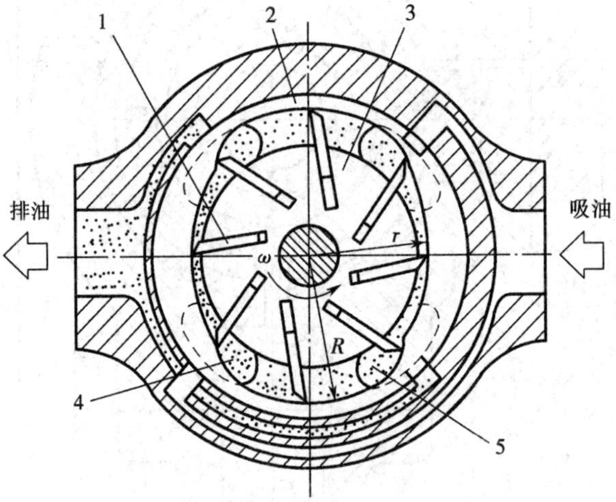

图 4-13 双作用式叶片泵工作原理

1—叶片；2—定子；3—转子；4—吸油窗口；5—排油窗口

转子每转一转，每相邻两叶片间的密封容积完成两次吸油、排油过程，故这种泵叫做双作用式叶片泵。由于这种泵有两个吸油区和两个排油区，且对称布置，作用在转子上的液压作用力互相平衡，所以这种泵又叫做卸荷式叶片泵。

双作用式叶片泵的排量

$$V=\left[2\cdot\pi\cdot B\cdot(R^2-r^2)-\frac{2(R-r)}{\cos\theta}\cdot\delta ZB\right] \tag{4-18}$$

式中 B——转子的宽度；

R——定子的长半径；

r——定子的短半径；

Z——叶片数；

δ——叶片的厚度；

θ——叶片的倾角。

由上式知，双作用式叶片泵为定量泵。

2. 双作用式单级叶片泵结构

YB 型叶片泵的结构如图 4-14 所示。该泵采用分离式结构，即泵体分成 6 和 8 两部分。这样，泵体对角线上相通的油道(图 4-13)采用开式明槽形式，泵体容易铸造。在泵体内安装有配油盘 2、7 以及定子 5 和转子 4。两个配油盘与定子以一长销定位，固定在泵体上，保证配油盘上吸油、压油窗口位置与定子内表面曲线相一致。转子 4 上均布 12 条狭槽(小流量泵为 10 条)。叶片 12 装在槽内，保持 0.01～0.02 mm 的配合间隙，叶片在槽内自由滑动。配油盘上有与压油腔相通的环槽，将压力油引入叶片根部。这样，叶片顶部除靠离心力作用外，还受根部油压的作用，使叶片与定子内表面紧密贴合，保证密封可靠。传动轴 3 支承在滚珠轴承 9 和滚针轴承 1 上，借助花键带动转子 4 按图示箭头方向旋转。泵的排油口在前泵体 8 上，吸油口在后泵体 6 上。两个泵体可以在 90°方向任意

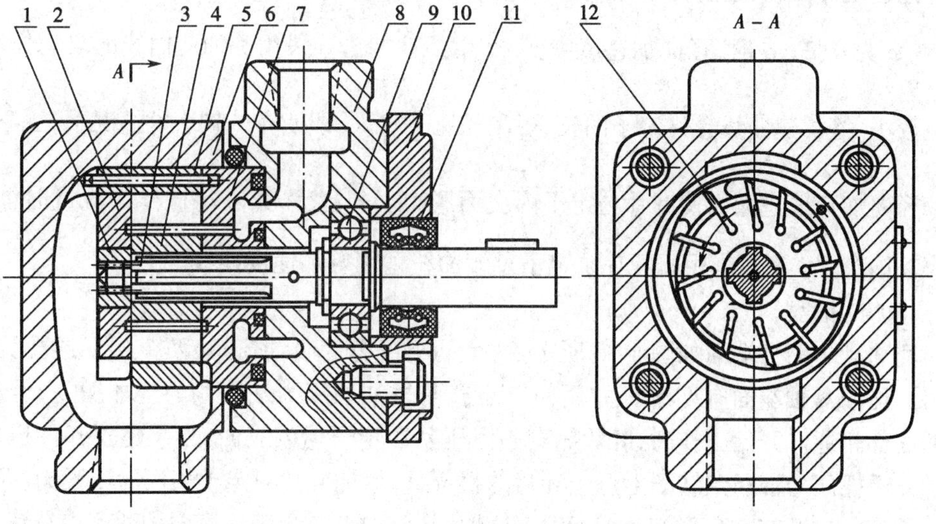

图 4-14　YB 型叶片泵装配图

1—滚针轴承；2、7—配油盘；3—传动轴；4—转子；5—定子；6—后泵体；8—前泵体；
9—滚珠轴承；10—盖板；11—密封圈；12—叶片

回转紧固,便于用户选择最方便的吸油口和排油口位置。配油盘采用锑铜铸铁制造,价廉,耐磨。

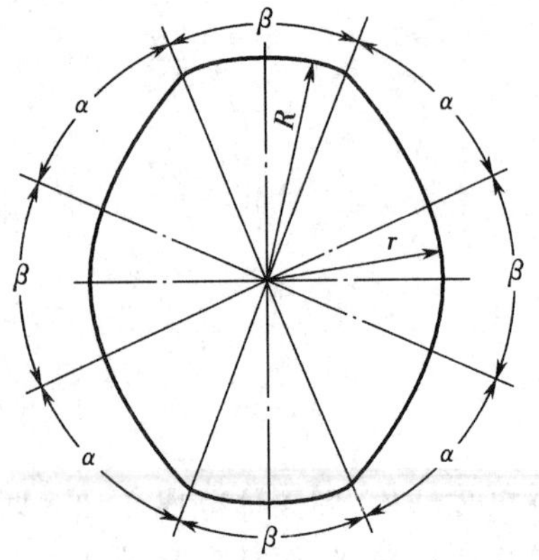

图 4-15　双作用式叶片泵的定子曲线简图

(1) 定子曲线

双作用叶片泵的定子曲线如图 4-15 所示。它由两段长半径 R 的圆弧面和两段短半径 r 的圆弧面以及连接圆弧的四段过渡曲面组成。过渡曲面应保证叶片径向运动时,叶片顶部与定子内表面不发生脱离;保证叶片在狭槽中径向运动时速度和加速度变化均匀;保证叶片对定子内表面的冲击尽可能小。

常用的定子曲线有阿基米德螺线、等加速曲线,也有正弦曲线和余弦曲线。

阿基米德螺线是指定子过渡曲线的径向升程按阿基米德螺线规律变化。在 α 角内,叶片径向速度 v 为常数,径向加速度为零;泵的瞬时流量较均匀。但叶片在圆弧段与过渡曲线连接点速度突变,加速度 a 趋于无穷大,因此叶片对定子产生刚性冲击,在连接点处严重磨损,并产生噪声。

叶片径向加速度按等加速、等减速规律变化的过渡曲线称为等加速曲线。也就是说,在 α 角的前一半运动按等加速规律变化,速度由零逐渐增到最大;在 α 角的后一半运动按等减速规律变化,速度由最大减到零。叶片径向速度均匀变化,运动中不会产生刚性冲击,在 φ 为 0、$\frac{\alpha}{2}$、α 时,径向加速度突变,产生柔性冲击。采用等加速曲线的泵工作平稳,噪声较小;等加速曲线允许定子的长、短半径比$\frac{R}{r}$较大,即使在$\frac{R}{r}$较大的情况下,也不会因叶片径向加速度过大而使叶片与定子内表面脱离。$\frac{R}{r}$越大,泵获得同样的流量时体积就越小。国产 YB 型双作用式叶片泵定子过渡曲线采用等加速度曲线。

(2) 配油盘

配油盘 7 的轴端面如图 4-16 所示,两个凹下部分为吸油窗口,两个腰形透孔为排油窗口。配油盘轴端面有环槽 c,并用四个小孔与排油腔压力油腔相通。环槽 c 又与叶片槽的底部相通。开始工作时,叶片靠离心力压紧在定子的内表面;当泵建立起油压之后,环槽 c 便把压力油通到转子上每个叶片的根部,以增加叶片对定子表面的压紧力,防止漏油。排油窗口开有三角形卸荷槽,两相邻叶片从吸油窗口吸满油液向排油窗口过渡,首先通过三角槽逐渐与排油窗口接通,以避免高低压区突然接通而产生液压冲击与噪声。

配油盘 3 仅有吸油窗口(图 4-17 的缺口处)而无排油窗口。环槽、腰形盲孔和三角形卸荷槽的形状与配油盘 7 相同。其作用是使叶片两侧所受的液压作用力相等,防止出现侧向不平衡力而加速配油盘工作面和叶片侧端面磨损。

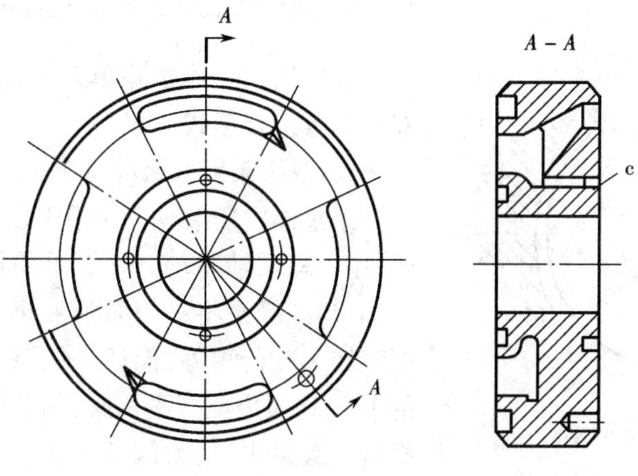

图 4-16　压油盘结构

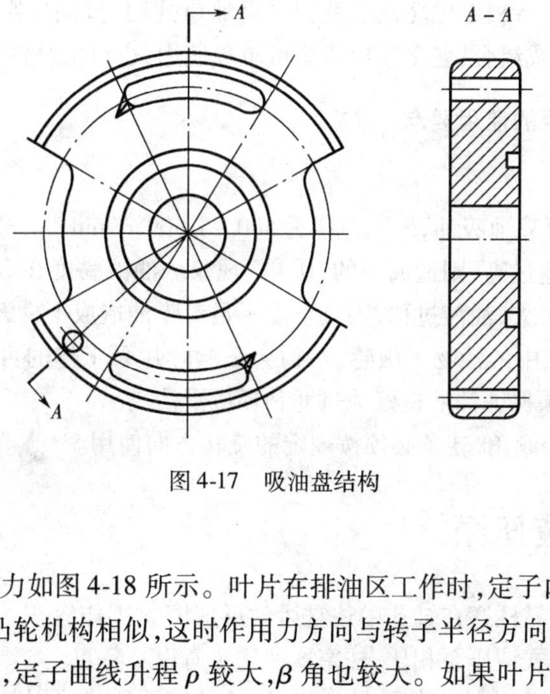

图 4-17　吸油盘结构

(3) 叶片倾角

叶片在排油区受力如图 4-18 所示。叶片在排油区工作时,定子内表面将叶片推向转子中心,工作情况与凸轮机构相似,这时作用力方向与转子半径方向的夹角为 β。对一般双作用式叶片泵来说,定子曲线升程 ρ 较大,β 角也较大。如果叶片在转子中径向安装,这时压力角(作用力方向和叶片移动方向的夹角)就是 β。如果压力角过大,叶片在叶片槽中的摩擦力就增大,叶片磨损不均,严重时叶片甚至卡住或折断。如果叶片非径向安装而是倾斜一个角度 θ,这时的压力角 $\alpha=\beta-\theta$。压力角减小有利于叶片在槽内运动,所以双作用式叶片泵的叶片槽向前倾斜。一般 $\theta=10°\sim14°$,YB 型叶片泵中 $\theta=13°$。叶片倾斜安装,只允许转子朝倾斜的方向旋转,不得反转。否则,叶片会折断。

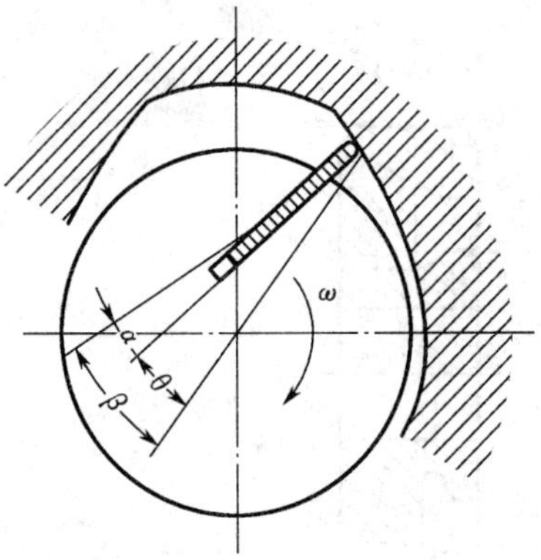

图4-18　双作用式叶片泵的叶片倾斜角

4.3.3　双作用式叶片泵的组合形式

双作用式叶片泵除单泵形式外，还有双级泵和双联泵等组合形式。

1）双级泵　双级叶片泵由两个单泵串联组成。在一个泵体内安装两套双作用式叶片泵的定子、转子，用一根泵轴驱动。一级泵的排油口作二级泵的吸油口，二级泵将一级泵油液再加压后输出。为使两级转子载荷均等，保证一级泵压力为二级泵压力的1/2，在泵内配置平衡阀，阀芯两端面积为2∶1，小端接二级泵出口，大端接一级泵出口。双级泵输出压力达14 MPa。

2）双联泵　双联叶片泵由两个单泵并联组成。在一个泵体内安装两套双作用式叶片泵的定子和转子，用一根泵轴驱动。两套泵吸油口共用，排油口则分开；两套转子可按流量相等或不等的形式组合；各泵输出流量可单独使用，也可汇合使用。

4.3.4　叶片式液压泵的使用要点

使用要点如下。

① 为使叶片泵可靠地吸油，转速范围为500～1 500 r/min。转速太低，叶片不能紧压定子内表面吸油；转速过高，则造成泵的"吸空"现象。油液黏度在2.5 $°E_{50}$～5$°E_{50}$之间。黏度太大，吸油阻力增大；油液过稀，因真空度不足对吸油造成不良影响。

② 叶片泵对油液中的污物很敏感，污物会影响叶片泵工作的可靠性，油液不清洁会使叶片卡死，因此必须保证油液良好地过滤和环境清洁。

③ 因叶片有安装倾角，转子必须按规定的旋转方向使用。

4.4　柱塞式液压泵

柱塞式液压泵依靠柱塞在缸孔中往复运动形成密封工作容积的变化，实现吸液与排液。与齿轮式和叶片式液压泵相比，柱塞式液压泵有以下特点。

① 工作压力高。因为柱塞与孔易加工，尺寸及表面质量可以达到很高的精度，配合精度高，泄漏小，容积效率高，工作压力一般为20～40 MPa，最高可达100 MPa。

② 流量范围大。适当增加柱塞数目或增大柱塞直径，即可增大排量。

③ 变量形式多。改变柱塞行程，即能改变泵的排量，可构成多种变量型泵。

④ 柱塞泵主要零件均受压，材料强度可以得到充分利用，寿命长，单位功率质量小。

按柱塞式液压泵的结构形式分类，有斜盘式轴向柱塞泵、斜轴式轴向柱塞泵和径向柱塞泵三种。

4.4.1 斜盘式轴向柱塞液压泵

斜盘式轴向柱塞液压泵有多种结构。按柱塞与斜盘的接触方式，可分为点接触和滑靴接触；按斜盘与缸体旋转的运动关系，可分为斜盘固定和缸体固定；按配流方式可分为阀式配流和配流盘配流等。其中滑靴接触、缸体旋转式用得最多。

1. 滑靴接触轴向柱塞泵工作原理

这种泵的工作原理如图 4-19 所示，传动轴 2 以花键 3 带动缸体 4 旋转，缸体上均布奇数个柱塞孔，孔中有柱塞 6。1 为配流盘，其上有两个弧形透孔为吸油、排油窗口，10 为斜盘。配流盘和斜盘固定安装。缸体带动柱塞从图示的最下位置向上方旋转时，柱塞在定心弹簧 5 的作用下（弹簧力通过套 7、回程盘 8 和滑靴 9 传至柱塞）从孔内向外伸出，柱塞孔密封容积增大，油液在大气压作用下由配流盘吸油窗口进入柱塞孔，这便是吸油过程。柱塞由最上位置向下方旋转时，柱塞 6 在斜盘 10 的作用下被压入柱塞孔，柱塞孔容积减小，孔内油液受挤压，由配流盘排液窗口排出，这就是排油过程。缸体旋转一周，每个柱塞孔完成一次吸液和排液。

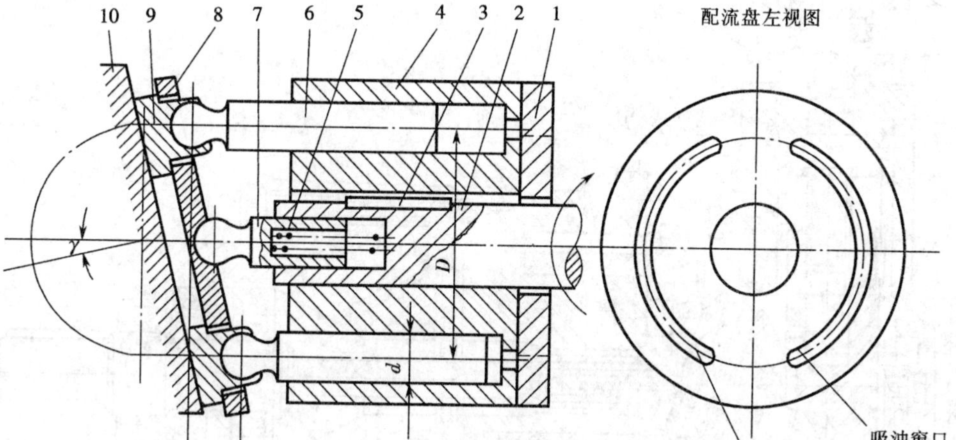

图 4-19　滑靴接触斜盘式轴向柱塞液压泵工作原理

1—配流盘；2—传动轴；3—花键；4—缸体；5—定心弹簧；6—柱塞；7—套；8—回程盘；9—滑靴；10—斜盘

2. 排量计算

如图 4-19 所示，设柱塞直径为 d，柱塞数为 z，柱塞孔分布圆直径为 D，斜盘工作面倾角为 γ，缸体旋转时柱塞行程

$$s = D \cdot \tan\gamma$$

泵的排量

$$V = \frac{\pi}{4} \cdot d^2 \cdot s \cdot z = \frac{\pi}{4} \cdot d^2 \cdot z \cdot D \cdot \tan\gamma \tag{4-19}$$

由式(4-19)知,斜盘倾角 γ 越大,泵的排量就越大。改变斜盘倾角 γ,可以改变排量,成为变量泵;改变倾角 γ 的方向,即可改变泵吸油、排油的方向,成为双向变量泵。

3. CY14-1B 型轴向柱塞泵主体结构

CY14-1B 型滑靴接触斜盘轴向柱塞泵是由主体结构和变(定)量机构组成(图 4-20)。主体为通用部件,即同一排量规格的变(定)量泵主体部件通用。主体由零件 1 ~ 11 组成。中间泵体 1 和前泵体 5 组成泵的壳体,传动轴 6 通过花键带动缸体 3 旋转,均布缸体中的柱塞 7 绕传动轴轴线回转。每个柱塞的球头端部装有滑靴 9。它们是球铰连接,可以任意转动。定心弹簧 2 通过内套、钢球和回程盘 10 将滑靴 9 压在变量斜盘 11 的斜面上。缸体 3 旋转时,柱塞 7 回程吸油。柱塞排液行程的作用力由斜盘斜面产生。弹簧 2 又通过弹簧外套将装缸体 3 与配流盘 4 压紧在一起;滚柱轴承承受缸体的径向力,配流盘承受缸体的轴向力。配流盘上有吸油窗口和排油窗口,分别与前泵体 5 上的吸油口、排油口相通。前泵体 5 上的吸油口、排油口布置在泵体左右两侧,图中仅表示出其中之一,且已作 90°旋转。泵工作时,在液压泵垂直对称面(即包含传动轴 6 轴线的垂直面)一侧柱

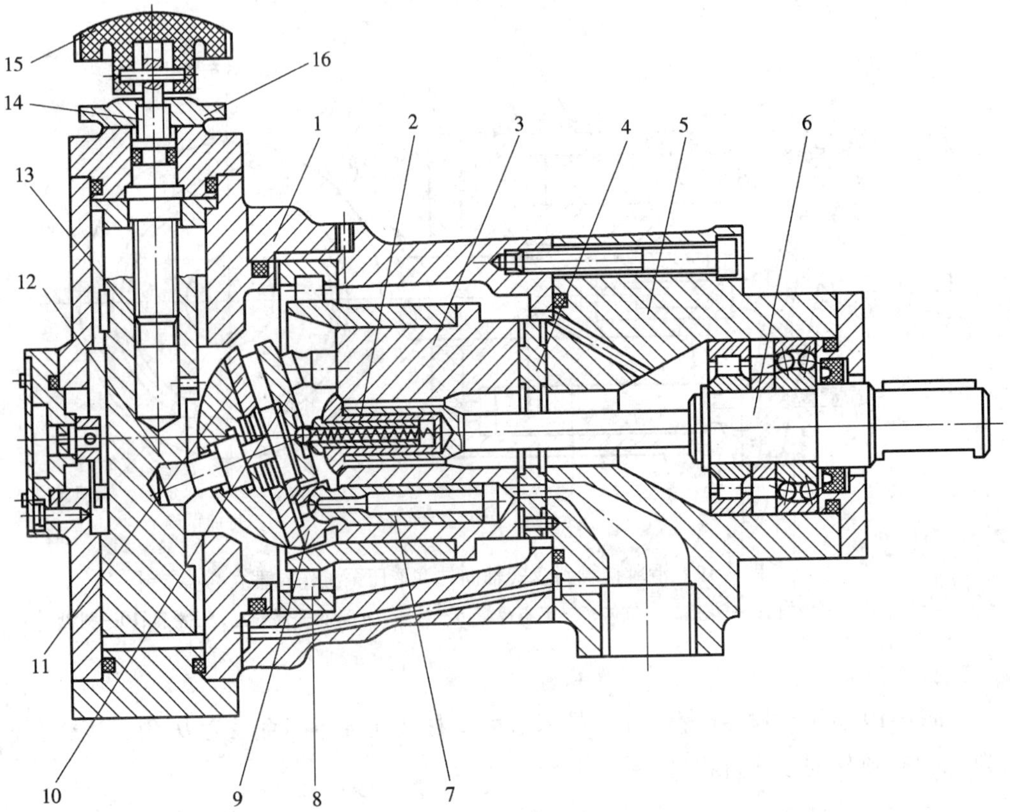

图 4-20　CY14-1B 型轴向柱塞泵结构

1—中间泵体;2—定心弹簧;3—缸体;4—配流盘;5—前泵体;6—传动轴;7—柱塞;8—轴承;9—滑靴;10—回程盘;11—变量斜盘;12—轴销;13—变量活塞;14—调节丝杠;15—手轮;16—锁紧螺母

塞处于吸油状态，而另一侧柱塞处于排油状态。缸体连续旋转，液压泵则连续吸油、排油。

CY14-1B 型轴向柱塞泵的主体部分如下。

1）高速相对运动副采用静压轴承结构　滑靴与斜盘相对滑动摩擦副、缸体与配流盘相对滑动摩擦副等都是高速相对运动摩擦副。为防止相对滑动面因摩擦发热而损坏，采用静压轴承结构，在相对滑动表面强制形成牢固的油膜，将金属接触面隔开，使相对滑动面得到充分润滑和冷却。

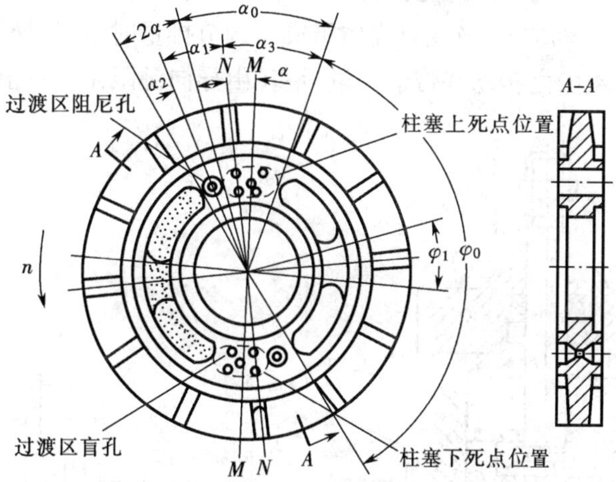

图 4-21　配流盘

2）配流盘　配流盘结构如图 4-21 所示。其正、反两面结构相似。盘上有两个弧形透槽，是缸体配流的吸、排液窗口。为增加强度和刚度，每槽中间留有薄连片。两槽间过渡区有若干盲孔用于储液，防止缸体与盘面间发生干摩擦。两槽过渡区各有一阻尼孔，如图 4-21 所示。阻尼孔在配流盘底部与泵体上吸、排液腔相通，以消除液体在吸入和排出柱塞孔时的液压冲击。弧形槽周围组成密封带，盘的外缘附近的泄油槽和径向沟槽用于储液、润滑和更新冷却液体。图 4-21 中 *M—M* 线表示泵的垂直基准线，*N—N* 线为弧形槽对称线。安装配流盘时，*N—N* 线应相对 *M—M* 转动 α 角。为保证该相对关系，配流盘上铣一缺口，如图 *N—N* 线下方所示。该缺口用定位销与前泵体准确定位。

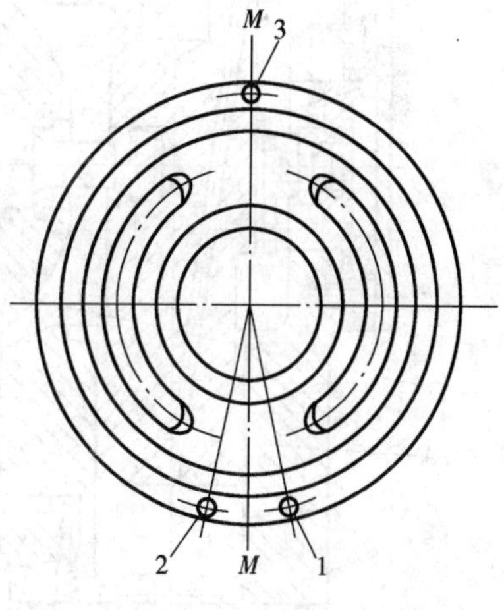

图 4-22　配流盘的定位销孔位置

1—正向旋转销孔；2—反向旋转销孔；3—作马达用销孔

缸体沿图 4-21 中箭头所示方向 *n* 旋转时，配流盘按图 4-22 所示方位安装，即定位销应插入前泵体的正向旋转销孔 1 中。缸体需反向旋转（即泵的吸、排液窗口换位）时，将泵拆开，把配流盘翻转到另一面，定位销改插在反向旋转销孔 2 中。作液压马达使用时，液压马达需正、反方向旋转，应将定位销插在前泵体的马达用销孔 3 中，使配流盘吸、排液窗口相对于包含传动轴中心线的垂直面对称。

4. CY14-1B 型轴向柱塞泵的变量机构

CY14-1B 型轴向柱塞泵有手动变量、压力补偿变量、伺服变量、恒压变量、定量等多种类型。下面仅以手动变量和伺服变量机构为例进行介绍。

1）手动变量机构　手动变量机构（如图 4-20 所示）是由变量活塞 13、调节丝杠 14、手轮 15、锁紧螺母 16、轴销 12 及变量壳体组成。调节排量时，首先松开锁紧螺母 16，旋转手轮 15，调节丝杠 14 随之转动并带动变量活塞（由导向键限制）在壳体内上下移动，安装

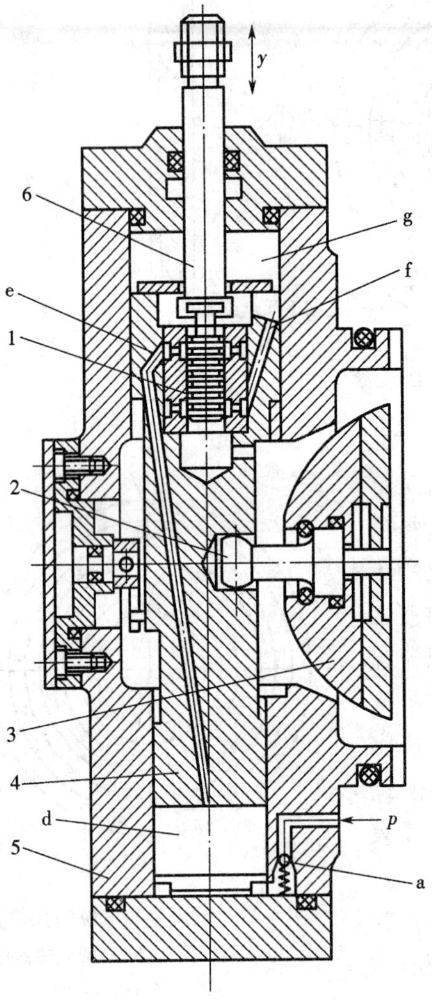

a）

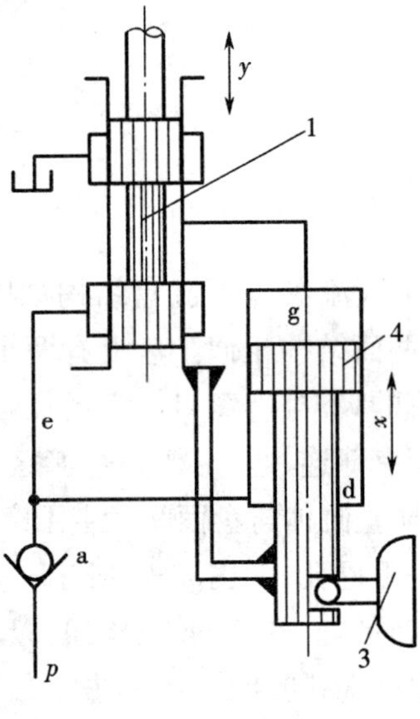

b）

图 4-23　伺服变量机构

1—阀芯；2—球铰；3—斜盘；4—变量活塞；5—壳体；6—拉杆

在活塞 13 上的轴销 12 使变量斜盘 11 的耳轴绕变量壳体上的圆弧轴瓦旋转,改变斜盘倾角 γ,达到变量的目的。调节完毕,将螺母 16 锁紧。注意:液压泵在工作过程中不得进行调节,只有在空载时才能进行调节。排量一旦调定,就是一个定量泵。

2) 伺服变量机构　图 4-23 a) 为轴向柱塞泵的伺服变量机构。其工作原理为:泵输出的高压油由通道经单向阀 a 进入变量机构壳体 5 的下腔 d,液压力作用在变量活塞 4 下端。与伺服阀阀芯 1 相连接的拉杆 6 不动时(图示状态),变量活塞 4 的上腔 g 处于封闭状态,变量活塞不动,斜盘 3 在某一相应的倾角位置。拉杆向下移动,推动阀芯 1 向下移动,d 腔的压力油经通道 e 进入上腔 g。变量活塞上端有效面积大于下端有效面积,向下的液压力大于向上的液压力,故变量活塞 4 也随之向下移动,直至将通道 e 的油口封闭为止。变量活塞移动量等于拉杆位移量。变量活塞向下移动,通过轴销带动斜盘 3 摆动,斜盘倾斜角增加,泵的输出流量随之增加;当拉杆 6 带动伺服阀阀芯向上运动时,阀芯将通道 f 打开,上腔 g 通过卸压通道 f 接通油箱而卸压,变量活塞向上移动,直到阀芯将卸压通道关闭为止。它的移动量与拉杆移动量相等。斜盘也相应摆动,倾斜角变小,排量亦随之相应减少。伺服机构控制原理如图 4-23 b) 所示。伺服控制变量机构是通过操纵液压伺服阀,利用泵输出液压力推动变量活塞实现变量。操纵拉杆所需力很小,控制灵敏。拉杆可以用手动、电动、机动、液动等方式操纵,斜盘倾角范围为 $-18° \sim 18°$。液压泵在运行中改变吸液、排液方向,可作双向变量液压泵使用。

4.4.2　径向柱塞式液压泵

径向柱塞式液压泵的柱塞在柱塞缸内为径向分布。它可分为缸体旋转和缸体固定两大类。图 4-24 为缸体旋转的径向柱塞泵工作原理。转子 2 和衬套 3 紧密结合组成泵的转子。柱塞 1 沿转子的半径方向布置。转子旋转时,柱塞在离心力(或在 0.4 ~ 0.6 MPa 油压)的作用下伸出柱塞孔,并以球面端部压在定子 4 的内表面上。5 为配流轴,它把衬套 3 的内孔分隔为上下两个油室 b 及 c。这两个油室分别通过配流轴的轴向孔 a 及 d 与泵的吸、排油口相通。配油轴是固定的。转子与定子偏心距为 e。转子沿图示箭头方向旋转时,柱塞在上半周运动时向外伸出,柱塞孔容积增大,从上油室 b 及配油轴 a 孔吸油。在下半周运动时,定子压迫柱塞缩进孔内,孔内油液通过油室 c 及配油轴上的孔 d 向泵外排油。缸体每转一周,每个柱塞各吸、排油一次,缸体不断旋转,即连续完成泵的吸油和排油。

径向布置柱塞不如轴向柱塞结构紧凑,故泵的体积和重量都较大;柱塞与定子表面为点接触,应力大,配流轴磨损后,间隙不能补偿,漏损较大,故这种泵的工作压力、容积效率和转速都低于轴向柱塞泵。

各种液压泵技术性能和应用范围见表 4-3。

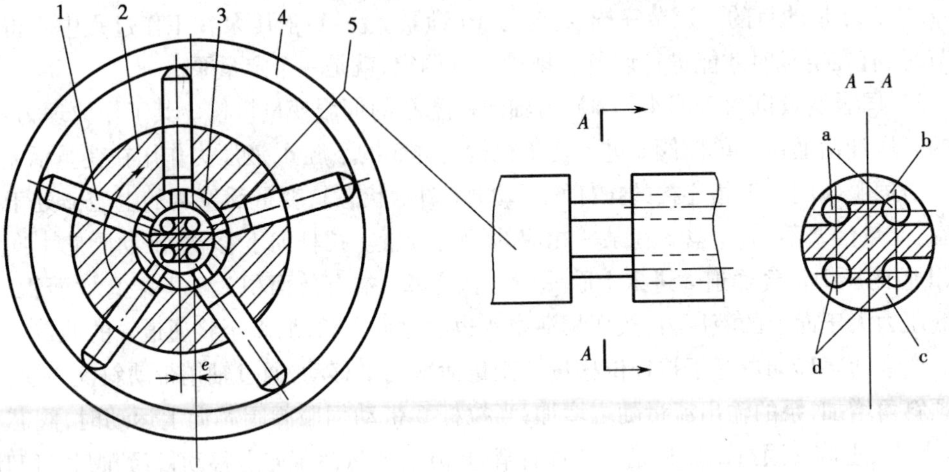

图 4-24 径向柱塞泵工作原理

1—柱塞;2—转子;3—衬套;4—定子;5—配流轴

表 4-3 各种液压泵的技术性能

性能参数 \ 类型	齿轮泵			叶片泵		螺杆泵	柱塞泵			
	内啮合		外啮合	单作用	双作用		轴向			径向轴配流
	楔块式	摆线转子式					直轴端面配流	斜轴端面配流	阀配流	
压力范围(MPa)	≤30.0	1.6 ~ 16.0	≤25.0	≤6.3	6.3 ~ 32.0	2.5 ~ 1.0	≤40.0	≤40.0	≤70.0	10.0 ~ 20.0
排量范围(mL/r)	0.8 ~ 300	2.5 ~ 150	0.3 ~ 650	1 ~ 320	0.5 ~ 480	1 ~ 9 200	0.2 ~ 560	0.2 ~ 3 600	≤420	20 ~ 720
转速范围(r/min)	300 ~ 4 000	1 000 ~ 4 500	300 ~ 7 000	500 ~ 2 000	500 ~ 4 000	1 000 ~ 18 000	600 ~ 6 000	600 ~ 6 000	≤1 800	700 ~ 1 800
最大功率(kW)	350	120	120	30	320	390	730	2 660	750	250
容积效率(%)	≤96	80 ~ 90	70 ~ 95	58 ~ 92	80 ~ 94	70 ~ 95	88 ~ 93	88 ~ 93	90 ~ 95	80 ~ 90
总效率(%)	≤90	65 ~ 80	63 ~ 87	54 ~ 31	65 ~ 82	70 ~ 85	81 ~ 88	81 ~ 88	83 ~ 88	81 ~ 83
功率质量比(kW/kg)	大	中	中	小	中	小	大	中 ~ 大	大	小
最高自吸真空度(kPa)			425 56.652 5	250 33.325	250 33.325	475 63.317 5	16.662 5	16.662 5	16.662 5	16.662 5
变量能力	不能			能			好			
流量脉动(%)	1 ~ 3	≤3	11 ~ 27			<1	1 ~ 5	1 ~ 5	<14	<2
噪 声	小	小	中	中	中		大	大	大	中
污染敏感度	中	中	大	中	中	小	大	中 ~ 大	小	中
价 格	较低	低	最低	中	中低	高	高	高	高	高

4.5 蓄能器

蓄能器是储存和释放液压能的装置。合理利用蓄能器是节能的有效手段。

4.5.1 蓄能器的用途

蓄能器主要有以下四个方面用途。

1）储存液压能　对于间歇运行的液压执行装置，在一个工作循环内速度差别很大，而且高速运动的时间短，停歇或低速运动的时间长，对液压泵供液量的要求差别很大。若按最大负载压力和最大运动速度流量选择泵和电机，势必造成液压装置的庞大及能量的浪费。在这种液压系统中使用蓄能器，执行部件高速运动时，蓄能器作为液压泵的辅助动力源与泵一起为执行部件供液。选用流量较小的液压泵即可使执行部件获得高速运动。

2）吸收液压冲击　液压泵负荷启动、换向阀切换和关闭、液压缸突然停止都会引起液压冲击，系统瞬时压力剧增。系统中接入蓄能器可以平缓压力峰值。

3）消除压力脉动　液压泵流量脉动引起液压执行机构运动速度不均匀，系统压力产生脉动。剧烈的压力脉动会引发事故，甚至损坏元件（如压力表、密封装置等）。用蓄能器吸收回路脉动压力，起安全保护作用，并使执行机构获得均匀的运动速度。

4）应急能源　蓄能器还常用来实现系统的保压或作为突发情况下的应急能源。

4.5.2 蓄能器种类及结构

目前常用的蓄能器为气液式蓄能器，即活塞式和气囊式蓄能器。图 4-25 为活塞式蓄能器。它由充气阀 3、缸体 2 和活塞 1 构成。活塞 1 把缸体分隔为上、下两腔，上腔充气，下腔储液，用活塞将气液隔离。活塞式蓄能器结构简单，使用寿命长；缺点是活塞惯性大，与缸体内壁之间有密封摩擦阻力，反应灵敏性差。缸体内壁与活塞配合面加工精度要求高。

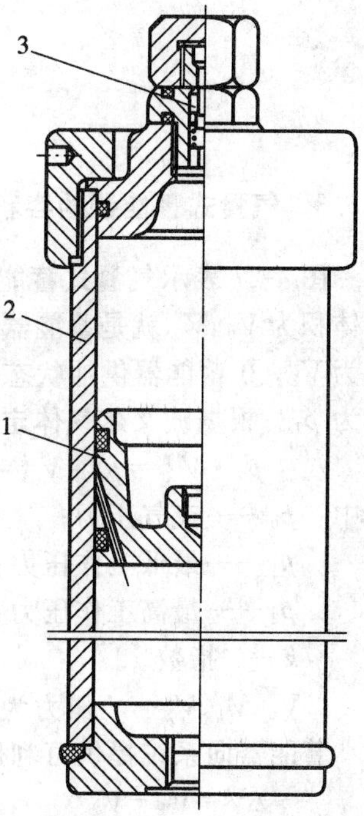

图 4-25　活塞式蓄能器
1—活塞；2—缸体；3—充气阀

图 4-26 为气囊式蓄能器结构图。它由充气阀 4、气囊 3、壳体 1 和提升阀 2 组成。气囊 3 用特殊耐油橡胶制成，固定在壳体 1 的上部，气体（通常为氮气）从充气阀 4 进入。气囊外部为压力液体，在进、出油口设置一个常开的提升阀 2。当壳体内液体太少而气囊膨胀过大时，迫使提升阀 2 关闭，以防气囊胀出容器之外。提升阀 2 的弹簧要有足够刚度，使蓄能器在高速排液时提升阀 2 不致关闭。气囊式蓄能器使气液完全隔离，气囊惯性小，反应灵敏，但气囊制造要求高，且由于气囊材料的限制，使用

温度应高于−25 ℃。气囊式蓄能器的容量较小。

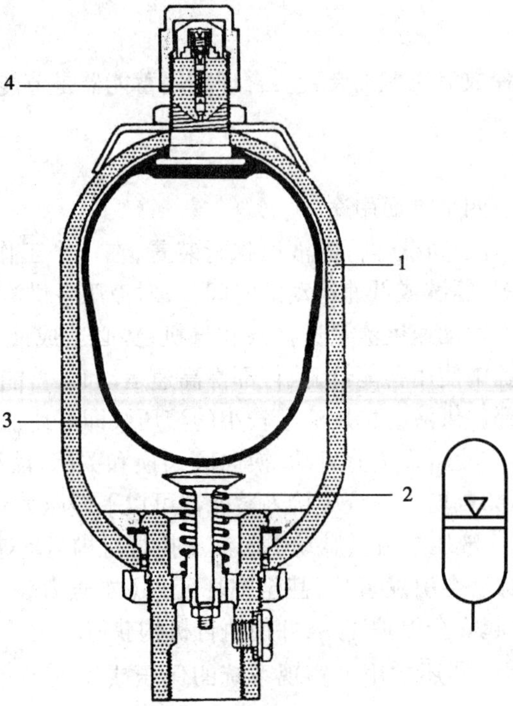

图 4-26　气囊式蓄能器及图形符号

1—壳体；2—提升阀；3—气囊；4—充气阀

4.5.3　气囊式蓄能器的容积计算

图 4-27 表示气囊式蓄能器的三种工作状态：① 蓄能器充气状态，充气压力为 p_0，气体体积为 V_0，V_0 就是蓄能器的总容积；② 蓄能器充液状态，气体压力升至最高值 p_2，体积为 V_2；③ 蓄能器供油状态，当供油压力为系统的最低工作压力时，气体的体积为 V_1，压力为 p_1。根据波义尔气体定律，体积、压力的关系为

$$p_0 \cdot V_0^k = p_1 \cdot V_1^k = p_2 \cdot V_2^k \tag{4-20}$$

式中　p_0——充气压力；

p_1——最低工作压力；

p_2——最高工作压力；

k——指数。

V_0、V_1、V_2——压力为 p_0、p_1、p_2 时对应的气体体积，V_0 为蓄能器的额定体积。

蓄能器向系统提供可利用的液体体积 ΔV 是气体体积 V_1 与 V_2 之差，即

$$\Delta V = V_1 - V_2 \tag{4-21}$$

由式(4-20)得

$$V_1 = \left(\frac{p_0}{p_1}\right)^{\frac{1}{k}} \cdot V_0$$

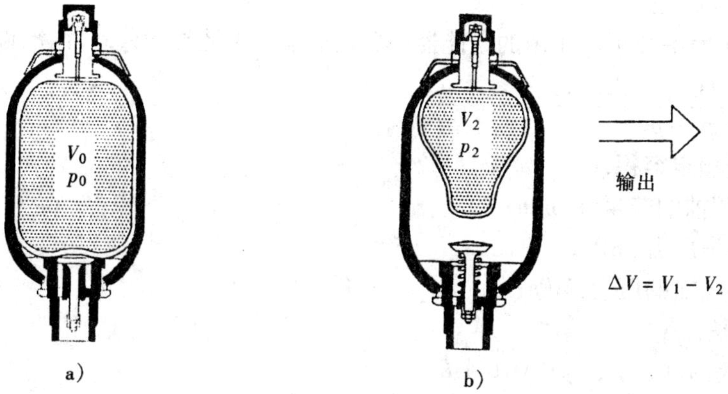

图 4-27　气囊式蓄能器三种工作状态

$$V_2=\left(\frac{p_0}{p_2}\right)^{\frac{1}{k}}\cdot V_0$$

$$\Delta V=\left(\frac{p_0}{p_1}\right)^{\frac{1}{k}}\cdot V_0-\left(\frac{p_0}{p_2}\right)^{\frac{1}{k}}\cdot V_0=V_0\cdot p_0^{\frac{1}{k}}\cdot\left[\left(\frac{1}{p_1}\right)^{\frac{1}{k}}-\left(\frac{1}{p_2}\right)^{\frac{1}{k}}\right] \tag{4-22}$$

$$V_0=\frac{\Delta V}{p_0^{\frac{1}{k}}\cdot\left[\left(\frac{1}{p_1}\right)^{\frac{1}{k}}-\left(\frac{1}{p_2}\right)^{\frac{1}{k}}\right]} \tag{4-23}$$

式(4-23)的具体应用如下。

① 蓄能器排液速度缓慢，气体体积变化也缓慢，致使氮气与其周围物质有足够的时间进行热交换，相当于液压系统的保压状态。按等温变化计算，此时 $k=1$，于是有

$$V_0=\frac{\Delta V}{p_0\left(\frac{1}{p_1}-\frac{1}{p_2}\right)}$$

$$V_0=\frac{p_1}{p_0}\cdot\left(\frac{p_2}{p_2-p_1}\right)\cdot\Delta V \tag{4-24}$$

② 蓄能器排液速度很快，排液时间小于 1 min，气体体积变化迅速，氮气的温度也迅速发生变化，而与其周围物质无热交换时，按绝热变化计算，$k=1.4$，式(4-23)写为

$$V_0=\frac{\Delta V}{p_0^{0.714}\left[\left(\frac{1}{p_1}\right)^{0.714}-\left(\frac{1}{p_2}\right)^{0.714}\right]}=\left(\frac{p_1}{p_0}\right)^{0.714}\cdot\frac{p_2^{0.714}}{p_2^{0.714}-p_1^{0.714}}\cdot\Delta V \tag{4-25}$$

p_0、p_1、p_2 可按以下数值选取：

$$p_0=0.9p_1$$

$$p_2\leqslant 4p_0$$

蓄能器在多数情况下的工作状态变化遵从绝热定律，而不是等温定律，充液是等温变化，排液则是绝热变化，所以蓄能器的排液量约为蓄能器额定容积 V_0 的 50% ~70%，故 V_0 可按下式选取

$$V_0=(1.5\sim3)\cdot\Delta V \tag{4-26}$$

③ 用于吸收液压冲击和缓冲作用的蓄能器，其容积 V_0 用下述经验公式计算，即

$$V_0=\frac{0.04qp_1(0.0164L-t)}{p_1-p_2} \tag{4-27}$$

式中 V_0——蓄能器额定容积，L；

q——阀门关闭前的流量，L/min；

p_1——最大冲击压力，MPa；

p_2——阀门关闭前的压力，MPa；

L——冲击管长，m；

t——阀门关闭时间，s。($t<0.0164L$)

4.5.4 蓄能器的安装及使用

蓄能器安装及使用注意如下问题。

① 充气前先向壳体内灌入少量工作液(约为容积的10%)润滑壳体，以免损坏气囊。

② 所充气体为干燥氮气等惰性气体，不得使用空气、氧气和氢气等。充气压力在 $\left(\frac{1}{3}\sim\frac{1}{2}\right)p_2$ 范围内，p_2 为最大工作压力。在该范围内，都能获得良好效果，回路性能差异甚小。建议初次充气压力取上限，待压力降至下限时再充至上限。

③ 必须安装在易于接近的部位，且必须垂直安装，放油阀置于底部，不宜水平或倾斜安装。

④ 蓄能器与液压泵之间应设置单向阀，防止液压泵停止工作时蓄能器内液体倒流。蓄能器与系统管路间设截止阀，供充气和检修时使用。

⑤ 不得在蓄能器壳体上实施焊接、钎焊和机械加工。

⑥ 建议用专用工具充气。

⑦ 拆卸蓄能器前必须将其内部液体、气体排空。

⑧ 蓄能器必须用支承板或托架牢牢固定。

4.6 油箱及过滤器

4.6.1 油箱

油箱是液压系统必不可少的部件，主要作用是供给液压系统一定温度范围的清洁的工作介质，并具有冷却、沉淀介质中所含杂质、水分和逸出气泡的功能。油箱应具有较大的散热面积和容积。

1. 油箱结构与设计

1) 油箱体　开式油箱用钢板焊接而成，大型油箱则以型钢作为骨架，再覆焊钢板。油箱形状多为方形或长方形，为便于清洗油箱内壁及过滤器，箱盖都可拆卸。设计油箱时应考虑：油箱壁板厚度一般为 3 ~ 4 mm，大容量油箱取 4 ~ 6 mm；大容量油箱侧壁可开设

较大的窗口,以便于清洗,窗口用侧盖板紧密封闭。

2）底板与底脚　底板应比侧壁板厚,底板应有适当斜度,以利于排净存液及清洗。箱底部装设底脚,利于通风散热,底脚高度为 100 ~ 200 mm。

3）箱顶板　顶板厚度为 6 ~ 10 mm。若液压泵、电机、集成阀块安装于油箱顶部,顶板厚度应取大值。箱顶板部件、元件安装面必须经过机械加工,以保证安装精度。为减少机械加工量,安装面应该用形状、尺寸适当的钢板焊接。

4）隔板　油箱内设有隔板,将液压泵吸油区与系统回油区分隔开,增加液体在箱内循环的路径,降低循环速度,有利于散热降温、析出气泡和沉淀杂质。隔板一般沿油箱纵向布置,隔板高度一般为最低液面高度的 2/3 ~ 3/4。若隔板高于液面,可在隔板中部开较大的窗口并配以适当面积和过滤精度的滤网,以对液体进行粗滤。

5）吸液管及回液管　为防止吸空和回液冲击在液面形成泡沫,液压泵吸液管及系统回液管应置于油箱最低液面 50 ~ 100 mm 以下,管口与箱底距离大于 2 倍管径,以防止吸入沉淀物。管口切成 45°角,切口面向箱壁,与箱壁距离为 3 倍管径。

油箱侧壁上装有液位计、温度计,便于监测液位和液温。

油箱顶部必须装设空气滤清器,对进入油箱的空气进行过滤,防止空气中的污染物进入系统。空气滤清器的通过能力一般为液压泵流量的两倍,过滤精度与系统要求的最高过滤精度相同。

油箱内壁及底面应依据介质性能涂刷与之相容的油漆或其他防锈涂料。

图 4-28 为开式油箱结构图。油箱上盖有液压泵吸液管、系统回液管及泄漏管、空气滤清器(可兼作注液口)、液位计、温度计;侧壁和箱内有隔板、吸液口的过滤器;底部有排液塞等。对液压油温度有严格要求的系统,必须装设冷却器和加热器。

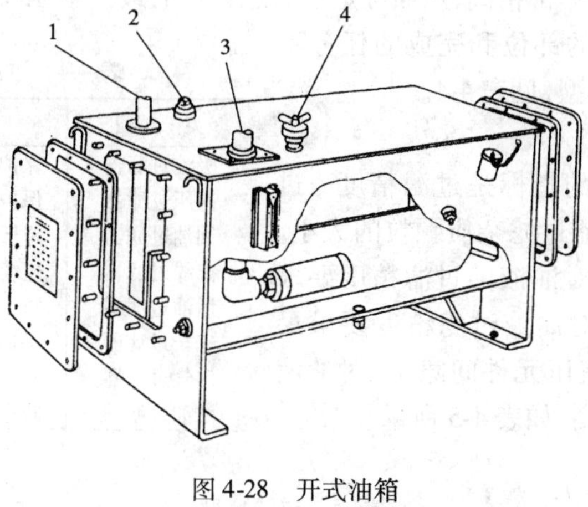

图 4-28　开式油箱

1—回油口;2—泄油口;3—泵吸油口;4—通气器(空气滤清器)

2. 油箱容量

油箱必须有足够的容量储存液压介质并散热。油箱容量采用下述经验公式计算:

$$V_1 = k\sum q + \sum V_c + V_a \tag{4-28}$$

式中 V_1——油箱有效容积；

k——系数，一般 $k=2\sim5$，低压不连续工作时取小值，高压连续工作时取大值；

$\sum q$——油箱供油的各液压泵流量的总和；

$\sum V_c$——各液压缸最大储液量总和；

V_a——蓄能器容量。

油箱总容积为有效容积的1.25倍。油箱总容积还可按散热能力计算。散热能力计算可参阅有关设计手册。

4.6.2 过滤器

液压系统中所有故障的80%是由于工作介质受污染引起的。保持液体介质清洁是保证系统可靠工作的关键，使用过滤器是主要手段。过滤器的主要作用就是清除液体介质中的固体污染物。

1. 过滤器的种类

过滤器按滤芯分为两大类，即深度型滤芯过滤器和表面型滤芯过滤器。深度型滤芯过滤器强迫介质流过多层滤材，当介质流过相互缠绕的通道时俘获污染物。这种过滤器通常都由具有吸收能力的滤芯构成，滤芯可以俘获污染颗粒。有吸附能力的滤芯可使污染物粘附在其表面。由于结构的原因，一个深度型滤芯上开有许多不同尺寸的微孔。这类过滤器的精度通常由其平均孔径的标称精度来度量。例如一个标称过滤精度为25 μm的过滤器，其滤芯微孔的平均直径为25 μm。使用初期，能够滤除大于25 μm的污染物，如纸质滤芯。

表面型滤芯由单层滤材构成，介质必须流过该滤层。它由带网孔的金属或钢丝筛网制成，因此滤芯的孔径非常精确，从而确定了通过孔径的最大颗粒尺寸。

按在液压系统中的部位和完成的任务不同，过滤器分为多种类型，见表4-4。

表4-4 过滤器的种类

类型	用途
吸油过滤器	保护液压泵
高压过滤器	保护泵下游元件不受污染
回油过滤器	降低油液污染度
离线过滤器	连续过滤保持清洁度
泄油过滤器	防止生成的污染物进入油箱
安全过滤器	保护抵抗污染力低的元件
通气过滤器	防止污染物随空气侵入
注油过滤器	防止注油时侵入污染物

2. 过滤器的性能

表示过滤器性能的指标是过滤精度。过滤精度是指过滤器所能过滤杂质颗粒的大小。不同用途的液压系统对油液的过滤精度要求不同：液压伺服系统对油液过滤精度要求最高；高压系统中由于液压元件间隙小，对油液的过滤精度要求也较高，如表4-5所示。

表4-5 过滤精度

系统类别	一般液压系统			伺服系统
压力 p(MPa)	<7	>7	35	21
颗粒大小(μm)	≤25~50	<25	<10	<5

按过滤颗粒直径不同，过滤器分为四类，即粗过滤器（滤去杂质颗粒直径 $d \geq 100\ \mu m$）、普通过滤器（滤去杂质颗粒直径 $d = 10 \sim 100\ \mu m$）、精过滤器（滤去杂质颗粒直径 $d = 5 \sim 10\ \mu m$）和特精过滤器（滤去杂质颗粒直径 $d = 1 \sim 5\ \mu m$）。

3. 过滤器的选择

选择过滤器主要根据系统工作压力、介质性质、元件等工作条件进行。

1）根据系统压力选择过滤器　工作压力在 4 ~ 7 MPa 的叶片泵和齿轮泵，选用 74 μm 的过滤器；工作压力在 4 MPa 以下的回路，配置 40 μm 过滤器；工作压力在 7 MPa 以上的回路，配置25 μm 过滤器。

2）根据通流能力选择　根据系统流量确定通流能力。一般来说，过滤器的通流能力应大于系统实际流量的两倍以上；同时，还要考虑介质的黏度和密度。黏度、密度大的介质，流动过程中产生较大的压力损失，所以选择的过滤器不应产生较大的压降。液压泵吸油口的过滤器及其规格选择要适当，以防产生气蚀。

3）根据材质选择　过滤器材质要与工作介质相容，但不得对其他元件产生不利影响。

4）其他　要考虑部件的可清洗性。

4. 过滤器安装位置

过滤器的安装位置如图 4-29 所示。

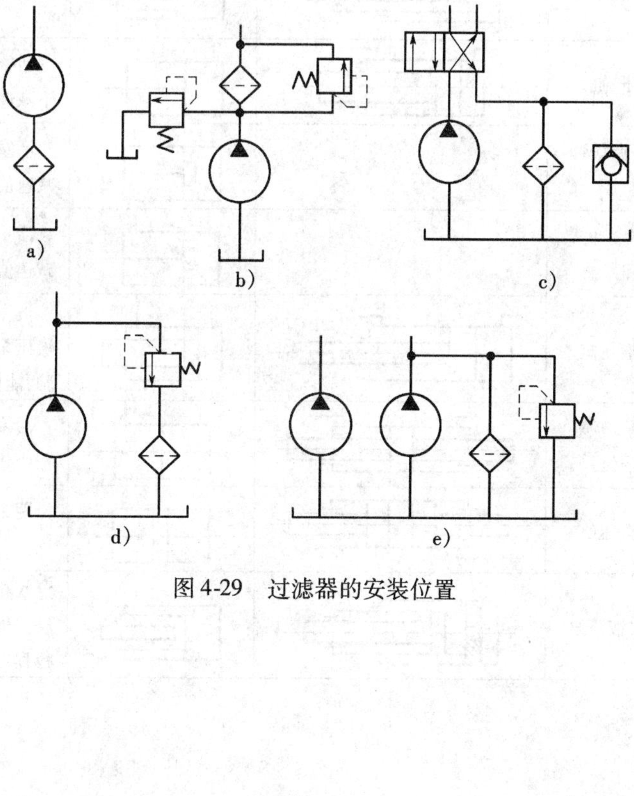

图 4-29　过滤器的安装位置

第 5 章 液压系统执行元件

液压系统的执行元件包括液压缸和液压马达，它们是将液压能转换成机械能的装置。活塞式液压缸、柱塞式液压缸实现往复直线运动，输出力 F 和速度 v；摆动式液压缸在一定角度范围内往复摆动，输出转矩 M 和角速度 ω；液压马达用于实现连续回转运动，输出转矩 M 和角速度 ω。目前工业部门使用的多为叶片式液压马达和柱塞式液压马达。

液压缸的类型和图形、符号见表 5-1。

表 5-1 液压缸的类型和图形符号

名称				图形	符号	说明
推力液压缸	单作用液压缸		活塞式液压缸	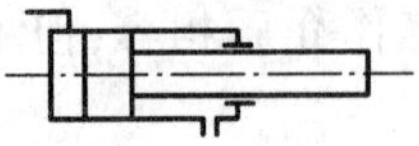	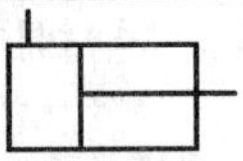	活塞作单向运动，由外力使活塞反向运动
			柱塞式液压缸	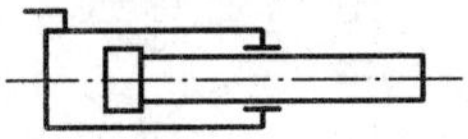	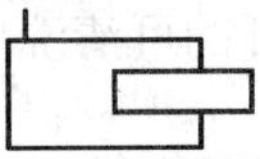	活塞作单向运动，由外力使活塞反向运动
			伸缩套筒式液压缸		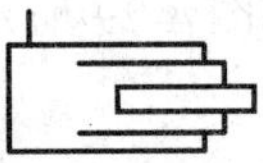	有多个互相连动的活塞，行程较长，由外力使活塞返回
	双作用液压缸	单活塞杆	液压缸	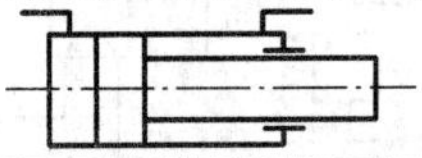	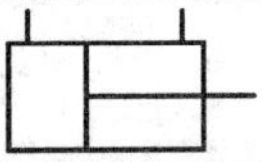	活塞双向运动，行程终端不减速
			带不可调缓冲式液压缸		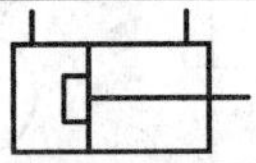	活塞行程终端减速制动，减速值不变
			带可调缓冲式液压缸		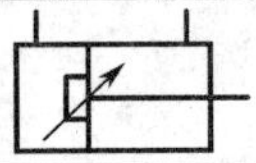	活塞行程终端减速制动，减速值可调节
			差动液压缸	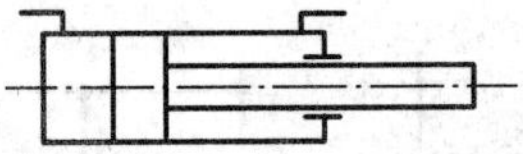	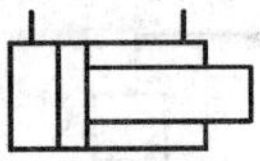	液压缸有杆腔的回油与液压泵流量一起进入无杆腔，能提高液压缸运动速度
		双活塞杆	等行程、等速液压缸	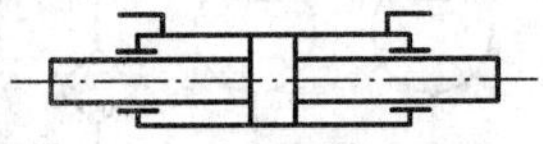	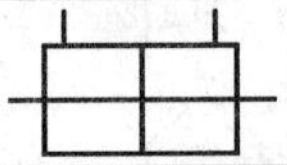	活塞左右移动速度和行程皆相等
			双向液压缸	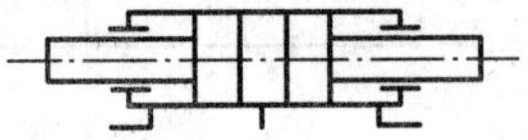	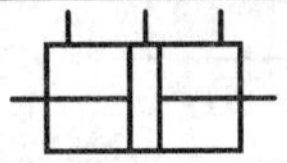	两个活塞同时反方向运动
		伸缩套筒式液压缸		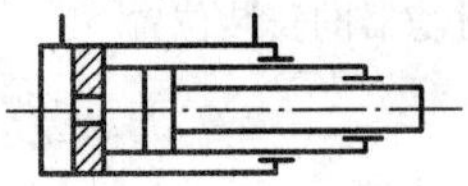	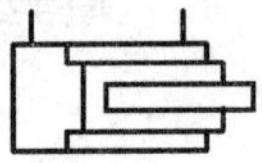	互相连动的活塞双向运动。轴向尺寸相同时增加行程

续表

名称			图形	符号	说明
	组合液压缸	弹簧复位液压缸	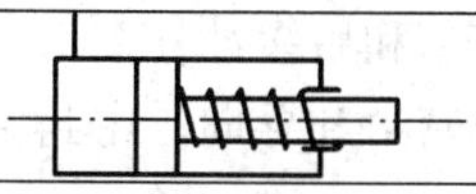	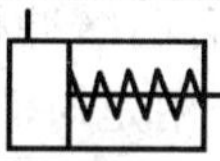	活塞单向作用，由弹簧使活塞复位
	组合液压缸	串联液压缸	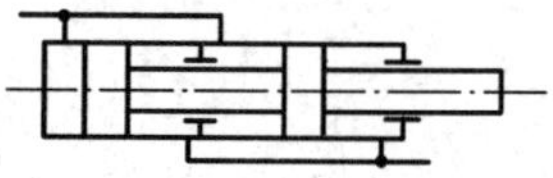	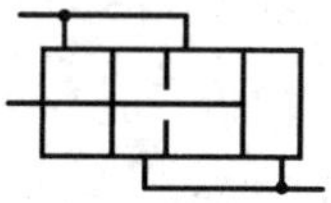	当液压缸直径受限制而长度不受限制时，可获得大的推力
	组合液压缸	增压液压缸（增压器）	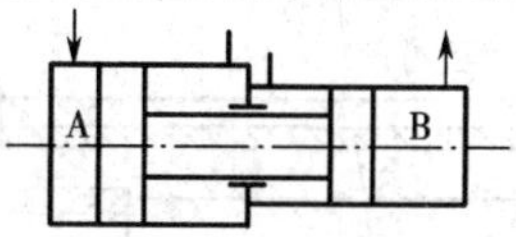	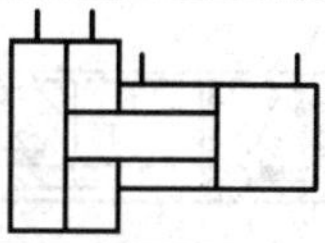	由两个不同的压力室 A 和 B 组成，可提高 B 室油液的压力
	组合液压缸	多位液压缸	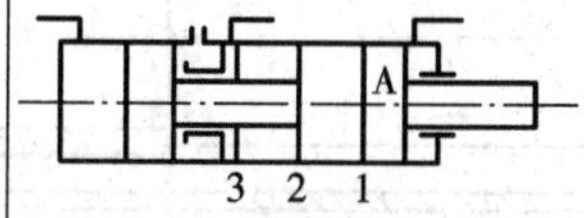	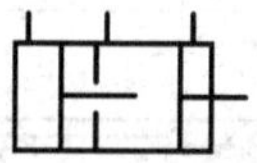	活塞 A 有三个位置
摆动液压缸	组合液压缸	齿条活塞液压缸	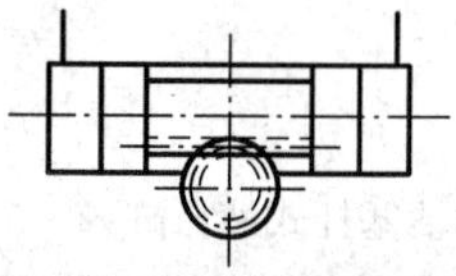	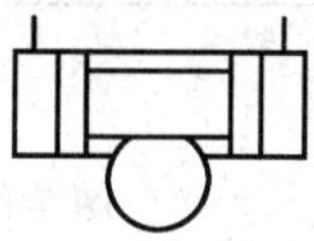	活塞齿条驱动小齿轮，产生回转运动
摆动液压缸	组合液压缸	齿条柱塞液压缸	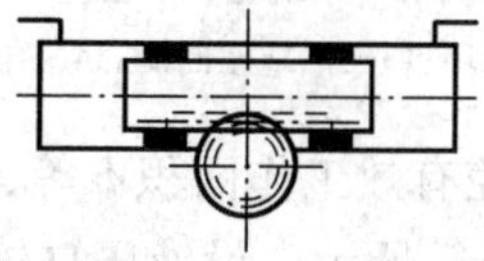	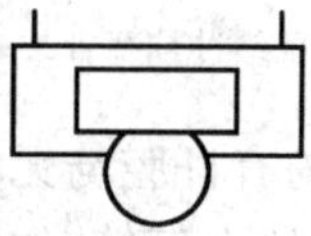	柱塞齿条驱动小齿轮，产生回转运动
摆动液压缸		单叶片摆动液压缸	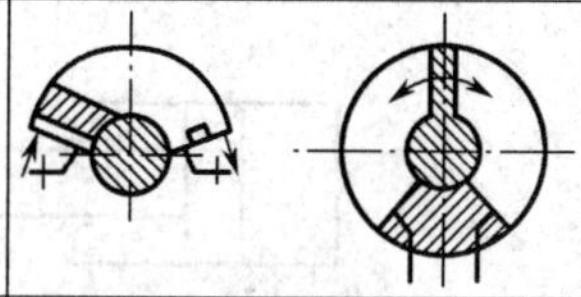	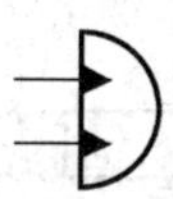	摆动液压缸也叫摆动马达，把液压能变为回转的机械能，输出轴摆动角度小于 360°
摆动液压缸		双叶片摆动液压缸	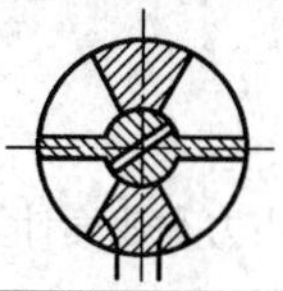		摆动液压缸也叫摆动马达，把液压能变为机械能，输出轴摆动角度小于 180°

5.1 液压缸结构形式及输出参数计算

5.1.1 双作用液压缸

利用液压力推动液压缸活塞作往复直线运动的液压缸称为双作用液压缸。常用双作用液压缸有单活塞杆式、双活塞杆式等。

1. 单活塞杆式液压缸

双作用单活塞杆式液压缸结构如图 5-1 所示。其图形、符号见表 5-1。缸体由前端盖

6、缸筒 4、后端盖 1 用四根长拉杆连接拉紧而成。两端盖为正方形或长方形,缸筒用无缝钢管,与端盖连接处有密封圈 14。活塞 3 与活塞杆 5 制成一体。活塞 3 上装有支承环 12 和密封圈 13。活塞杆上装有前缓冲柱塞 11 和后缓冲柱塞 15。前端盖 6 中的活塞杆密封座 8 内装有密封圈 10,其作用是对活塞杆密封和导向。密封座左端部有防尘圈 9,便于清除活塞杆上的污染物。

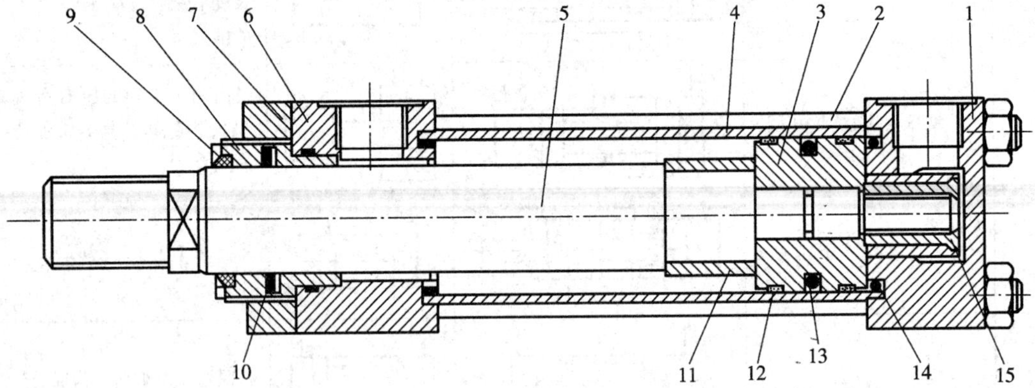

图 5-1　单活塞杆式液压缸

1—后端盖;2—拉杆;3—活塞;4—缸筒;5—活塞杆;6—前端盖;7—压盖;8—活塞杆密封座;9—防尘圈;10—活塞杆密封圈;11—前缓冲柱塞;12—支承环;13—活塞密封圈;14—缸筒密封圈;15—后缓冲柱塞

单活塞杆式液压缸的有杆腔与无杆腔有效工作面积不等,因此,向两腔入口分别输入压力油,在两个方向产生的力不等,如图 5-2 所示。设液压缸体固定,由图 5-2 a）可知

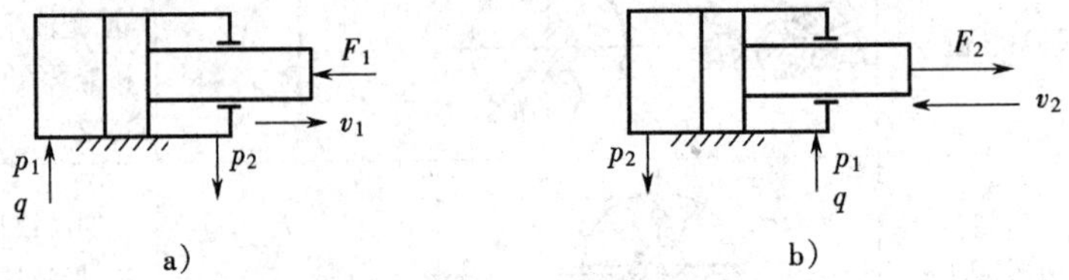

图 5-2　液压缸输出力和速度计算

$$F_1 = p_1 \cdot A_1 - p_2 \cdot A_2 = \frac{\pi}{4} \cdot [D^2 \cdot p_1 - (D^2 - d^2) \cdot p_2] \tag{5-1}$$

$$v_1 = \frac{4q}{\pi \cdot D^2} \tag{5-2}$$

由图 5-2 b）可知

$$F_2 = p_1 \cdot A_2 - p_2 \cdot A_1 = \frac{\pi}{4}[(D^2 - d^2) \cdot p_1 - D^2 \cdot p_2] \tag{5-3}$$

$$v_2 = \frac{4q}{\pi(D^2 - d^2)} \tag{5-4}$$

式中　F_1、F_2——压力油分别进入无杆腔、有杆腔时的输出力;

p_1、p_2——高压腔、回油腔的压力；

A_1、A_2——无杆腔、有杆腔的活塞有效工作面积；

D、d——活塞和活塞杆的直径；

q——输入液压缸的油液流量；

v_1、v_2——压力油输入无杆腔、有杆腔时活塞的运动速度。

向液压缸两个油腔同时输入压力油，活塞向外运动，此时可得到较小的推力和较高的运动速度。液压缸的这种连接称为“差动连接”或称为“差动液压缸”，如图 5-3 a）所示。

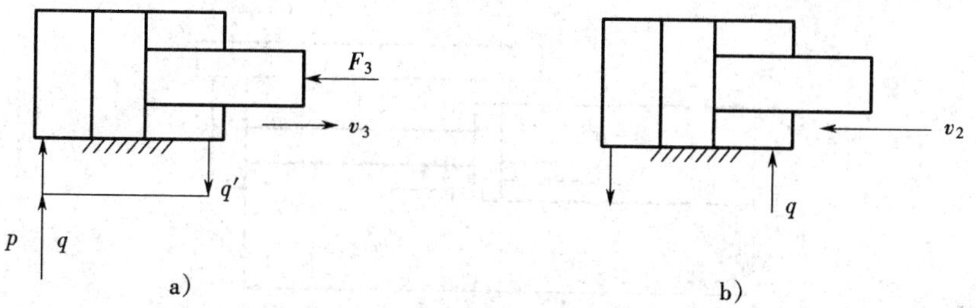

图 5-3　液压缸差动连接

差动连接时，液压缸两腔同时输入压力油，液体压力 p 相等，但两腔作用面积不等，活塞受力不平衡，故活塞沿 v_3 方向运动。此时，液压缸输出力

$$F_3=p(A_1-A_2)=\frac{\pi}{4}\cdot[D^2-(D^2-d^2)]\cdot p$$

$$=\frac{\pi}{4}\cdot d^2\cdot p \tag{5-5}$$

差动连接时，设活塞运动速度为 v_3，有杆腔排出的油液 q' 与液压泵供油 q 共同输入无杆腔，有杆腔排出油液流量

$$q'=\frac{\pi}{4}\cdot(D^2-d^2)\cdot v_3$$

进入无杆腔的油液流量为 q' 与液压泵供油量 q 之和，即

$$q+q'=q+\frac{\pi}{4}\cdot(D^2-d^2)\cdot v_3=\frac{\pi}{4}\cdot D^2\cdot v_3$$

上式化简后得

$$v_3=\frac{q}{\frac{\pi}{4}\cdot d^2} \tag{5-6}$$

可见差动连接的速度大于非差动连接。总之，差动连接是一种减少推力而获得高速的方法。

如图 5-3 b）所示，若使活塞向左运动（回程）的速度 v_2 等于“差动连接”向右运动的速度 v_3，即

$$v_2=v_3$$

$$\frac{4q}{\pi\cdot(D_2-d_2)}=\frac{4q}{\pi\cdot d^2}$$

$$\frac{1}{4}\cdot\pi\cdot d^2=\frac{1}{8}\pi\cdot D^2$$

$$d=\frac{D}{\sqrt{2}}\approx 0.7D \tag{5-7}$$

单活塞杆式液压缸分活塞杆固定或缸筒固定两种形式。两者工作台移动范围相同，都是活塞杆最大行程 l 的两倍，如图 5-4 所示。

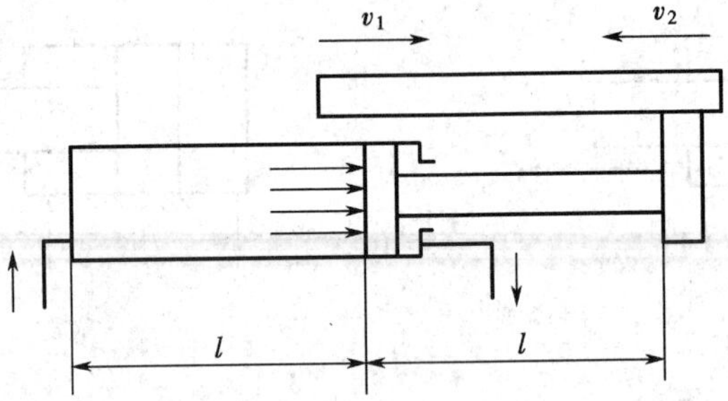

图 5-4　单活塞杆式液压缸工作台移动范围

2. 双活塞杆式液压缸

双活塞杆式液压缸是活塞两端都有活塞杆的液压缸，结构与单活塞杆式液压缸相似。双活塞杆式液压缸的两个活塞杆直径相同。当两腔分别输入相同流量和压力的油液时，左右两个方向运动的推力和速度都相等，即

$$F_1=F_2=A\cdot(p_1-p_2)=\frac{\pi}{4}\cdot(D^2-d^2)\cdot(p_1-p_2) \tag{5-8}$$

$$v_1=v_2=\frac{q}{\frac{1}{4}\pi\cdot(D^2-d^2)} \tag{5-9}$$

双活塞杆式液压缸也有两种安装形式。图 5-5 为缸体固定、活塞杆运动方式。这种安装方式占用空间大，工作台移动范围约为活塞最大行程的三倍，故常用于小型机床。图 5-6 为活塞杆固定、缸体运动方式。工作台移动范围约为活塞最大行程 l 的两倍，安装空间小，常用于中型和大型机床。

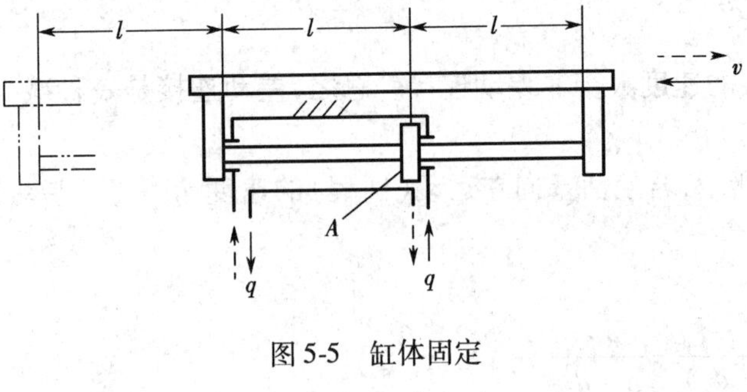

图 5-5　缸体固定

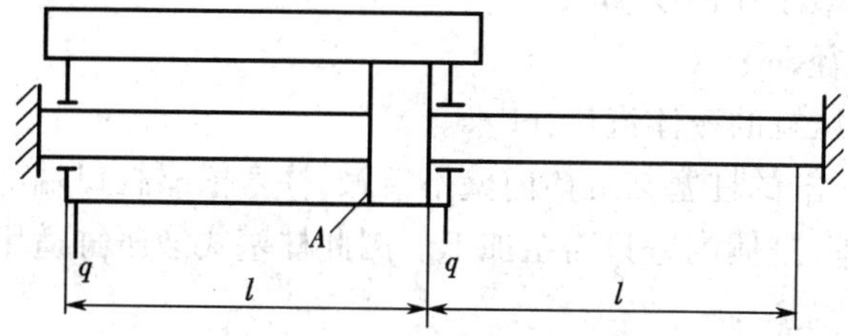

图 5-6　活塞杆固定

5.1.2　柱塞式液压缸

柱塞式液压缸结构如图 5-7 所示。它是一种单作用液压缸，即在压力油的作用下，输出单方向力和单方向运动速度，必须借助外力或自重（垂直安装时）作用返回。为获得往复运动，柱塞式液压缸常成对使用，如图 5-8 所示。

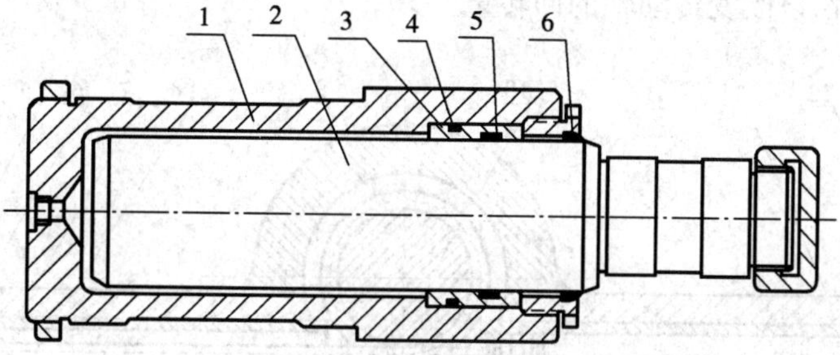

图 5-7　柱塞式液压缸

1—缸体；2—柱塞；3—导向套；4、5—密封圈；6—防尘圈

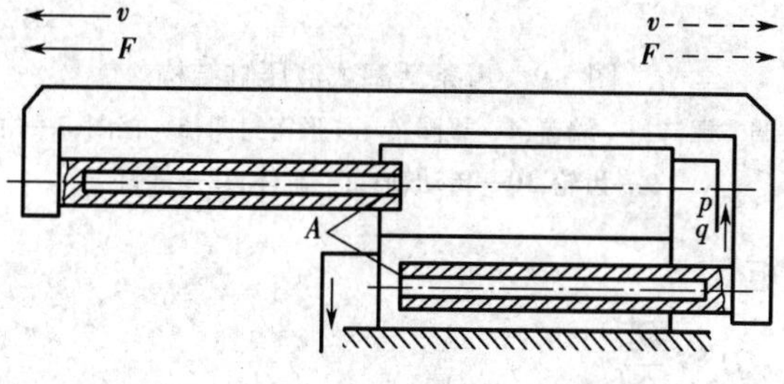

图 5-8　柱塞式液压缸成对反向布置

柱塞式液压缸输出力和速度表示为

$$F = p \cdot A = \frac{\pi}{4} \cdot d^2 \cdot p \quad \text{（柱塞推力）} \tag{5-10}$$

$$v = \frac{q}{A} = \frac{4q}{\pi \cdot d^2} \quad \text{（柱塞运动速度）} \tag{5-11}$$

式中　p——液体工作压力，MPa；

A——柱塞有效工作面积，m^2；

d——柱塞直径，m；

q——输入液压缸的液体流量，m^3/s。

由于柱塞式液压缸的柱塞与缸体内壁不接触，柱塞依靠缸口端部的导向套运动，故除缸口端部需精加工外，缸体内壁只需粗加工。因此柱塞式液压缸适用于长行程、大直径的装置。

5.1.3 齿条活塞式液压缸

齿条活塞式液压缸将齿条活塞的直线往复运动通过齿条、齿轮转变为回转运动。这种液压缸常用于机械手、工作台的转位机构、回转夹具等驱动装置中。

图5-9为齿条活塞式液压缸的结构。它由缸体11、缸套7、齿条活塞8、齿轮9、传动轴10、调节螺钉2等零件组成。当压力油进入液压缸左腔（或右腔）时，推动齿条活塞8向右（或向左）移动，并带动齿轮9旋转，使传动轴10得到回转运动。调节螺钉2用于调节齿条活塞的行程，以改变传动轴的回转量。

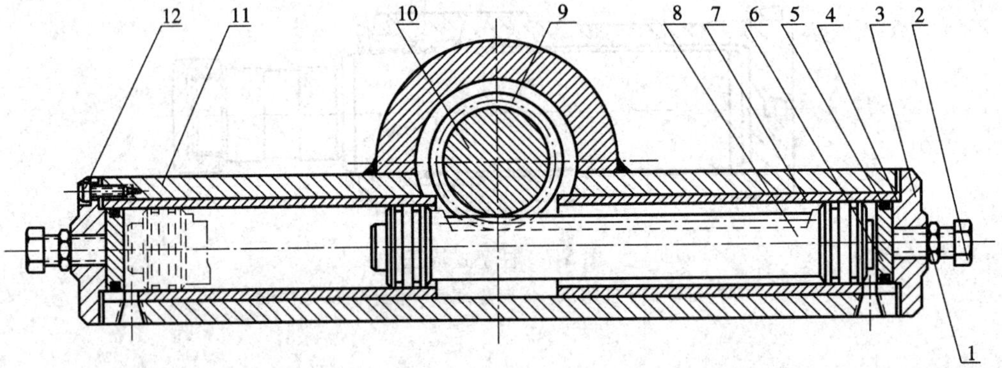

图5-9 齿条活塞式液压缸结构

1—紧固螺母；2—调节螺钉；3—端盖；4—垫圈；5—O形密封圈；6—挡圈；7—缸套；8—齿条活塞；9—齿轮；10—传动轴；11—缸体；12—螺钉

齿轮轴的输出转矩

$$M = \Delta p \cdot \frac{\pi}{4} \cdot D^2 \cdot \frac{D_f}{2} \tag{5-12}$$

齿轮轴的角速度

$$\omega = \frac{q}{60 \cdot \frac{\pi}{4} \cdot D^2 \cdot \frac{D_f}{2}} \tag{5-13}$$

式中 M——齿轮轴的输出转矩，N·m；

Δp——液压缸左右两腔压差，MPa；

q——输入液压缸的流量，m^3/s；

D——液压缸活塞直径，m；

ω——齿轮轴的角速度，rad/s；

D_f——齿轮分度圆直径，m。

5.1.4 摆动式液压缸

摆动式液压缸，又称摆动式液压马达。其输出轴直接输出转矩和角速度，并作往复回转运动。

摆动式液压缸分为单叶片和双叶片两大类。单叶片摆动式液压缸输出轴的摆动角度小于360°，双叶片摆动式液压缸输出轴的摆动角度小于180°。

图5-10为单叶片摆动式液压缸结构图。它由缸体6、左右支承盘4和14、端盖3和15、隔离块1、叶片7、花键套5等主要零件组成。圆柱销11、螺钉2将隔离块1与缸体紧固在一起，螺钉10将叶片与花键套连成一体。隔离块内侧及叶片外侧各嵌装一个挡块，并由弹簧片13保证挡块与花键套或缸体内壁密合，以防泄漏。叶片两侧开有径向沟槽与外圆面两端的三角槽相通，便于液压缸启动以及叶片到终点时起缓冲作用。

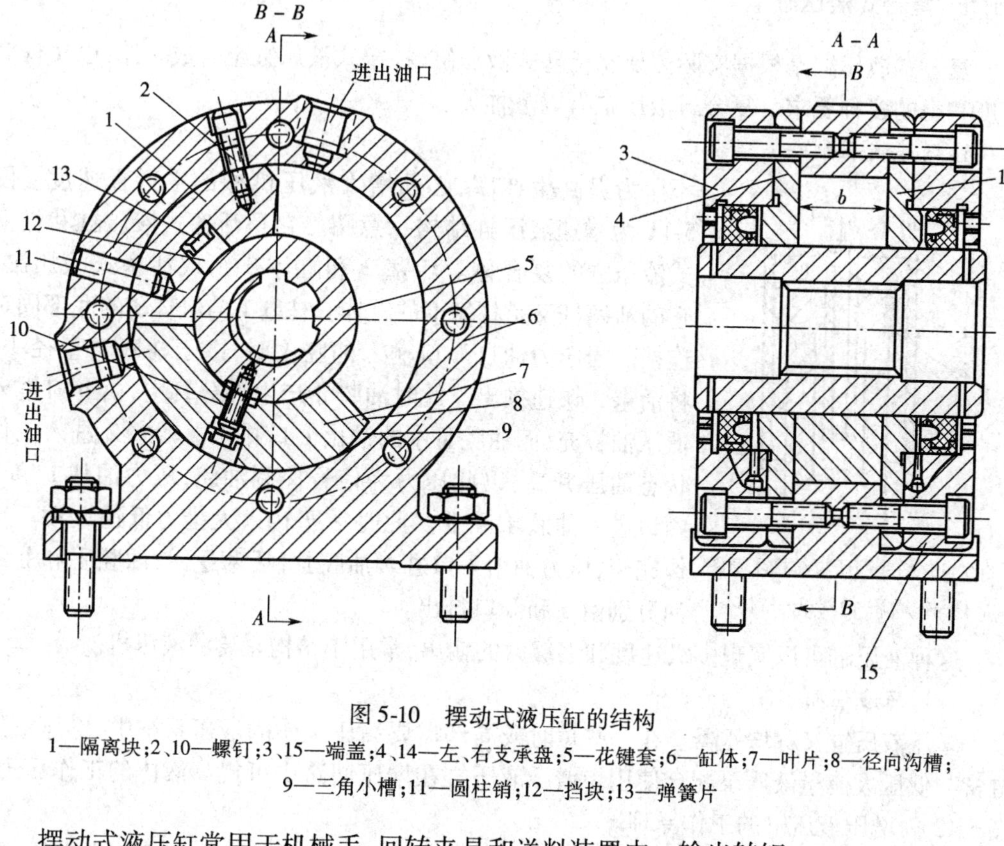

图5-10　摆动式液压缸的结构

1—隔离块；2、10—螺钉；3、15—端盖；4、14—左、右支承盘；5—花键套；6—缸体；7—叶片；8—径向沟槽；9—三角小槽；11—圆柱销；12—挡块；13—弹簧片

摆动式液压缸常用于机械手、回转夹具和送料装置中。输出转矩

$$M=b\cdot\int_{R_1}^{R_2}(p_1-p_2)\cdot r\cdot \mathrm{d}r=\frac{b}{2}\cdot(R_2^2-R_1^2)\cdot(p_1-p_2)$$

$$= \frac{b}{8} \cdot (D^2 - d^2) \cdot (p_1 - p_2) \tag{5-14}$$

式中 p_1、p_2——工作腔、回油腔的油液压力,MPa;

r——叶片半径,m;

b——叶片宽度,m;

R_1、R_2——叶片底端、顶端半径,m;

D_1、D_2——叶片底端、顶端直径,m。

由于 $q = \frac{\pi}{4} \cdot (D^2 - d^2) \cdot b \cdot n = \frac{b}{8} \cdot (D^2 - d^2) \cdot \omega$,所以输出角速度

$$\omega = \frac{8q}{b(D^2 - d^2)} \tag{5-15}$$

式中 q——输入摆动缸的流量,m^3/s;

n——叶片轴的转速,rad/s;

ω——叶片轴的角速度,$\omega = 2\pi \cdot n$,rad/s。

5.1.5 复合式液压缸

复合式液压缸是根据实际需要将活塞式液压缸、柱塞式液压缸组合成一体,以实现对速度和力的多种要求。复合式液压缸有以下种类。

1. 增速液压缸

为提高生产率,必须增大液压机械的空行程速度。图5-11为增速液压缸结构示意图。它是活塞式液压缸和柱塞式液压缸的复合体。活塞2和缸体3组成活塞式液压缸。它的活塞杆又是柱塞1的缸体。柱塞1与缸体3的底部固定连接。当压力油自a口输入油腔Ⅰ时,由于柱塞1直径小,将活塞2快速推出。此时油腔Ⅱ产生部分真空,由b口进入低压油补充,而油腔Ⅲ中的油由c口排出。活塞2进入工作状态油压升高,以此压力为信号控制油路,压力油从a和b两口进入油腔Ⅰ和Ⅱ。此时活塞转入大推力低速运动。工作完毕,压力油由c口进入油腔Ⅲ,活塞返回,油腔Ⅰ和Ⅱ的油分别由a和b口排出。

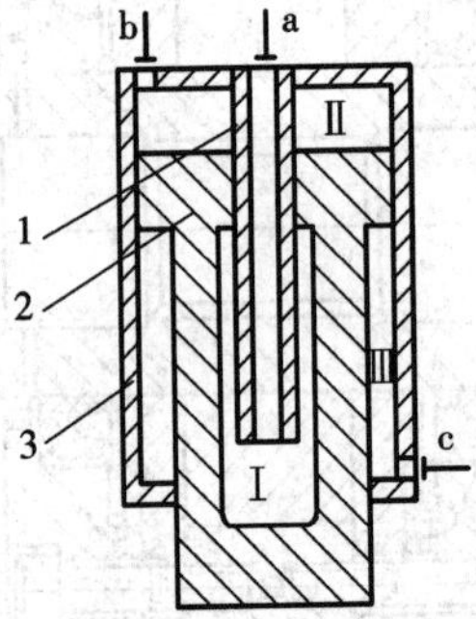

图5-11 增速液压缸结构示意图

1—柱塞;2—活塞;3—缸体

这种液压缸可以实现多级速度和多级力的输出,常用于结构紧凑的液压机。

2. 增压液压缸

增压液压缸又称增压器。在一些短时或局部需要高压工作的液压系统中,增压液压缸常与低压大流量液压泵配合使用。增压液压缸在增压回路中可提高液体的工作压力。图5-12为增压液压缸的工作原理。

低压 p_1 的液体推动增压器大活塞,大活塞推动与其相连接的小活塞而获得高压 p_2。增压器增压及流量方程为

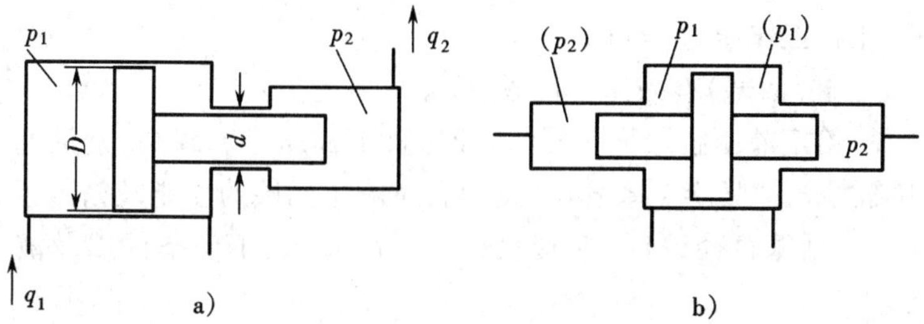

图 5-12　增压液压缸的工作原理

$$\frac{p_2}{p_1}=\frac{D^2}{d^2}=k \tag{5-16}$$

$$\frac{q_2}{q_1}=\frac{d^2}{D^2}=\frac{1}{k} \tag{5-17}$$

$$k=\frac{D^2}{d^2}>1 \tag{5-18}$$

式中　p_2——增压器输出压力,MPa;

p_1——增压器输入压力,MPa;

k——增压比;

D——增压器大活塞直径,m;

d——增压器小活塞直径,m;

q_2——增压器输出流量,m^3/s;

q_1——增压器输入流量,m^3/s。

5.2　液压缸结构参数的计算与选择

设计液压缸时,必须对整个系统工况进行分析,确定最大负载力,根据使用要求确定结构类型、安装空间尺寸、安装形式,根据负载力和速度决定液压缸的主要结构尺寸,最后进行结构设计。单杆活塞式液压缸在液压传动系统中应用比较广泛,由于其两腔有效工作面积不等,因而它的有关参数计算具有一定的典型性。目前,液压缸的供货品种、规格也较齐全,用户可以在市场上购到。厂家也可以根据用户的要求设计、制造,用户只要提出液压缸的结构参数及安装形式即可。

5.2.1　液压缸结构参数的确定

1. 确定液压缸工作压力

液压缸所能克服的最大负载 F 和有效工作面积可表示为

$$F=p\cdot A \tag{5-19}$$

式中　F——液压缸最大负载,包括工作负载、摩擦力、惯性力等,N;

p——液压缸工作压力,MPa;

A——液压缸(活塞)有效工作面积,m^2。

由上式可见,给定液压缸最大负载时,液压缸工作压力 p 越高,则活塞有效工作面积 A 就越小,液压缸结构越紧凑。系统压力越高,对液压元件的性能及密封要求也越高。在确定工作压力 p 和活塞直径 D 时,应根据机械工况要求、工作条件以及液压元件供货等因素综合考虑。

不同用途的液压机械,工作条件不同,工作压力范围也不同。机床液压传动系统使用的压力一般为 2 ~8 MPa,组合机床液压缸工作压力为 3 ~4. 5 MPa,液压机常用压力为 21 ~32 MPa,工程机械选用 16 MPa 较为合适。

液压缸额定压力系列值见表 5-2。

表 5-2　液压缸额定压力系列值 (MPa)

0. 63	1	1. 6	2. 5	4. 0	6. 3	10	16	20. 0	25	31. 5	40

液压缸结构参数包括液压缸的内径 D、活塞杆直径 d 和液压缸长度 L 等。这些参数可根据液压缸的最大工作负载 F、运动部件速度 v 和液压缸行程 l 决定。

2. 确定液压缸内径

动力较大的液压设备(如拉床、车床、刨床、组合机床、液压机、注塑机、起重机械等)的液压缸内径通常根据最大工作负载确定。

液压缸的有效工作面积为

$$A = \frac{F}{p} = \frac{\pi}{4} \cdot D^2 \tag{5-20}$$

对于无活塞杆腔,液压缸内径

$$D = \sqrt{\frac{4F}{\pi p}} \tag{5-21}$$

对于有活塞杆腔,液压缸内径

$$D = \sqrt{\frac{4F}{\pi p} + d^2} \tag{5-22}$$

活塞直径 D、活塞杆直径 d 应取标准值,见表 5-3、表 5-4。

表 5-3　液压缸内径系列值 (mm)

8	10	12	16	20	25	32	40	50	63
80	100	125	160	200	250	320	400	500	

表 5-4　活塞杆直径系列值　(mm)

4	5	6	8	10	12	14	16	18	20
22	25	28	32	36	40	45	50	56	63
70	80	90	100	110	125	140	160	180	200
220	250	280	320	360	400				

动力较小的液压设备，除上述计算方法外，也可按往返速度的比值确定液压缸内径 D 和活塞杆直径 d。由式(5-2)、式(5-4)知，速度比

$$\varphi = \frac{v_2}{v_1} = \frac{D^2}{D^2 - d^2} \tag{5-23}$$

液压缸速度比值系列值见表 5-5。

表 5-5　液压缸速度比值系列值

1.06	1.12	1.25	1.4	1.6	2	2.5	5

选定适当的活塞杆标准直径后，即可根据上式确定相应的液压缸内径。

活塞最大运动速度受活塞杆密封圈以及行程末端缓冲装置所承受的动能限制，一般不大于 1 m/s；而最低值则以液压缸无爬行现象为前提，通常应大于 0.1 ~ 0.2 m/s。

3. 液压缸行程

液压缸行程系列值见表 5-6。

表 5-6　活塞行程系列值　(mm)

25	50	80	100	125	160	200	250	320	400	500

4. 确定液压缸长度

根据工作部件的行程确定液压缸长度 L。从制造上考虑，液压缸长度 L 一般不大于液压缸直径的 20 ~ 30 倍。

5. 确定液压缸缸体壁厚

液压缸的壁厚可根据结构设计确定。液压缸工作压力较高和缸内径较大时，还必须进行强度校核。

当 $\frac{D}{\delta} \geqslant 10$ 时，按薄壁筒计算公式校核，即

$$\delta \geqslant \frac{p_y \cdot D}{2[\sigma]} \tag{5-24}$$

式中　δ——液压缸壁厚；

p_y——试验压力，当液压缸额定压力 $p_n \leqslant 16$ MPa 时　$p_y = 1.5 p_n$，$p_n \geqslant 16$ MPa 时

$p_y = 1.25p_n$；

$[\sigma]$——液压缸材料许用应力，$[\sigma]=\frac{\sigma_b}{n}$，$n$ 为安全系数，一般取 $n=5$，σ_b 为材料抗拉强度；

D——液压缸内径。

当$\frac{D}{\delta}<10$(液压缸壁较厚)时，应按厚壁筒计算公式校核，即

$$\delta \geqslant \frac{D}{2}\cdot\left(\sqrt{\frac{[\sigma]}{[\sigma]-\sqrt{3}\cdot p_y}}-1\right)\cdot p \approx 0.3[\sigma] \tag{5-25}$$

式中各符号同前。

液压缸强度计算可参考其他文献及手册。

6. 确定活塞杆长度

确定活塞杆直径 d 后，还要根据液压缸的长度确定活塞杆长度。对工作行程受压的活塞杆，当活塞杆长度与活塞杆直径之比大于 15 时，必须根据材料力学有关公式校验活塞杆的稳定性。

5.2.2 液压缸安装方式

国际标准 ISO 规定了单活塞杆液压缸的安装方式。图 5-13 为常用液压缸的安装方式。

工程机械液压缸、冶金机械用液压缸、车辆用液压缸、船用液压缸基本参数和安装方式可参阅有关设计手册。

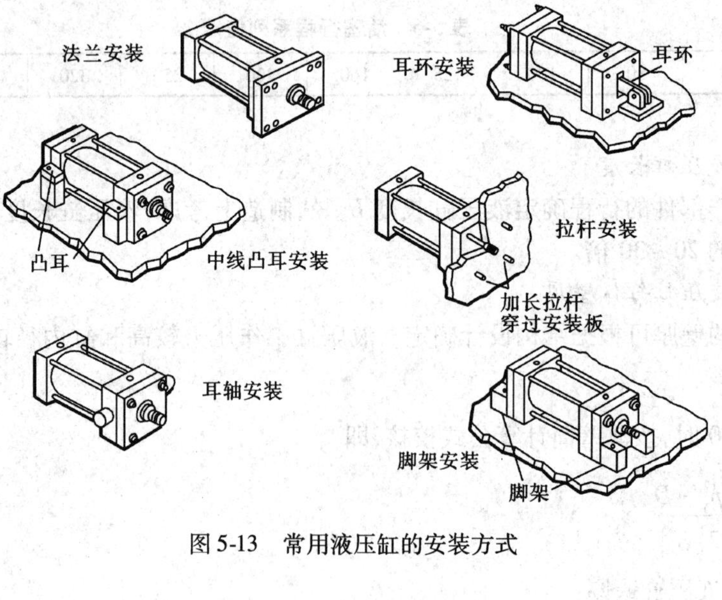

图 5-13 常用液压缸的安装方式

5.3 液压马达

液压马达是把液体压力能转换为机械能的装置。从原理上讲,液压泵与液压马达是互逆的。事实上同类型的液压泵和液压马达虽然在结构上相似,但由于两者的使用目的不同,也导致结构的差异。

液压马达分为齿轮式、叶片式和柱塞式三类。同液压泵一样,它也有定量液压马达与变量液压马达之分。液压马达的图形符号见表5-7。

表 5-7　液压马达的图形符号

名　称		符　号
变量马达	单向变量马达	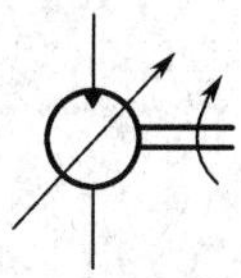
	双向变量马达	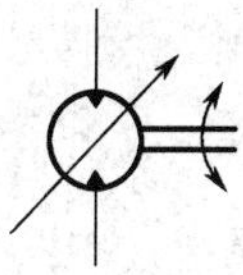
定量马达	单向定量马达	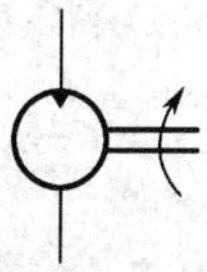
	双向定量马达	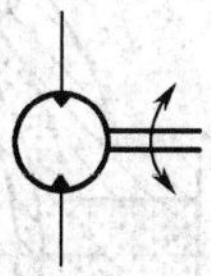

5.3.1　齿轮式液压马达

1. 工作原理

齿轮式液压马达工作原理如图5-14所示。若向齿轮泵的排油口输入压力油,泵内齿轮便会在油压的作用下转动,并通过泵轴向外输出旋转运动和转矩。图中,h 为齿高,P 为两轮齿的啮合点,P 点到齿轮 o_1、o_2 齿根的距离分别为 b 及 a。设 B 为齿宽,则在压力油腔内,由于油压 p 的作用,齿轮 o_1 及 o_2 分别产生数值为 $pB(h-b)$ 及 $pB(h-a)$ 的旋转力。这两个力分别对各自的齿轮轴心 o_1 和 o_2 形成转矩,使齿轮沿图示方向转动。由于啮合的关系,泵轴输出的转矩为两齿轮上产生的转矩之和。随着齿轮转动,每个齿间从压力油腔带出的油液在轮齿啮合时被排出,汇集后由泵的原吸油口排出。

2. 结构特点

向齿轮泵输入压力油,可使齿轮泵作液压马达用。一般的齿轮泵都具有这种可逆性。也有专作马达用的齿轮式液压马达,但结构原理和涉及的问题基本上与齿轮泵相同。齿轮式液压马达的输入压力不高,输出转矩较小,且转矩和转速都随轮齿啮合脉动。齿轮式液压马达多用于高转速、小转矩的场合。

齿轮式液压马达工作腔容积的结构参数不变,排量不变,故齿轮式液压马达属于定量液压马达。

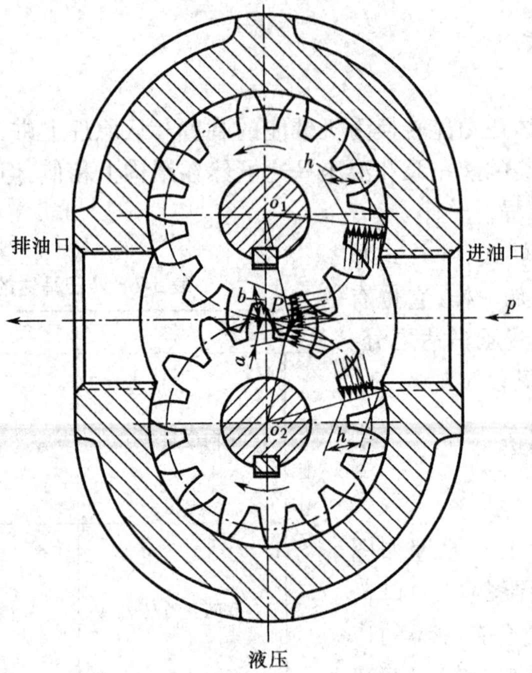

图 5-14　齿轮式液压马达的工作原理

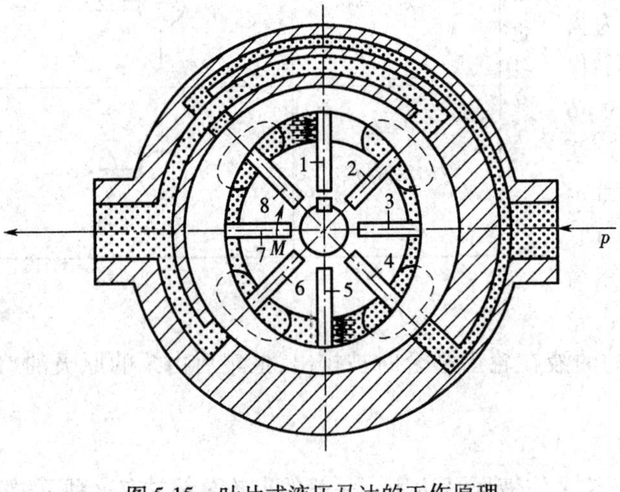

图 5-15　叶片式液压马达的工作原理

1～8—叶片

5.3.2　叶片式液压马达

1. 工作原理

叶片式液压马达是双作用定量液压马达，如图 5-15 所示。压力油从进油口进入叶片之间。位于进油腔的叶片为 3、4、5 和 7、8、1 两组。叶片 4 和 8 两侧均受高压油作用，作用力互相平衡，不产生转矩；叶片 3、5 和叶片 7、1 所承受的力不能平衡，产生一个顺时针方向转动的转矩 M。而处在回油腔的 1、2、3 和 5、6、7 两组叶片，由于腔中压力很低，所产生的转矩可忽略不计。因此，转子在转矩 M 的作用下按顺时针方向旋转。如果改变输油方向，液压马达反转。

2. 结构特点

叶片式液压马达结构如图 5-16 所示。

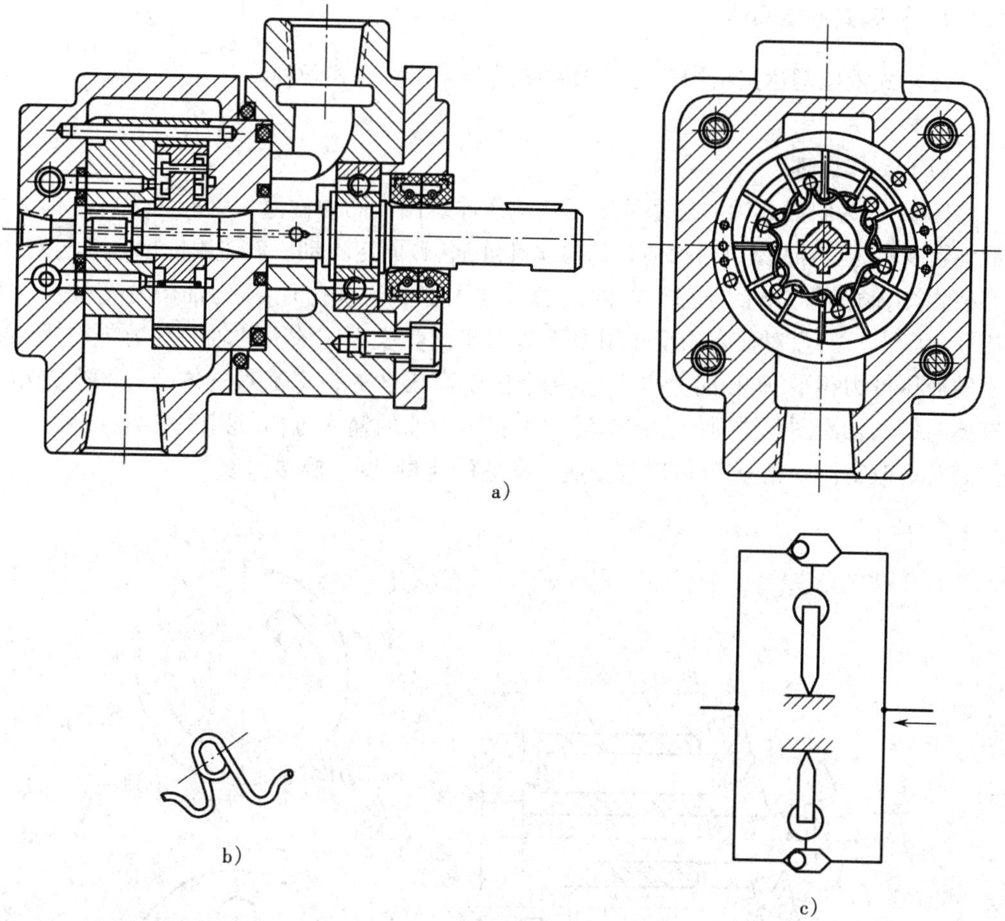

图 5-16　叶片式液压马达结构

与叶片式液压泵相比，其叶片式液压马达的结构有下列特点：

① 为了在启动时保证叶片可靠地压向定子工作表面，叶片根部设置的扭力弹簧(燕形弹簧)(图 5-16b))作用在叶片根部，使叶片始终贴紧定子，保证液压马达顺利启动；

② 液压马达一般需要正反方向旋转，因此叶片在转子中径向放置，叶片倾角等于零；

③ 为使叶片式液压马达在正反方向旋转时叶片根部都能受压力油作用，故马达内装有单向阀(梭阀)(图 5-16c))。

叶片式液压马达的最大特点是体积小、惯性小、动作灵敏，可用于换向频率较高的场合。但由于泄漏较多，不能在低速下工作，最低转速不得小于 100 r/min。最大缺点是机械特性较差，即当负载增加时，转速迅速降低。因此，叶片式液压马达多用于高速、低转矩传动系统。

5.3.3　柱塞式液压马达

柱塞式液压马达按结构分为轴向柱塞式和径向柱塞式两种。

1. 轴向柱塞式液压马达

(1) 工作原理

图 5-17 为斜盘式轴向柱塞液压马达工作原理图。图中柱塞 3 轴向布置在缸体 2 中，配油盘 4 的进、排油窗口与缸体 2 的柱塞孔连通，且固定不动。斜盘 1 的中心线与缸体中心线相交，倾斜角为 γ。压力油经配油窗口输入缸体柱塞孔时，压力油将柱塞推出，使之压在斜盘上。斜盘对柱塞的反作用力 F 垂直于斜盘表面。该力的轴向分力 F_x 与柱塞所受的液压推力相平衡，径向分力 F_y 使每个位于高压区的柱塞都对缸体中心产生转矩，使缸体与传动轴沿图示逆时针方向旋转。改变压力油的输入方向，液压马达就按顺时针方向旋转。改变倾斜角 γ，就可以改变液压马达的排量，调节旋转速度。

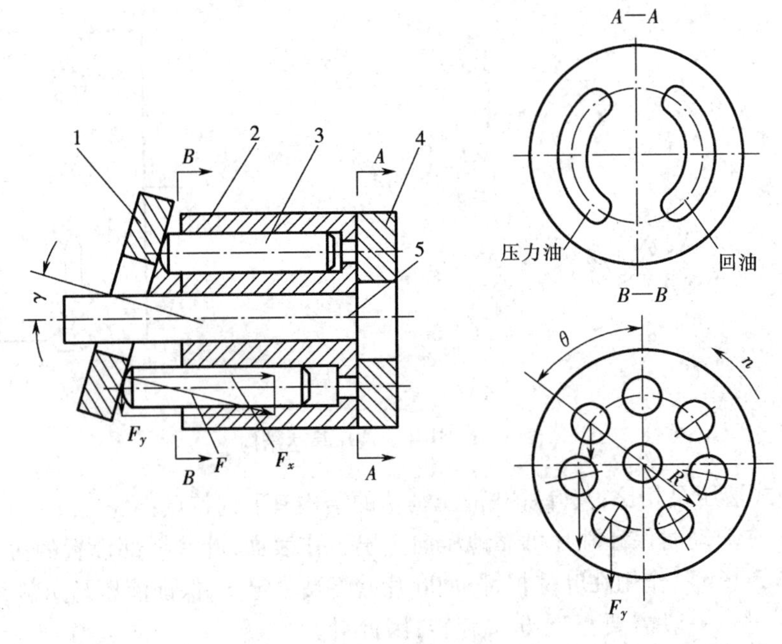

图 5-17　斜盘式轴向柱塞液压马达的工作原理

1—斜盘；2—缸体；3—柱塞；4—配油盘；5—传动轴

(2) 输出转矩与转速计算

如图 5-17 所示，压力油把位于高压油区的柱塞推出压在斜盘上，斜盘对柱塞的反作用力为 F。轴向分力 F_x 与柱塞上的压力油的作用力平衡；径向分力 F_y 与柱塞的轴线垂直。分力 F_y 产生使缸体旋转的转矩。

轴向分力

$$F_x = \frac{\pi}{4} \cdot d^2 \cdot p \tag{5-26}$$

径向分力

$$F_y = F_x \cdot \tan\gamma = \frac{1}{4}\pi d^2 \cdot p \cdot \tan\gamma \tag{5-27}$$

式中 d——柱塞直径；

p——供油压力；

γ——斜盘倾角。

F_y 产生的转矩与柱塞在高压区所处的位置有关。设其中一个柱塞的瞬时位置与缸体垂直中心线之间的夹角为 θ，此时这个柱塞所产生的理论瞬时转矩

$$M_1 = F_y \cdot R \cdot \sin\theta = \frac{1}{4}\pi d^2 \cdot p \cdot R \cdot \tan\gamma \cdot \sin\theta \tag{5-28}$$

式中 R——柱塞分布圆半径；

θ——柱塞的瞬时位置与缸体垂直中心线的夹角。

上式表明，M_1 随 θ 而变化。也就是说，柱塞经过压力油区时产生的转矩是变化的。所以，一般用一周内输出的平均转矩表示。下面首先求出一个柱塞转一周的理论平均转矩，即

$$\begin{aligned}\bar{M}_1 &= \frac{1}{2\pi} \cdot \int_0^{\pi} \frac{1}{4}\pi d^2 \cdot p \cdot R \cdot \tan\gamma \cdot \sin\theta \cdot \mathrm{d}\theta \\ &= \frac{1}{2\pi} \cdot \frac{2\pi}{4} \cdot d^2 \cdot p \cdot R \cdot \tan\gamma \\ &= \frac{p}{2\pi} \cdot \frac{\pi}{4} d^2 \cdot 2R \cdot \tan\gamma \end{aligned} \tag{5-29}$$

液压马达共有 z 个柱塞，所以产生的理论平均总转矩

$$\begin{aligned}\bar{M}_{理} &= \frac{p}{2\pi} \cdot \frac{\pi}{4} d^2 \cdot 2R \cdot \tan\gamma \cdot z \\ &= \frac{p \cdot V_M}{2\pi}\end{aligned} \tag{5-30}$$

式中 V_M——液压马达排量，$V_M = \frac{1}{2}\pi \cdot z \cdot d^2 \cdot R \cdot \tan\gamma = \frac{\pi}{4} d^2 \cdot z \cdot D \cdot \tan\gamma$。

考虑机械损失，液压马达输出的实际平均总转矩

$$\bar{M}_{实} = \frac{p \cdot V_M}{2\pi} \cdot \eta_{机} \tag{5-31}$$

值得注意的是，液压马达实际输出的总转矩是随时间脉动的。柱塞数越多且为奇数时，脉动越小。通常选取 z 等于 7 或 9。

液压马达实际输出转数

$$n = \frac{q_{实}}{V_M} \cdot \eta_{容} \tag{5-32}$$

(3) 结构

斜盘式轴向柱塞式液压马达的结构与同类的轴向柱塞泵相同。CY14-1B 系列液压泵的变量形式与液压马达相同,故该泵只需要改变配油盘的安装位置(图 4-22),使配油盘的进、排油窗口相对于包含传动轴中心线的垂直面互相对称,便能使液压马达正、反向旋转,并具有相同的性能。选购时,一定要说明作液压泵用,还是作液压马达用。

2. 径向柱塞式液压马达

连杆型径向柱塞式液压马达是一种单作用低速大扭矩液压马达。其结构简单、制造容易、价格低;缺点是体积和质量较大。其额定工作压力为 21 MPa,最高工作压力为 31.5 MPa,最低稳定转速可为 3 r/min。

(1) 工作原理

图 5-18 为连杆型径向柱塞式液压马达的结构原理。壳体周围均布 5 个(或 7 个)缸。缸内柱塞 2 由球铰链与连杆 3 连接。连杆端部圆柱面与曲轴 4 的偏心轮(偏心轮圆心 o_1 与曲轴旋转中心 o 的偏心距 $o\,o_1 = e$)相接触。曲轴的一端用十字接头与配流轴 5 相连。配流轴内"隔墙"两侧分别为进油腔和排油腔。

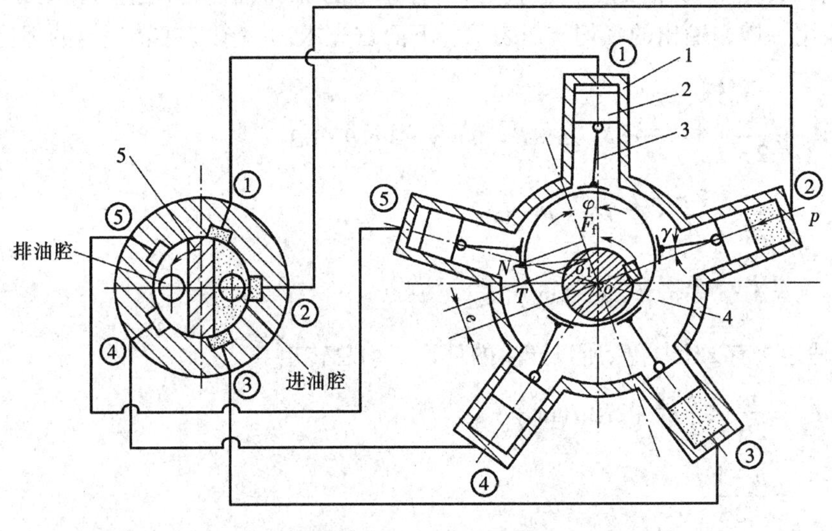

图 5-18　连杆型径向柱塞式液压马达的结构原理

1—缸体;2—柱塞;3—连杆;4—曲轴;5—配流轴

高压油进入液压马达进油腔后,经过壳体的槽①、②、③进入相应的柱塞缸①、②、③。高压油产生的液压力作用于柱塞顶部,并通过连杆传递到曲轴偏心轮上。如柱塞缸②作用在偏心轮上的力为 N,该力沿连杆的中心线指向偏心轮的中心 o_1。作用力 N 分解为法向力 F_f(作用线与连心线 $o\,o_1$ 重合)和切向力 T。

切向力 T 对曲轴旋转中心 o 产生转矩,使曲轴绕中心 o 逆时针旋转。

柱塞缸①和③与此相似,只是由于它们相对于主轴的位置不同,所以产生转矩的大小与缸②不同。使曲轴旋转的总扭矩等于与高压腔相通的柱塞缸(在图示情况下为①、②和③)所产生的扭矩之和。

曲轴旋转时,缸①、②、③容积增大,④、⑤容积变小,油液通过壳体流道④、⑤经配流轴的排油腔排出。

配流轴随液压马达转过一个角度后,配流轴“隔墙”封闭油道③,此时缸③与高、低压腔均不相通,缸①、②通高压油,使液压马达产生转矩,缸④和⑤排油。当曲轴连同配流轴再转过一个角度,缸⑤、①、②通高压油,使液压马达产生转矩,缸③、④排油。配流轴随曲轴旋转,进油腔和排油腔分别依次与各柱塞缸接通,保证曲轴连续旋转。

将马达的进、排油口对换,实现马达反转。

如果将曲轴固定,进、排油管直接接到配流轴中,可使外壳旋转。外壳旋转的马达用来驱动车轮、卷筒、起重机,十分方便。

(2) 结构特点

图 5-19 为配流轴配流的连杆型径向柱塞式变量液压马达的结构原理。它采用改变偏心距的办法改变马达排量。曲轴装有小活塞 2 和大活塞 3。小活塞腔通控制油,大活塞腔通回油。小活塞在压力油作用下向上运动,将偏心环 1 推至最大偏心位置(图5-19),此时马达排量和输出扭矩最大,转速最低。如果改变换向阀位置,使大活塞腔通控制油、

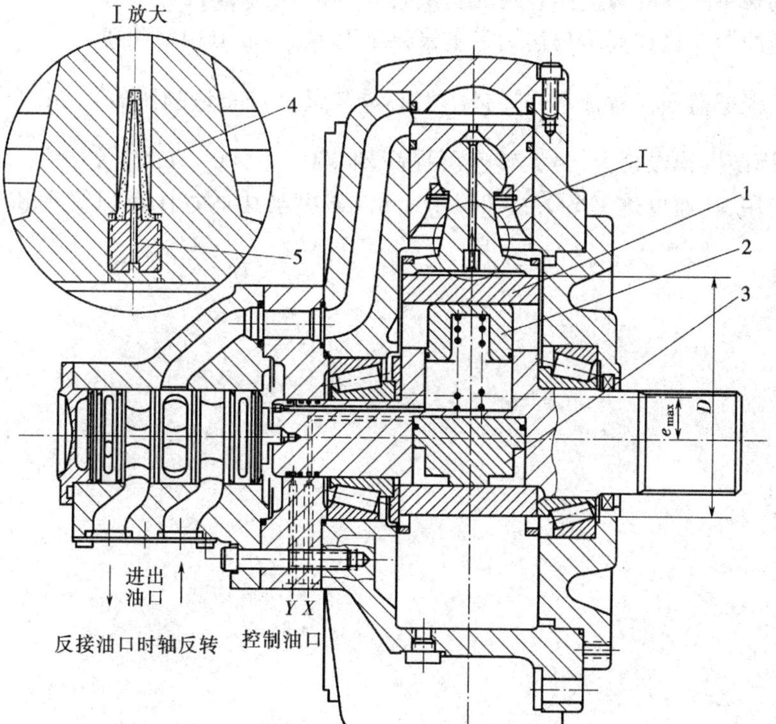

图 5-19　连杆型径向柱塞式变量液压马达的结构原理

1—偏心环;2—小活塞;3—大活塞;4—粉末冶金过滤器;5—阻尼管

小活塞腔通回油，大活塞在压力油的作用下向下运动，将偏心环推至最小偏心位置，此时马达为小排量，在供油量相同的情况下，输出转速升高，而输出转矩相应降低。该马达与控制油路的接通状况如图 5-20 所示。

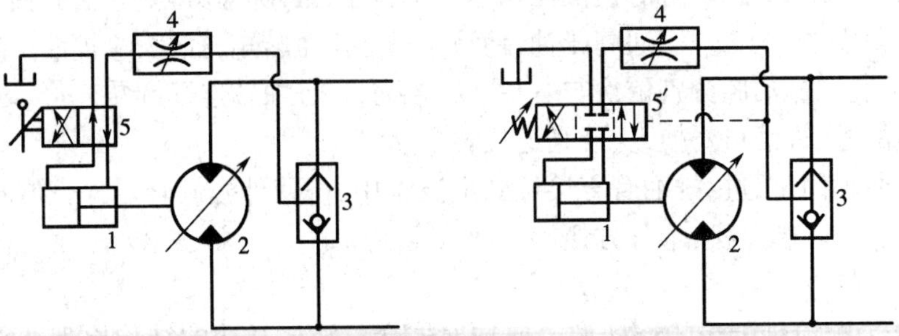

图 5-20　连杆型径向柱塞式变量液压马达的控制油路

1—变量缸；2—变量马达；3—梭阀；4—节流阀；5—手动换向阀；5′—液控滑阀

这种变量液压马达的特点是：可在运转中改变偏心距；偏心距变换平稳，而且可以通过改变节流阀 4 的开度调整偏心距的切换时间；可利用液压马达本身压力油作控制油，无需另设控制油源。这种液压马达用定量泵供油时，能实现恒功率调速。

设计时根据需要任意选定$\frac{e_{min}}{e_{max}}$（最小偏心量与最大偏心量的比值）。由于排量可以改变，所以使用范围得以扩大，最大转速可提高到 800 ~ 1 000 r/min。如果 $e_{min}=0$，马达可作自由轮使用，转速可达 1 500 ~ 2 000 r/min。该型马达适宜作牵引绞车和车轮驱动马达。

第 6 章　液压系统方向控制元件及回路

一个液压系统，无论功能多少、元件多少，总是由控制液压系统方向、压力和流量的液压元件及由这些元件组合的回路构成。熟悉和掌握控制元件的工作原理、结构及性能特点，对阅读、使用与设计液压系统极为重要。

6.1　方向控制阀及方向控制回路

液压系统中执行元件的启动、停止或改变运动方向是通过控制液流通断及改变流动方向实现的。完成上述控制功能的元件及回路，称为方向控制元件及方向控制回路。

方向控制元件主要有以下分类方法：

① 按控制方式不同，分为人力控制、机械控制、压力控制、电气控制（包括电磁—液压控制），见表 6-1；

表 6-1　方向控制元件的分类

名　称		符　号
人力控制	手柄式	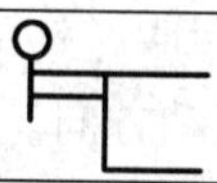
	不指明控制方式时	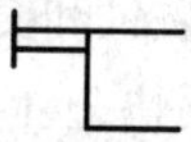
	按钮式	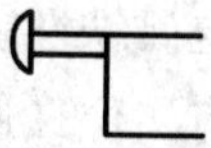
	拉钮式	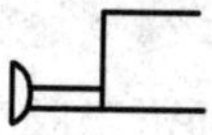
机械控制	顶杆式	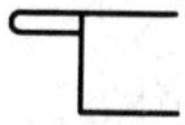
	滚轮式	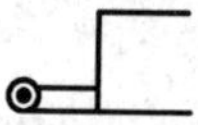
	弹簧控制式	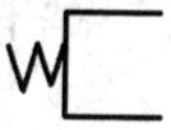

续表

名称		符号
压力控制	加压或卸压控制	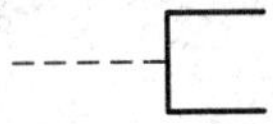
电气控制	电磁铁或力矩马达等	
	单作用电磁铁	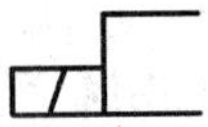
	双作用电磁铁	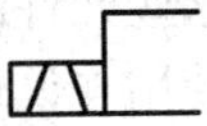
	单作用可调电磁操纵器(比例电磁铁、马达等)	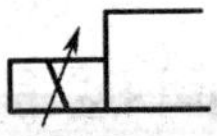

② 按工作位置数不同,分为二位、三位、多位;

③ 按通路数不同,分为二通、三通、四通等;

④ 按安装方式不同,分为管式、板式、插装式、叠加式。

本节主要介绍电磁式方向阀、电磁—液压控制式方向阀。

6.1.1 电磁方向阀及控制回路

电磁方向阀又称电磁阀。它依靠电磁铁推动阀芯改变其在阀孔内的位置,以控制液流通、断或流动方向。这种阀容易实现远程自动控制,应用甚广。按供电方式电磁铁分为直流(DC)电磁铁和交流(AC)电磁铁。直流电磁铁换向平稳,换向频率高,工作可靠。交流电磁铁启动快,换向冲击大,换向频率低,滑阀卡住时线圈易烧毁,可靠性差。目前常用的直流湿式电磁铁性能更好,也有用交流本整式电磁铁的。

电磁阀有二位二通、二位三通、二位四通、三位四通多种类型。

1. 二位二通电磁阀

二位二通电磁阀实质上就是一种通断阀,它只控制液流的通、断。图 6-1 为直流二位

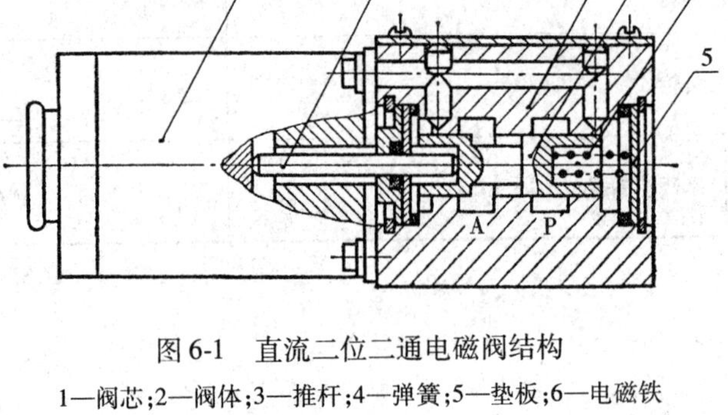

图 6-1　直流二位二通电磁阀结构

1—阀芯;2—阀体;3—推杆;4—弹簧;5—垫板;6—电磁铁

二通电磁阀结构。由阀芯1、阀体2、推杆3、弹簧4、垫板5、电磁铁6组成。阀体上的P为进油腔，A为工作腔。阀芯左端由电磁铁推杆控制，右端由弹簧控制。在图示位置，电磁铁未通电，阀芯在弹簧作用下处于左端位置，P、A两腔断开；电磁铁通电，电磁力使推杆3克服弹簧力，将阀芯推向右端，使P、A两腔连通。由此可见，阀芯的两个位置是由弹簧和推杆控制的。常态（不通电）由弹簧控制，通电时由推杆控制。用图形符号表示如下：图6-2 a）为不通电时，P、A断开，称为常闭式；图6-2 b）为不通电时，P、A接通，称为常开式。

图6-2　二位二通电磁阀符号

2. 二位三通电磁阀

二位三通电磁阀与二位二通电磁阀相似，阀体上有三个油腔，P为进油腔，A、B为工作腔，控制方式与二位二通电磁阀相同，如图6-3所示。图为常态下阀芯受弹簧3的作用，P、A相通，B腔封闭。若电磁铁通电，则阀芯移至右端，P、B相通，A腔封闭。

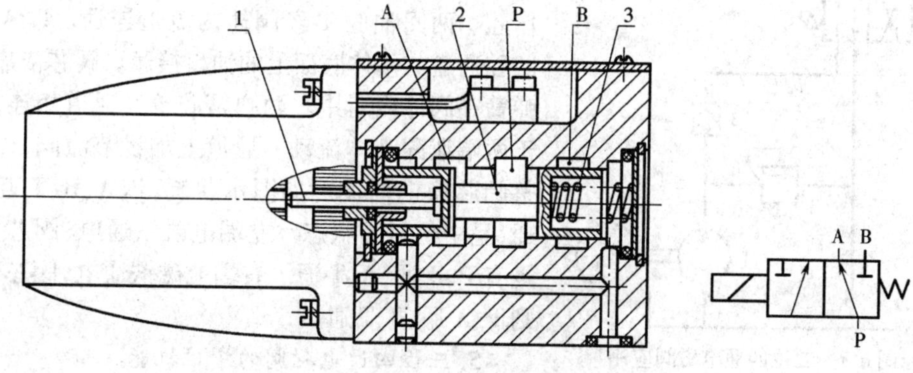

图6-3　二位三通电磁阀的结构及符号

1—推杆；2—阀芯；3—弹簧

3. 二位四通电磁阀

二位二通电磁阀只能控制液流的通、断，起开关作用。二位三通电磁阀只能控制液压缸单方向运动，双作用往复运动的液压缸，则必须使用二位四通换向阀。二位四通电磁阀的结构及符号如图6-4所示。

阀体为五槽式滑阀结构，P为进油腔，T为回腔，A、B为工作腔。图示为断电状态，P、B通，A、T通；通电时，阀芯右移，则P、A通，B、T通。二位四通电磁阀可以控制活塞式双作用液压缸的往复运动，如图6-5所示。它不能使液压缸在行程中任意位置停止。要实现在行程中任意位置停止，必须使用三位四通电磁阀。

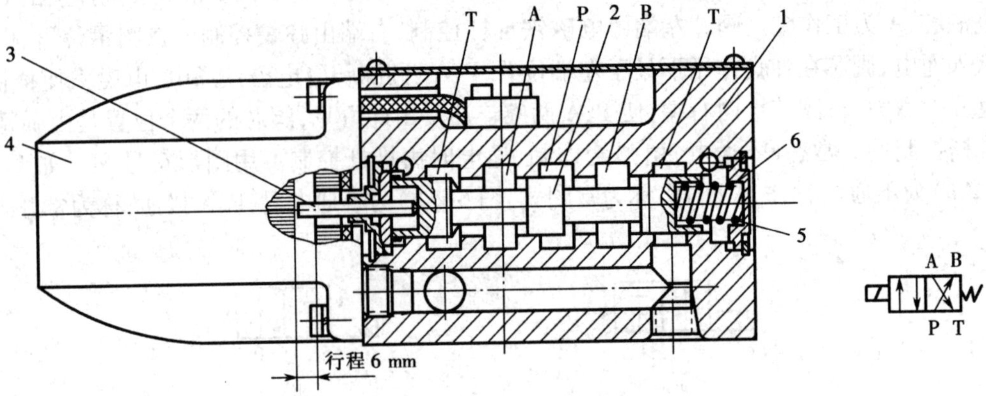

图 6-4 二位四通电磁阀的结构及符号

1—阀体;2—阀芯;3—推杆;4—交流电磁铁;5—弹簧;6—弹簧座

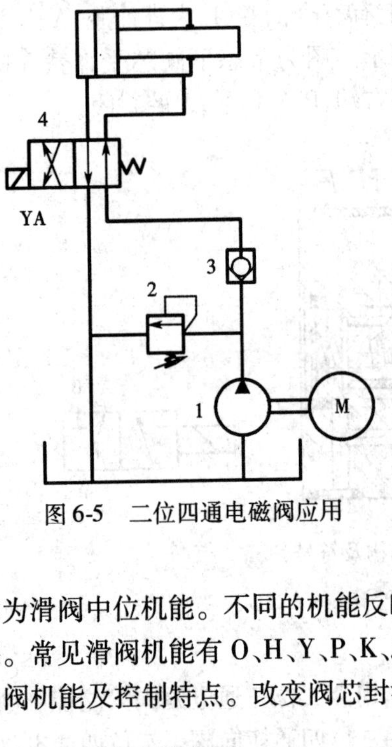

图 6-5 二位四通电磁阀应用

4. 三位四通电磁阀

图 6-6 为配有湿式电磁铁的三位四通电磁阀。阀上有两个电磁铁,滑阀体有五个铸造油腔。中腔 P 为压力油腔,P 腔近侧的左、右两腔分别为 A、B 工作腔。两回油腔 T 经阀体内流道连通。P、A、B、T 四腔通道与阀体底面上的油口接通。阀芯依靠两端弹簧在阀体内对中。两弹簧腔也经通道相连,以利于两端泄漏液体流动。通道上加设节流阀,以便调整阀芯换向时间。如图示状况,P、A、B、T 互不相通,呈中位封闭状态。左端电磁铁通电,阀芯右移,则有 P、B 通,A、T 通。右端电磁铁通电,阀芯左移,则 P、A 通,B、T 通。

5. 三位四通电磁阀的中位机能

阀芯在中间位置时四个油腔在阀内的连通方式称为滑阀中位机能。不同的机能反映了滑阀在中位时对液压泵和执行元件不同的控制状态。常见滑阀机能有 O、H、Y、P、K、J、M 等。表 6-2 列出了常用五槽式三位四通电液动换向阀机能及控制特点。改变阀芯封油面长度和封油面位置,即可变换滑阀中位机能。

6.1.2 电液动换向阀

电磁式滑阀因受电磁力的限制,所控制的滑阀流量较小。由式(3-25)知,控制较大流量必须加大控制力,为此应采用电液动换向阀。

电液动换向阀是以电磁换向阀作先导控制阀,以其控制的压力液体推动液动主阀芯运动换向。电液动换向阀有二位三通、二位四通、三位四通多种。二位阀的先导阀用二位四通电磁阀;三位阀的先导阀用三位四通电磁阀。三位四通电液动换向阀结构如图 6-7

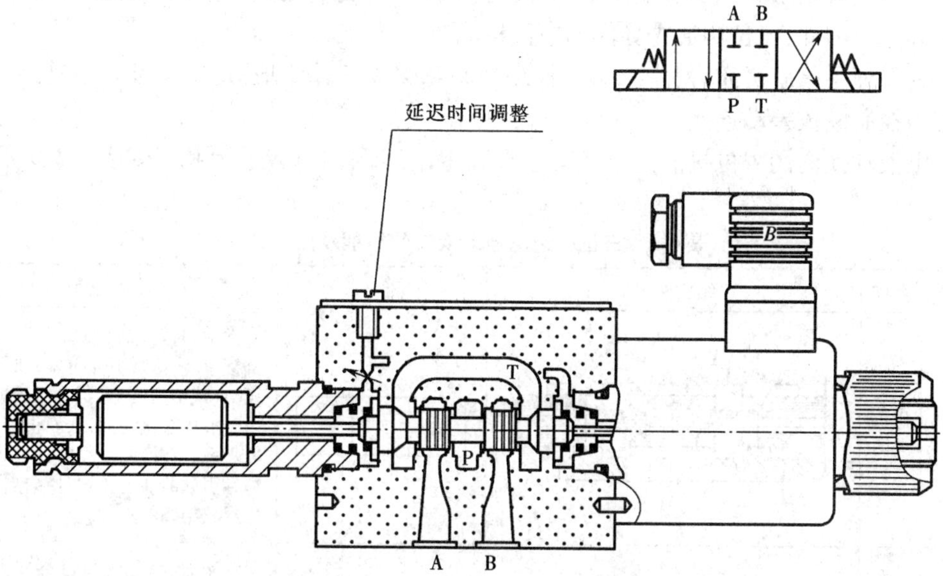

图 6-6　三位四通电磁阀的结构及符号

图 6-7　三位四通电液动换向阀

1—主阀;2—先导阀

所示。图中液动主阀芯靠两端弹簧作用保持于中位。主阀芯两端控制腔的压力必须由先导阀卸除。因此,三位四通先导阀的中位机能应为 Y 型。

为保证主阀芯可靠“对中”,采用液压强制对中式,三位四通先导阀用 P 型机能,使主阀芯两控制腔成差动连接。

电液动换向阀中位机能是指液动主阀机能,其机能形式及控制特点如表 6-2 所示。

表 6-2　三位四通电液动换向阀机能及控制特点

型号	名称	结构简图	符号	控制特点
O	中位关闭	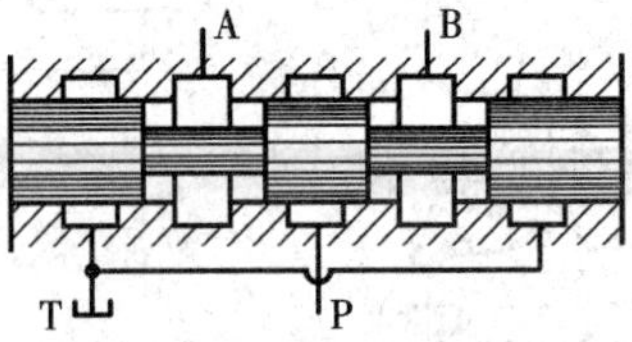	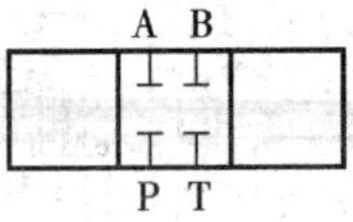	在中间位置时,油口全闭,液压缸锁紧,液压泵不卸荷。并联的液压缸(或液压马达)运动不受影响。由于液压缸充满油,从静止到启动较平稳。在换向过程中,由于运动惯性引起的冲击较大,换向点重复位置较精确
H	中位开启	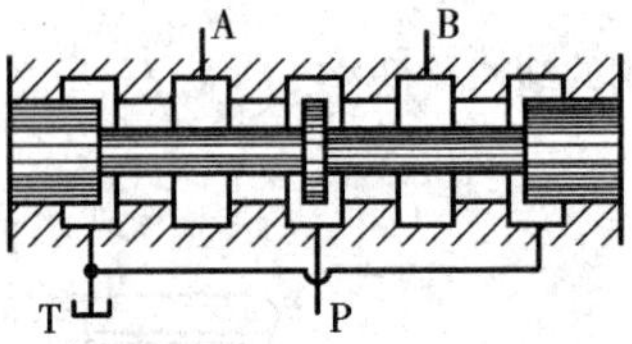	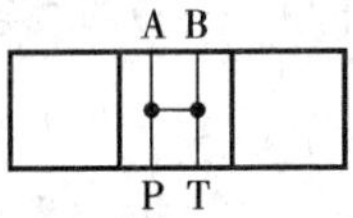	在中间位置时,油口全开,液压泵卸荷,液压缸成浮动式。执行元件(液压缸或液压马达)不能并联。由于液压缸油液流回油箱,从静止到启动有冲击。在换向过程中,由于油口互通,故换向较“O”型平稳,但冲出量较大
Y	中位浮动	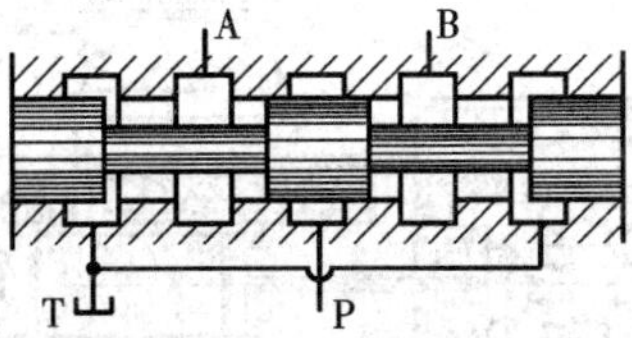	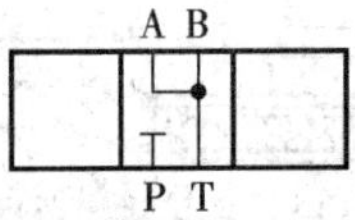	在中间位置时,P 口关闭,液压缸浮动,液压泵不卸荷。并联其他执行元件运动不受影响。液压缸油液流回油箱,从静止到启动有冲击。换向过程的性能处于“O”型与“H”型之间
P	PAB 连接	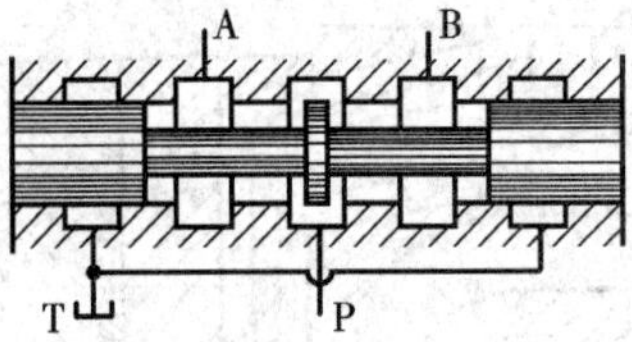	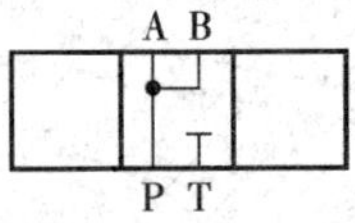	在中间位置时,回油口 T 关闭,泵口和两液压缸口连通,可以形成差动回路。液压泵不卸荷,可并联其他执行元件。从静止到启动较平稳。换向过程中液压缸两腔均通压力油,换向时最平稳,冲出量比“H”型小,应用较广
K	PAO 连接	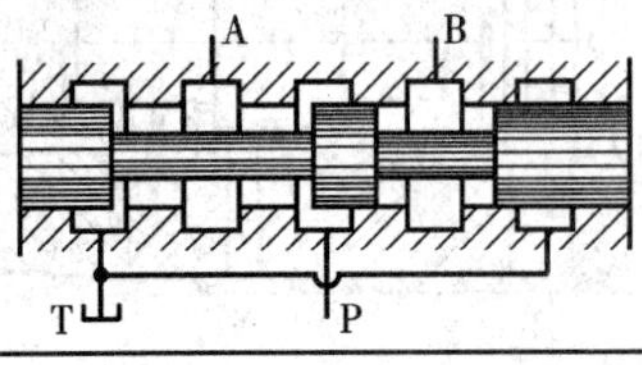	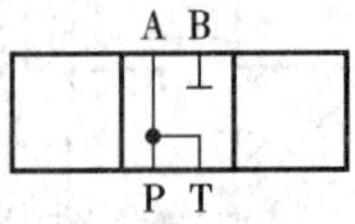	在中间位置时,关闭一个液压缸口,用于液压泵卸荷。不能并联其他执行元件。从静止到启动较平稳。换向过程有冲击(比“O”型好),换向点重复精度高

续表

型号	名称	结构简图	符号	控制特点
J	BO 连接	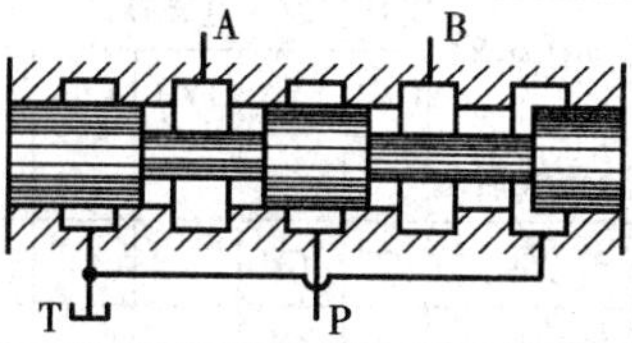	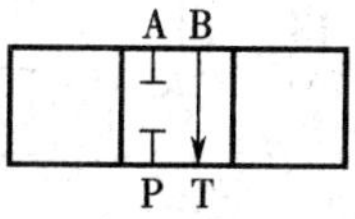	在中间位置时，P 口与液压缸接口不通；液压缸的一个接口与回油口相通。液压泵不卸荷，可与其他执行元件并联。从静止到启动有冲击，换向过程也有冲击
M	中位 旁通	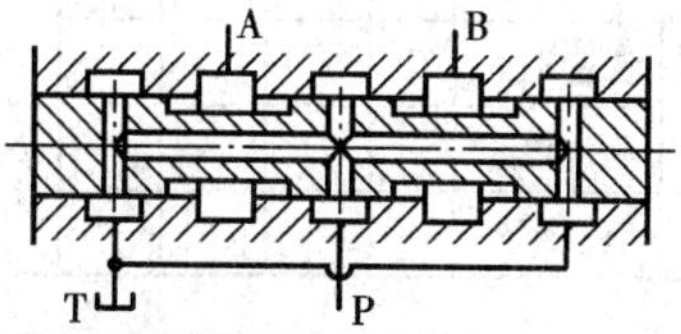	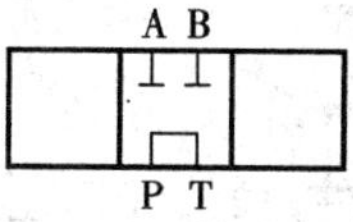	在中间位置时，液压泵卸荷，不能并联其他执行元件，从静止到启动较平稳。换向时，与“O”型机能相同，可用于立式或锁紧系统中

电液动换向阀图形符号如图 6-8 所示。

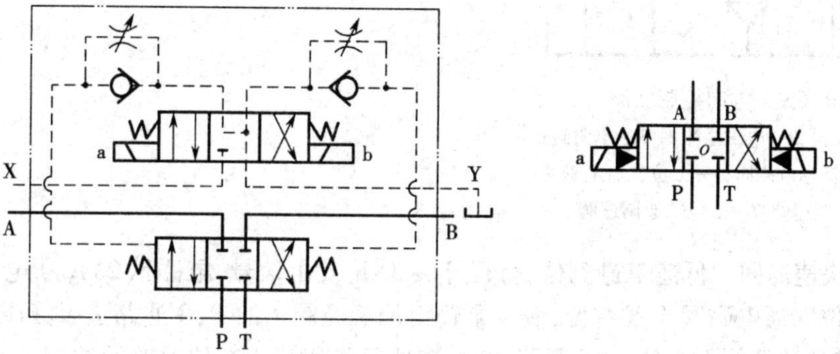

图 6-8　电液动换向阀图形符号

6.1.3　方向控制回路

1. *液压缸差动连接及转换回路*

方向控制阀组成的液压缸方向控制回路如图 6-9 所示。可实现液压缸差动快速进给、工进、快速退回、原位停止、液压泵卸荷等动作。电磁铁动作顺序见表 6-3。

该方向控制回路工作顺序如下。

1）液压泵空载启动　电磁溢流阀 2 的二位二通电磁阀电磁铁 1YA 断电，液压泵输出油液卸荷回油箱。

2）液压缸差动快速进给　电磁铁 1YA、2YA、4YA 通电，三位四通电磁阀 4 置左位，液压泵输出油液经阀 4 的 P、A 通路进入液压缸左腔；液压缸右腔排油经阀 5 右位通路与液压泵输出油液汇合，进入液压缸左腔，形成差动连接，液压缸差动快速向右运动。

3）液压缸低速工进　行程开关 2XK 发出信号，电磁铁 1YA、2YA 继续通电，液压泵向液压缸左腔供油；4YA 断电，液压缸右腔排油经电磁阀 5 左位通路及调速阀 7 排回油箱，液压缸低速向右工进。调速阀 7 调节工进速度。

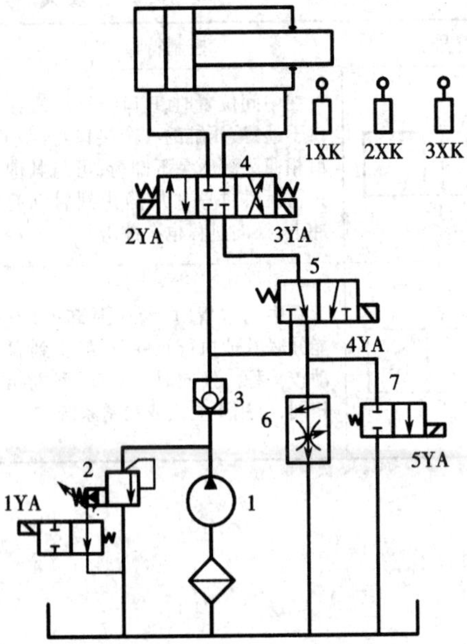

图 6-9　方向控制回路

1—液压泵；2—电磁溢流阀；3—单向阀；
4—三位四通电磁阀；5—二位二通电磁阀；
6—调速阀；7—二位二通调速阀

表 6-3　电磁铁动作顺序表

序　号	动作名称	电磁铁					发信元件
		1YA	2YA	3YA	4YA	5YA	
1	液压泵启动						泵启动按钮
2	差动快进	○	○		○		启动按钮
3	工作进给	○	○				行程开关 2XK
4	快速退回	○		○		○	行程开关 3XK
5	原位停止						行程开关 1XK
6	液压泵停						泵停止按钮

4）快速退回　低速工进到位，行程开关 3XK 发出信号，电磁铁 2YA 断电，3YA、5YA 通电，三位四通电磁阀 4 置右位，液压泵输出油液经阀 4 的 P、B 通路进入液压缸右腔；液压缸左腔排油经阀 4 右位 A、T 通路、阀 5 左位通路和阀 7 右位通路回油箱。液压缸快速向左退回。

5）液压缸原位停止　液压缸退至行程终点，行程开关 1XK 发出信号，所有电磁铁断电，三位四通电磁阀 4 回中位；电磁溢流阀 2 使液压泵输出油液回油箱，液压泵空负荷运行。

2. 三位四通滑阀并联、行程阀控制的液压缸顺序动作回路

图 6-10 所示为该系统原理。甲、乙两液压缸分别按图示顺序动作，两液压缸分别由两个 O 型机能的三位四通电磁阀控制，两阀并联，由液压泵 P 供液；二位三通电磁阀作卸荷阀用。各动作见电磁铁动作顺序表（表 6-4）。分析方法同前。欲改变两液压缸动作顺序，只要变更行程开关控制程序即可。

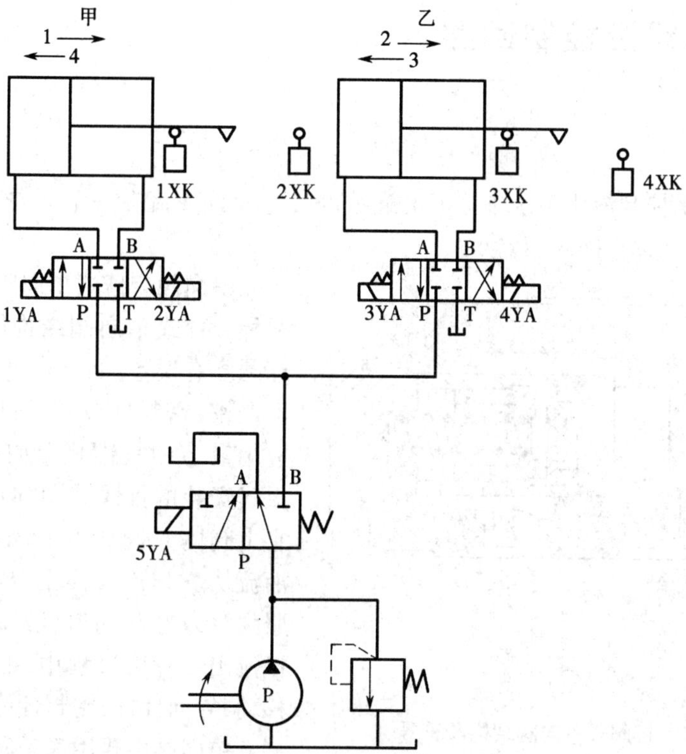

图 6-10　行程阀控制的液压缸顺序动作回路

表 6-4　电磁铁动作顺序表

电磁铁 / 动作名称	1YA	2YA	3YA	4YA	5YA	控制信号	
						单循环	连续循环
液压泵启动						液压泵启动按钮	
甲缸 1→	○				○	启动按钮	启动按钮
乙缸 2→			○		○	2XK	2XK
乙缸 3←				○	○	4XK	4XK
甲缸 4←		○			○	3XK	3XK
停止泵卸荷						1XK 或停止按钮	1XK
泵停						液压泵停止按钮	

6.2 单向阀及控制回路

6.2.1 单向阀

单向阀用来控制液压系统中液流的通或断。它允许液流在一个方向顺利通过,不能反向流动,所以又称止回阀。

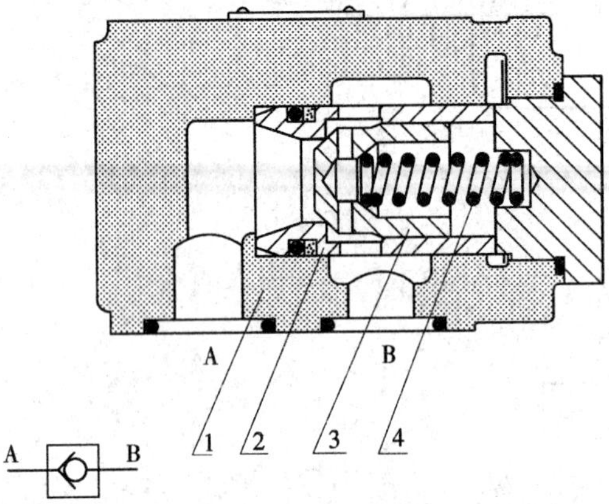

图6-11 锥阀式单向阀结构及符号

1—阀体;2—阀套;3—锥阀;4—弹簧

单向阀有球式单向阀和锥式单向阀两种。球式单向阀结构简单,但由于钢球圆度有误差,无导向,磨损后阀口关闭不严密,密封性较差,所以应用不广泛。应用最多的是锥式单向阀。图6-11为板式安装的锥阀式单向阀结构及符号。它由阀体1、阀套2、锥阀3、弹簧4组成。液流从A口流入,液压力作用于锥部,克服弹簧力打开阀口,液流经阀套2从B口流出。开启过程中,锥阀沿阀套内壁移动,导向性好,密封性好。

单向阀主要用途是防止液流反向流动,如图6-12 a)所示。两台泵同时向系统输送压力液体,每台泵出口单向阀都允许液流通过;若泵2停止工作,泵1向系统输油。单向阀对泵2起保护作用,使泵2与系统隔断。

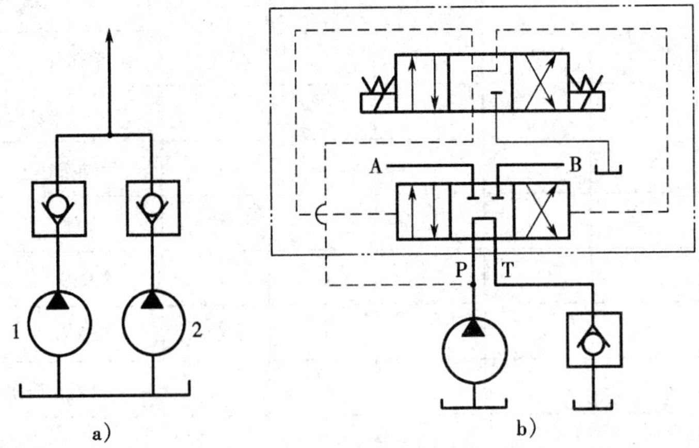

图6-12 单向阀在系统中的应用

单向阀中的弹簧刚度较小。若换为刚度较大的弹簧,该阀可以作背压阀使用,如图6-12 b)所示。单向阀接在液压强制对中的M型三位四通电液换向阀的回油T口。系统卸荷时,依靠单向阀产生的排油阻力保证先导阀所需的最低控制压力。

6.2.2 液控单向阀

无控制信号时液控单向阀的作用与单向阀相同,加控制信号后液流正反两个方向都可通过。加在阀上的控制信号大多为液压力,所以称液控单向阀。

液控单向阀由锥形单向阀和液控部分组成,如图 6-13 所示。

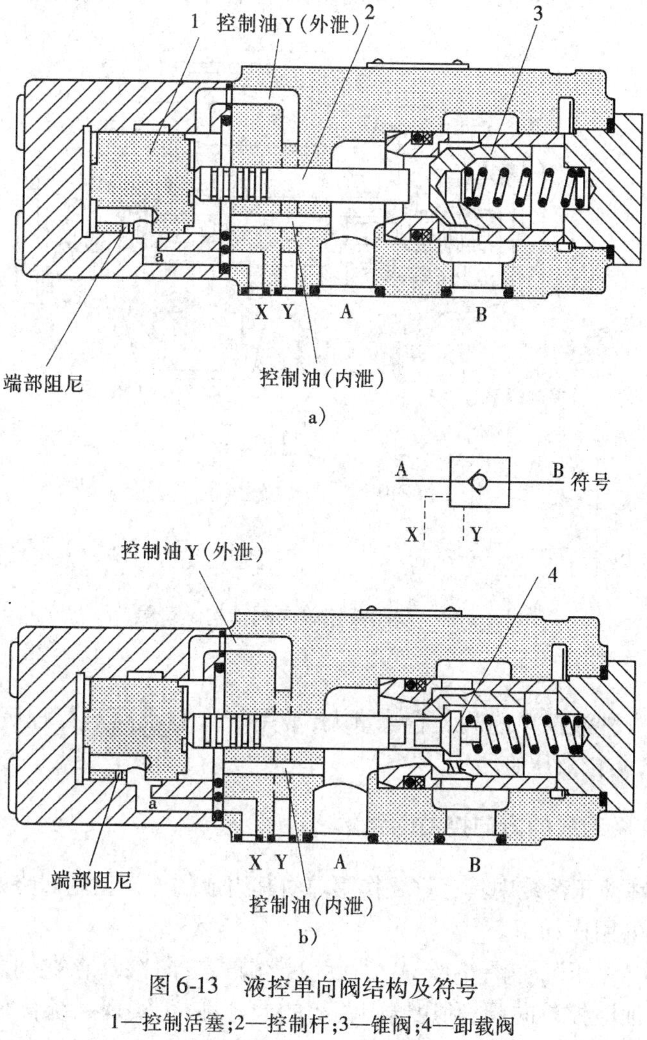

图 6-13　液控单向阀结构及符号

1—控制活塞;2—控制杆;3—锥阀;4—卸载阀

1. 直接作用式

图 6-13 a) 为直接作用式液控单向阀,液压控制部分由控制活塞 1、顶杆 2 组成。控制压力油由 X 口输入,经通路 a 作用于控制活塞 1 的左端,推动顶杆将锥阀 3 打开,实现液流由 B→A 流动,Y 为泄漏口。

2. 先导式

图 6-13 b）为先导式液控单向阀，在锥阀内部设置一先导卸载阀 4。液流需由 B→A 流动时，X 口输入控制油，控制活塞推动顶杆首先将卸载阀 4 打开，使 B 腔油液通过卸载阀卸压，B 腔压力降低后，再将主阀打开，B→A 流动。该类液控单向阀在 B 腔压力较高时，无需增加控制活塞面积或增大控制油压，即能实现控制。

3. 双路液控单向阀

双路液控单向阀又称双向液压阀。它由两个液控单向阀组成，如图 6-14 所示。

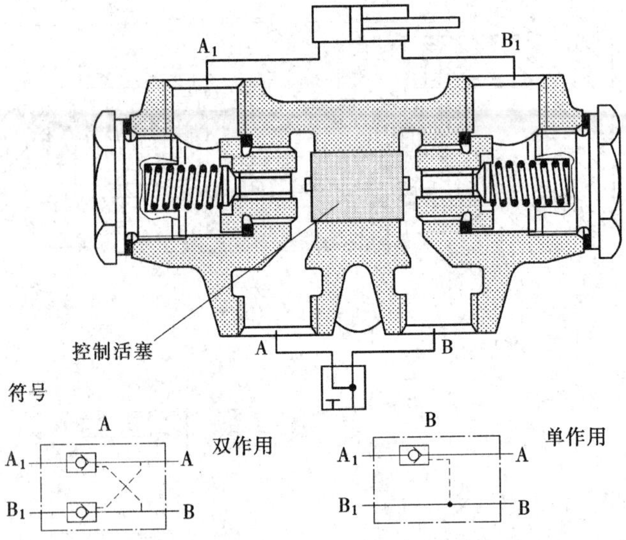

图 6-14　双路液控单向阀结构及符号

4. 充液阀

充液阀也是一种液控单向阀。它流量大，常用于大型或高速行程液压机液压缸空程快速运动时充液，防止液压缸吸空。

6.2.3　液控单向阀组成的方向控制回路

液控单向阀在液压系统中具有重要作用。由其组成的方向控制回路如图 6-15 所示。

液控单向阀的用途如下。

① 液压缸的“保压”，如图 6-15 a）所示。滑阀式方向阀都存在间隙泄漏，不能使系统保压。油路上加液控单向阀，利用锥阀关闭的严密性，可实现系统长时间保压。

② 液压缸的“支承”，如图 6-15 b）所示。液控单向阀接于液压缸下腔油路，防止立式安装的液压缸活塞、滑块等运动部件由于自重和滑阀泄漏而下滑。

③ 液压缸的锁紧，如图 6-15 c）所示。换向阀处于中位，两液控单向阀关闭，活塞不能在外力作用下移动，即实现双向液压锁紧。

④ 液压缸的快放油，如图 6-15 d）所示。锥阀通径可以做得很大，通流能力强，开启迅速，故常用作快速行程液压缸快放油装置。该装置安装于液压缸活塞腔时，可作充液阀

使用；安装于液压缸回程时，上腔亦可通过液控单向阀快速排油。

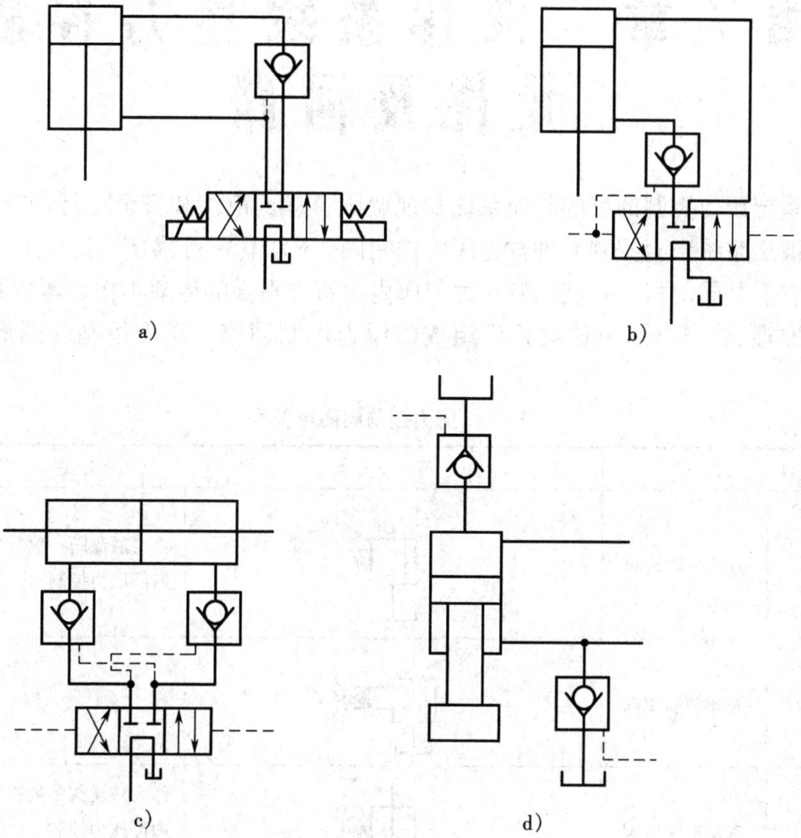

图 6-15　液控单向阀组成的控制回路

第 7 章　液压系统压力控制元件及回路

液压系统压力控制的目的是使系统实现调压、减压、稳压和安全运行，使执行元件顺序动作。液压系统压力控制元件称为压力控制阀，分为溢流阀、顺序阀、减压阀和压力继电器等。它们共同的特点是利用液压力与阀内弹簧力平衡的原理工作。本章介绍这类元件的工作原理、结构以及由这类元件组成的压力控制回路。压力控制阀图形符号见表 7-1。

表 7-1　压力控制阀图形符号

名称		符号	说明
溢流阀	直动型溢流阀	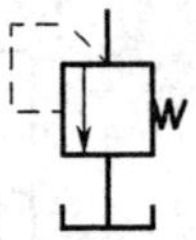	作为溢流阀一般符号 内部压力控制
	先导型溢流阀	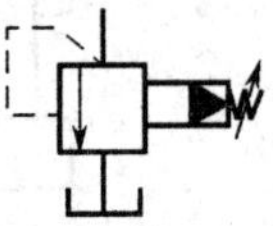	
减压阀	直动型减压阀	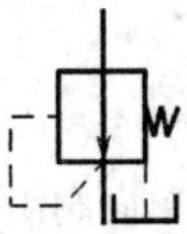	作为减压阀一般符号 内部压力控制 外部泄油
	先导型减压阀	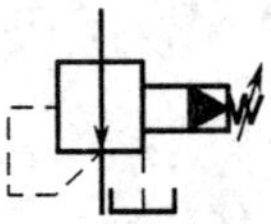	内部压力控制 外部泄油
顺序阀	直动型顺序阀	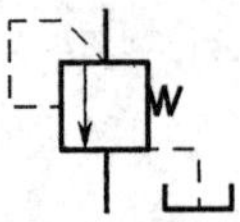	作为顺序阀一般符号 内部压力控制 外部泄油
		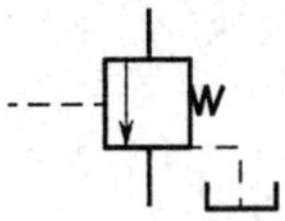	外部压力控制 外部泄油
	先导型顺序阀	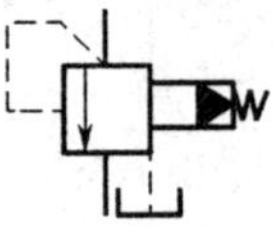	内部压力控制 外部泄油

续表

名　称	符　号	说　明
直动型卸荷阀	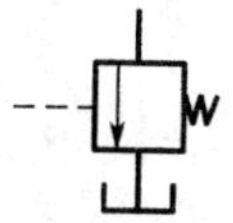	作为卸荷阀一般符号
压力继电器	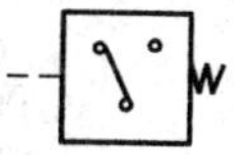	

7.1　溢流阀

溢流阀的主要作用是:当液压系统压力达到或超过溢流阀调定压力时,系统压力液体经该阀溢流,防止系统过载,保障系统安全;或将系统压力稳定在调定值。溢流阀是液压系统必不可少的压力控制元件。溢流阀有直动型和先导型两种。

7.1.1　溢流阀工作原理

溢流阀工作原理如图 7-1 所示。图中 F_S 为调节弹簧力;p 为作用在阀芯下端的液压力;A 为阀芯下端有效作用面积。由图可知:① 当 $p \cdot A < F_S$ 时,在弹簧力 F_S 作用下,阀关闭,溢流阀进、出口 P、T 不通;② 当系统压力升高,使 $p \cdot A > F_S$ 时,阀门打开,过剩油液经 T 口溢流回油箱,限制系统压力继续升高,使系统压力稳定于 $p = \frac{F_S}{A}$值。

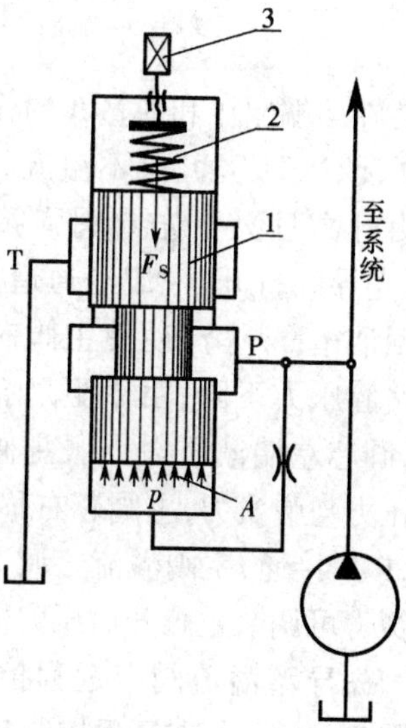

图 7-1　溢流阀工作原理
1—阀芯;2—弹簧;3—调压螺钉

7.1.2　直动型溢流阀

在直动型溢流阀中,系统压力直接作用于阀芯并与弹簧力相平衡。直动型溢流阀阀芯有滑阀式、锥阀式和球阀式。图 7-2 为低压直动型溢流阀结构。P 为压力油入口,T 口接油箱。进口压力油经滑阀式阀芯的径向孔、阻尼孔 a 作用于底部端面,与弹簧力 F_S 平衡。工作过程如前所述。阀芯上的阻尼孔是防止系统压力降低时阀芯振动,提高工作平稳性。

由式 $p = \frac{F_S}{A}$知,p 与 F_S 成正比,与 A 成反比,所以增大弹簧刚度和减小面积 A 都可提高被控压力 p。

在阀芯移动量相同的情况下,增大弹簧刚度,弹簧力变化较大,阀的稳压精度低。因

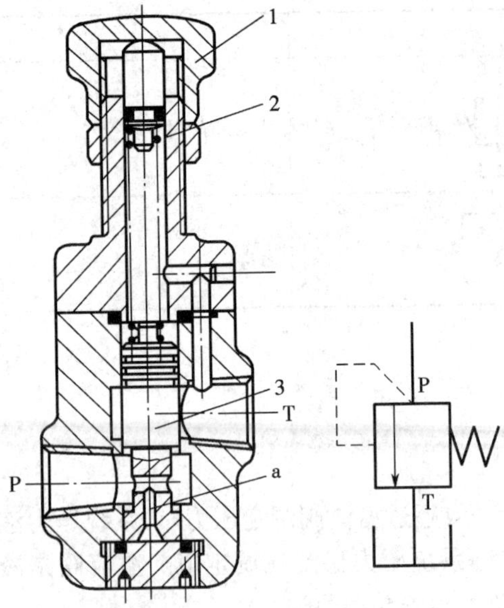

图 7-2　低压直动型溢流阀结构及符号
1—螺帽;2—弹簧;3—阀芯

此,直动型溢流阀的控制压力低,通过的流量也较小。如果控制高压、大流量系统,则需采用先导型溢流阀。

7.1.3　先导型溢流阀

先导型溢流阀是由锥阀式直动型溢流阀(作先导阀)与主阀组成。主阀阀芯为滑阀式或锥阀式。图 7-3 为先导型溢流阀。图中,直动型先导阀 1 与主阀 2 连接,主阀内有阀套 3、锥形阀芯 4、主阀芯复位弹簧5,主阀芯上有阻尼孔 a,P 为压力油入口,T 口接油箱。压力液体由 P 口进入主阀内,作用于主阀芯左端,并经阻尼孔 a,通道 b、c、d 作用于先导锥阀端部。若进油压力较低,作用于先导锥阀上的液压力小于弹簧调定值,先导阀不能打开。此时,主阀芯弹簧腔压力与其左端压力相等,主阀芯在两端差压和弹簧 5 的作用下阀口关闭,P、T 不通,阀不溢流。当进油压力升高且大于先导阀弹簧调定值时,先导阀打开,液流经通道 e、f 和 T 口回油箱;液体流动使主阀芯 4 阀芯弹簧腔压力下降,由于阻尼孔 a 之作用,阀芯左端液压力克服主阀芯右腔液压力与弹簧力,主阀芯右移,阀口打开,P、T 接通,主阀溢流。调节先导阀弹簧力可调节主阀开启压力。

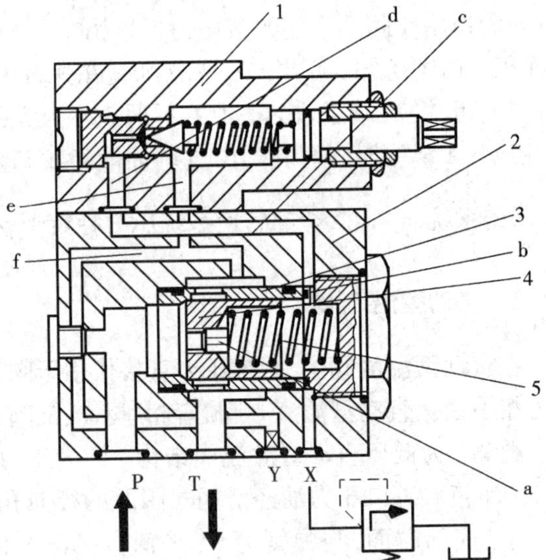

图 7-3　先导型溢流阀结构及符号
X—远程控制口;Y—控制油外泄口;
1—直动型先导阀;2—主阀;3—阀套;4—阀芯;5—弹簧

先导型溢流阀有远程控制口 X,如图 7-3 所示。在远程控制口 X 处接一直动型先导溢流阀,先导型溢流阀压力由直动型溢流阀远程控制。该远程控制阀压力调整范围应小于阀本身先导阀的压力调整值。先导型溢流阀的远程控制口 X 直接与二位二通电磁阀组合,作电磁溢流阀用。

7.1.4 溢流阀特性

1. 启闭特性

溢流阀启闭特性曲线如图 7-4 所示。曲线 1 中 p_K 表示先导型溢流阀的开启压力，曲线 2 中 p'_K 为直动型溢流阀的开启压力。由图可看出 p_K 较 p'_K 更接近调定压力 p_S。因为先导型溢流阀主阀芯复位弹簧刚度小，先导型溢流阀的流量特性好。

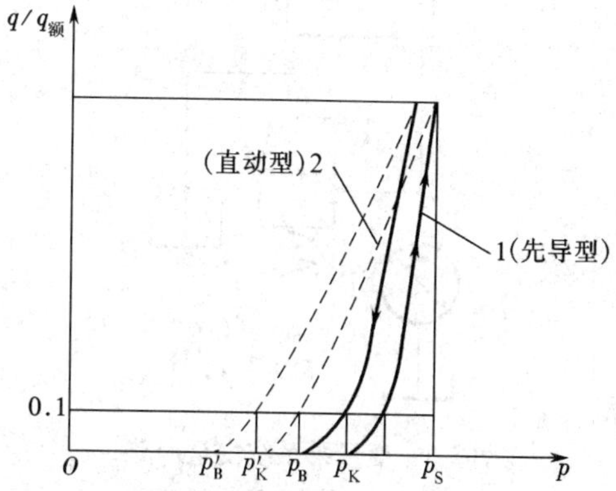

图 7-4 溢流阀的启闭特性曲线
1—先导型溢流阀升压曲线；
2—直动型溢流阀升压曲线

2. 动态性能

通过溢流阀的流量从零到额定流量发生阶跃变化时，它所控制的系统压力迅速上升并超过额定压力调定值，随后逐渐衰减至稳定压力。动态过渡过程如图 7-5 所示。图中 Δp 为超调量，是最高瞬时压力峰值与调定值 p_S 之差。t_1 为响应时间，t_2 为过渡时间。显然 t_1、t_2、Δp 越小，溢流阀的动态性能越好。

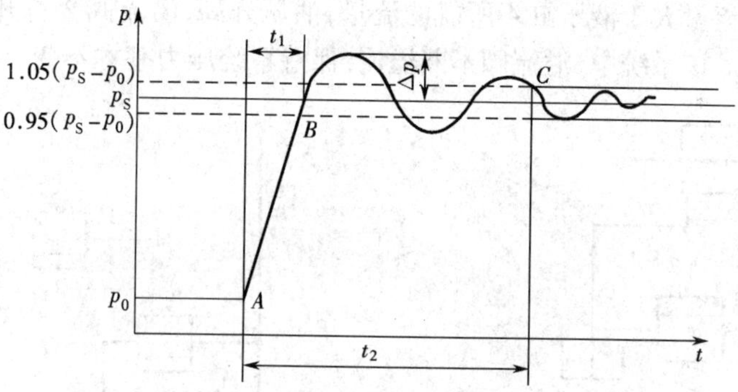

图 7-5 流量阶跃变化时溢流阀的进口压力响应特性曲线

7.1.5 溢流阀组成的压力控制回路

1. 安全回路

1) 变量泵系统安全回路　用于过载保护的溢流阀称为安全阀。图 7-6 所示为变量泵系统安全回路。正常工作时，安全阀 2 关闭，不溢流，只有在系统发生故障而压力升至安全阀调整值时，阀口才打开，使变量泵排出的油液经阀 2 流回油箱，保证液压系统的安全。

2) 大功率系统安全回路　在高压、大流量的重型设备中，工作机构换向或突然停止运动时,由于运动部件的惯性,液压缸内将产生很大的冲击压力。为保护系统的安全,油路上设置反应灵敏的安全阀,如图 7-7 所示。

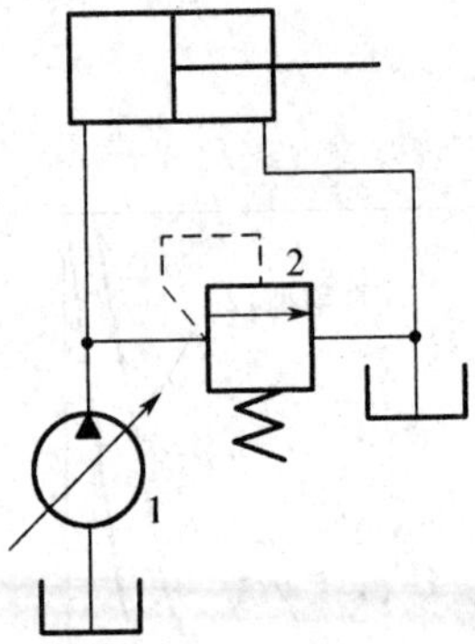

图 7-6 变量泵系统安全回路

1—变量泵;2—安全阀

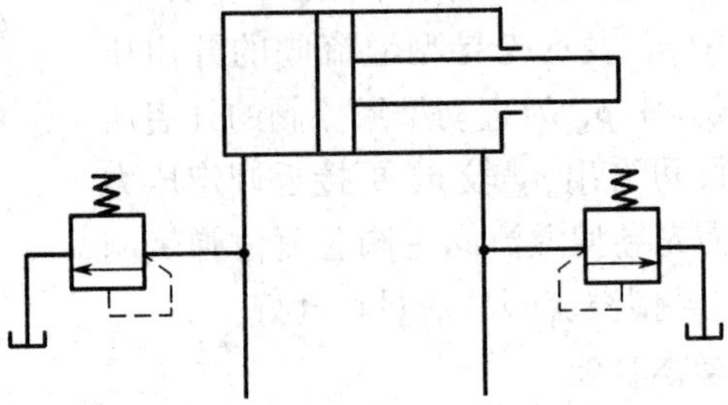

图 7-7 大功率系统安全回路

2. 调压回路

1) 压力调定回路 在液压系统中,维持系统压力恒定是溢流阀的主要用途。在节流调速系统中,溢流阀和流量控制阀配合使用,以调节进入系统的流量,并保持系统压力基本恒定。如图 7-8 所示,溢流阀 2 并联于系统中,进入液压缸 4 的流量由节流阀 3 调节。由于液压泵 1 的流量大于液压缸 4 所需的流量,油压升高,溢流阀 2 打开,过剩油液经溢流阀 2 流回油箱。该系统中,溢流阀不断溢流,保持系统压力基本不变。

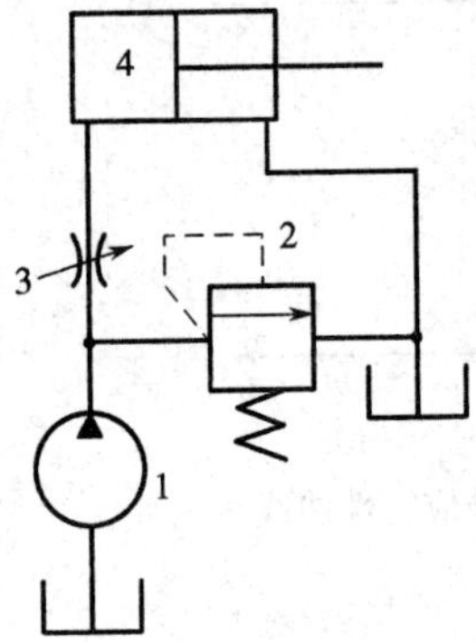

图 7-8 压力调定回路

1—液压泵;2—溢流阀;

3—节流阀;4—液压缸

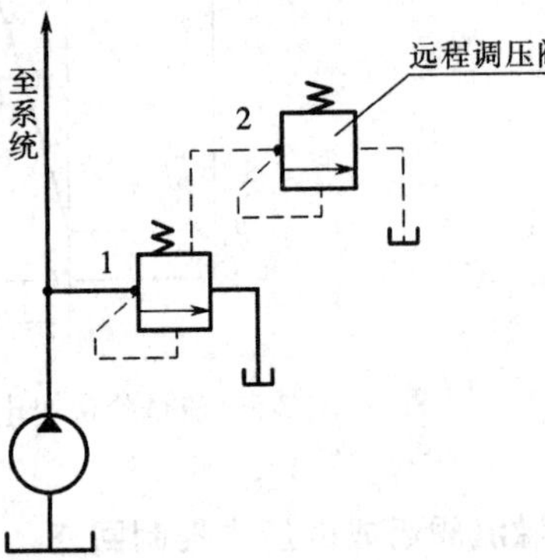

图 7-9 远程调压回路

1—先导型溢流阀;2—直动型溢流阀

2) 远程调压回路 在先导型溢流阀的遥控口(图 7-3 中 X 口)接一直动型溢流阀 2,即构成远程调压回路,如图 7-9 所示。溢流阀 2 可实现系统远程调压。先导型溢流阀 1 调至系统最高压力,作安全阀用。

3) 多级调压回路 在液压机、塑料注射机工作过程中,执行机构往往需要不同的压力，因此液压系统应能实现多级压力调节。

图 7-10 a）所示为液压机调压回路实例。活塞下降为工作行程，这时要求系统压力高；活塞上升为非工作行程，油压用于克服活塞和运动部件的重量，要求系统油压低。因此，系统用两个溢流阀分别控制两种压力。活塞在工作行程中，压力由高压溢流阀 4 调节；活塞在上升行程中，压力由低压溢流阀 3 调节。这样可以减少功率消耗。溢流阀 3 和 4 都必须按液压泵最大供油量选择。

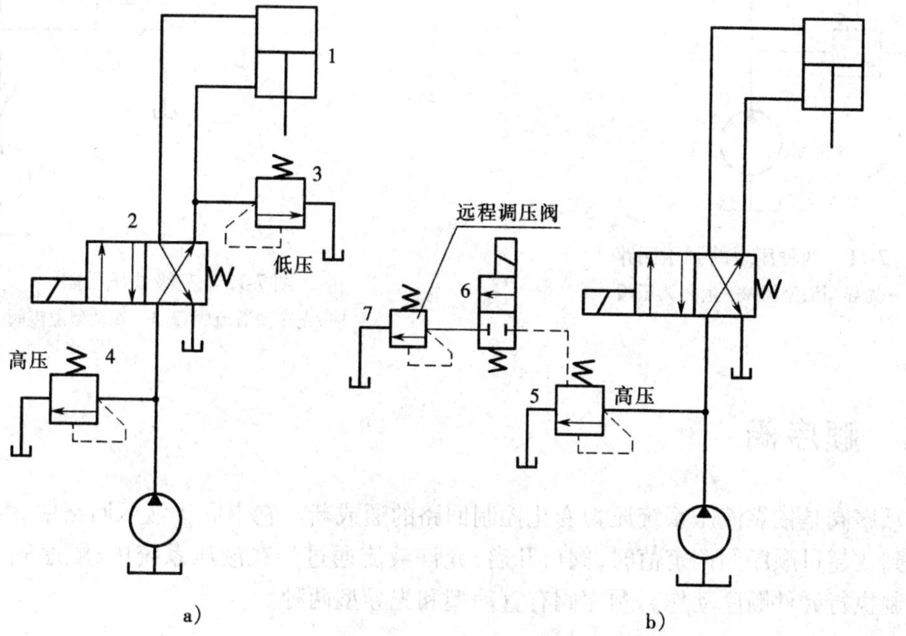

图 7-10　液压机调压回路

1—液压缸；2—换向阀；3、4—溢流阀；5—高压溢流阀；6—电磁阀；7—远程调压阀

图 7-10 b）所示回路的作用与上述相同。活塞下降行程的压力由高压溢流阀 5 调节。活塞上升时，二位二通电磁阀 6 通电，系统压力由远程调压阀 7 调节。高压溢流阀按液压泵最大供油量选择；二通电磁阀和远程调压阀用小规格阀。

图 7-11 所示为两种压力的调压回路。活塞向右工作行程的最大压力由先导型溢流阀 1 调节；活塞向左空行程压力由远程调压阀 2 调节。

图 7-12 为三级调压回路。先导型溢流阀 1 远程控制口接三位四通电磁滑阀，其两个油口 A、B 分别接直动型远程调压阀。在图示状态，系统压力由阀 1 调节；1YA 通电，阀 2 调节；2YA 通电，阀 3 调节。这种系统中，阀 2、3 及三位四通电磁阀都可选小通径元件。

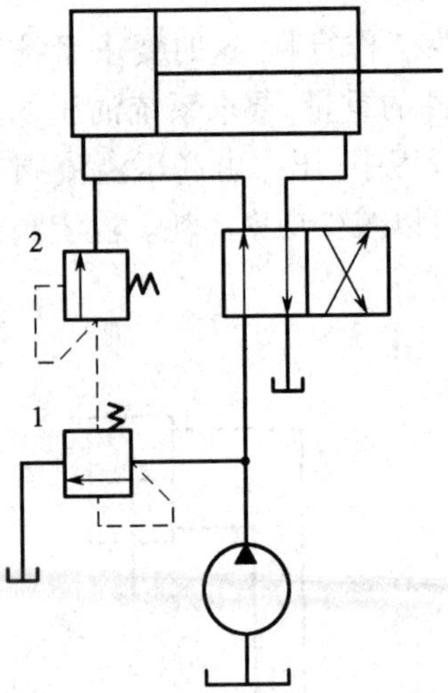

图 7-11　两种压力的调压回路

1—先导型溢流阀;2—远程调压阀

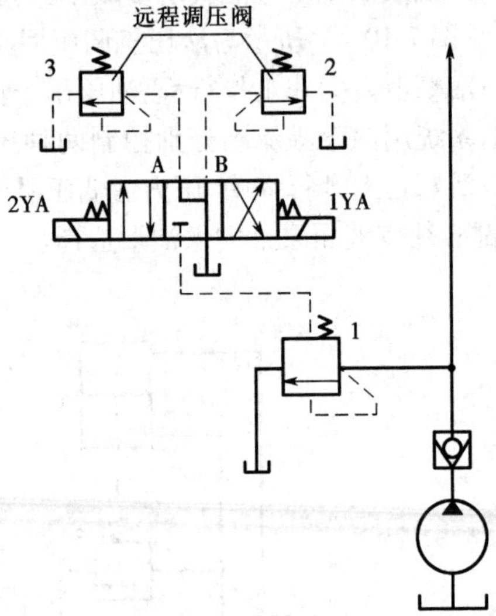

图 7-12　三级调压回路

1—先导型溢流阀;2、3—直动型溢流阀

7.2　顺序阀

顺序阀是依靠液压系统压力变化控制回路的通或断。它串联于液压回路中。系统压力达到或超过顺序阀调定值时,阀口开启,允许液流通过。在液压系统中,顺序阀主要用于控制执行元件顺序动作。顺序阀有直动型和先导型两种。

7.2.1　顺序阀结构及工作原理

直动型高压顺序阀结构如图 7-13 所示。它由上盖 1、阀体 2、下盖 6、滑阀式主阀芯 4、控制活塞 5、调压弹簧 3 组成。A 为进油口,B 为出油口,L 为泄油口。压力油由 A 输入阀腔,经阀内通路 a、b 作用于控制活塞 5,活塞 5 推动主阀芯 4;当进口压力值小于弹簧 3 的调整值时,阀芯 4 处于图示下位,A、B 不通;当液压力大于弹簧调整值时,阀芯上移,A、B 口相通,B 口输出。为使主阀调压弹簧 3 的刚度小一些,且便于调节,故选用小控制活塞 5。

主阀依靠进口压力控制,称为内控。主阀采用滑阀结构,会产生泄漏,所以主阀芯有中心通孔。上盖设泄油口 L,保证泄漏的油及时排出,以免影响弹簧 3 正常工作。这种泄漏方式称为外泄漏。

若将图 7-13 所示的下盖 6 相对阀体 2 转 90° 安装,并在下盖螺孔 7 接外控压力油,这种控制方式为外控式。上盖作相应改装,可成为外控、内泄式的卸荷阀。

先导型顺序阀如图 7-14 所示,结构与先导型溢流阀相似,只是先导阀开启后,液流经通孔 a 由 Y 口泄漏;X 口输入控制油成为外控式顺序阀;Y 口与 B 口连通作卸荷阀用。

顺序阀与单向阀并联组成单向顺序阀。

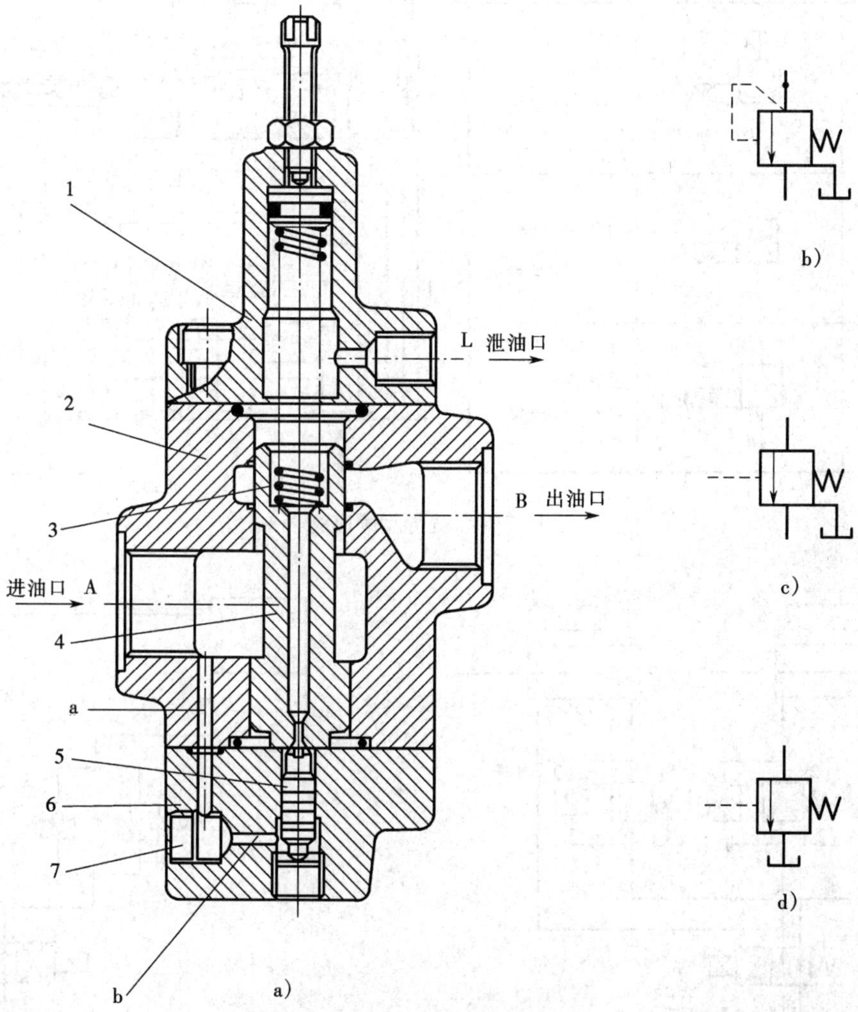

图 7-13 直动型高压顺序阀结构及符号

1—上盖;2—阀体;3—弹簧;4—阀芯;5—活塞;6—下盖;7—螺孔

7.2.2 顺序阀组成的压力控制回路

1. 压力控制的顺序动作回路

图 7-15 为单向顺序阀控制的顺序动作回路。换向阀 1 处于图示位置,液压泵输出油液进入液压缸 6 之左腔,按顺序①向右运动。工件夹紧,压力升高,打开阀 4,使液压缸 7 按顺序②右移。回程时,YA 通电,液压缸 7 按顺序③返回,至终点,压力升高,阀 2 打开,液压缸 6 按顺序④返回。

2. 平衡回路

平衡回路如图 7-16 所示。对于垂直安装之液压缸,为防止活塞及活动横梁等因自重下滑,下腔油路设置单向顺序阀,使液压缸油腔下腔产生背压。该压力可平衡运动部件的

螺塞置1	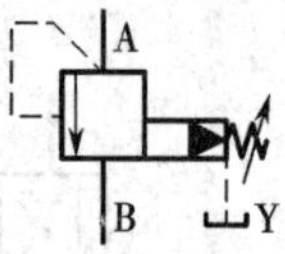	顺序阀 内控、外泄漏
X口进控制油	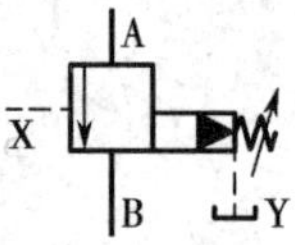	外控顺序阀 外控、外泄漏
X口进控制油 Y、B连通	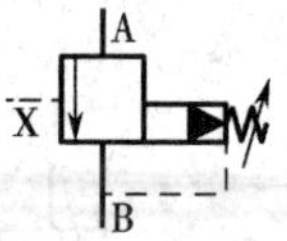	卸荷阀 外控、内泄漏

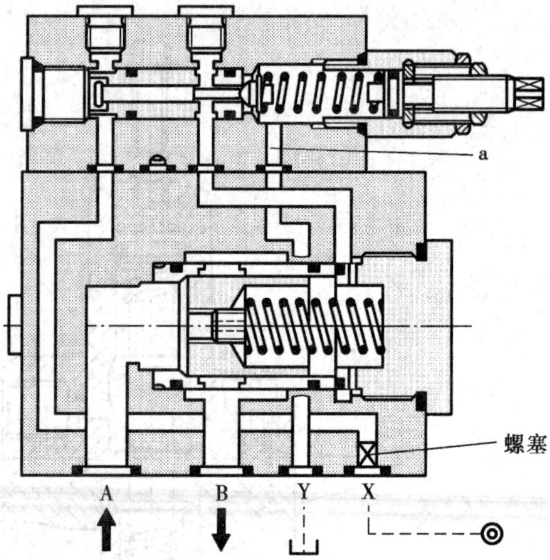

图 7-14　先导型顺序阀

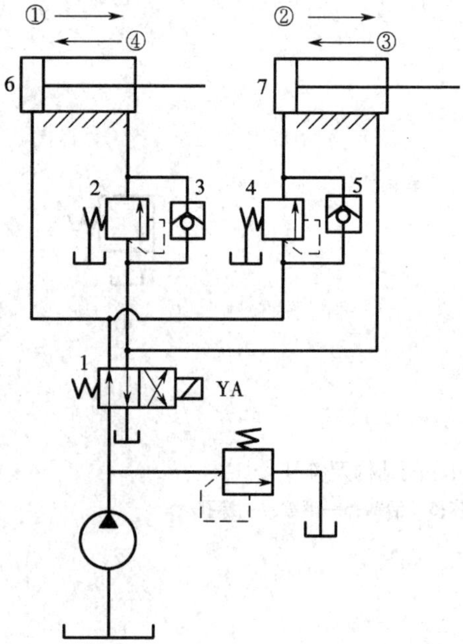

图 7-15　顺序动作回路

1—二位四通电磁阀；2、4—顺序阀；

3、5—单向阀；6、7—液压缸

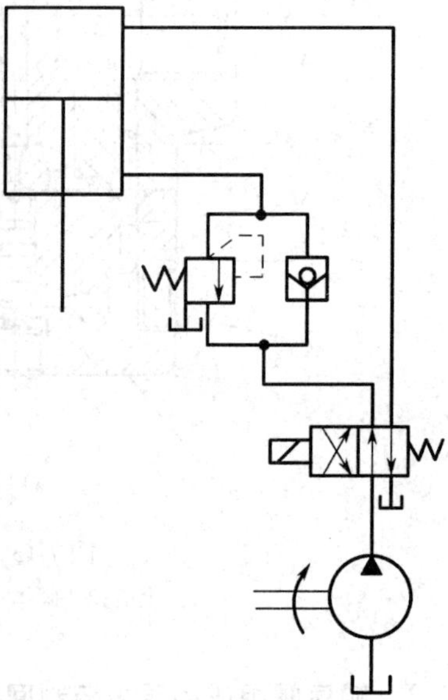

图 7-16　平衡回路

重量而不致短时下滑；在下行时，也能保证运动平稳。

3. 卸荷回路

图 7-17 所示为顺序阀作卸荷阀使用的泵卸荷回路。顺序阀 1 采用外控内泄漏式结构。系统中 a 点压力低于阀 1 调定压力时，低压泵 LP 油液打开，单向阀 2 与高压泵 HP

输出的油液汇合供给系统。系统压力升高超过阀 1 调定压力时，阀 1 打开，LP 卸荷，仅 HP 泵向系统供油。单向阀 2 防止高压油向卸荷的 LP 泵反向流动。

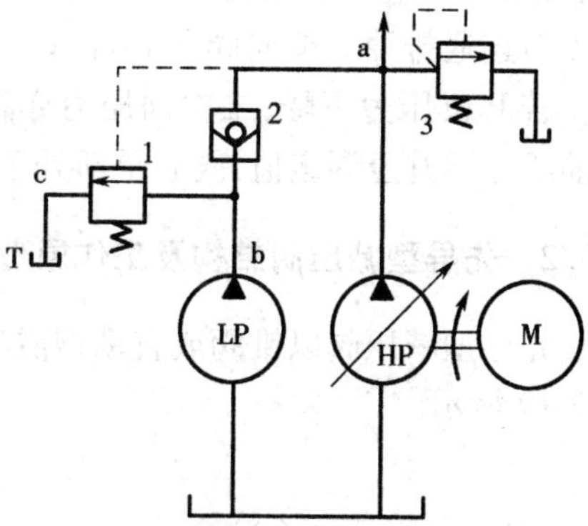

图 7-17　泵卸荷回路

1—卸荷阀；2—单向阀；3—溢流阀

7.3　减压阀

减压阀是将出口压力调节到低于进口压力的控制元件。它使液压系统某一支路得到较供油压力低的稳定压力。减压阀可分为定值减压阀和定差减压阀。定值减压阀应用较广。减压阀是依靠阀口产生局部压力损失的方法获得低于进口压力的二次输出压力。减压阀也分为直动型和先导型两种。

7.3.1　直动型定值减压阀工作原理及结构

直动型三通定值减压阀结构如图 7-18 所示，主要由阀体、阀芯、调压弹簧、调压手柄、单向阀等组成。P 为一次高压油输入口，A 为二次压力油出口，T 为泄漏油口。二次输出油压力由调压手柄与调压弹簧设定，一次高压油由输入口 P 经节流口减压后，二次压力油由 A 口输出，且经反馈油路 6 作用于阀芯右端；二次油压力与调压弹簧力平衡时，节流口固定，二次油压力保持恒定。若外负载使二次油压力升高，阀芯 2 向左移动，控制台肩

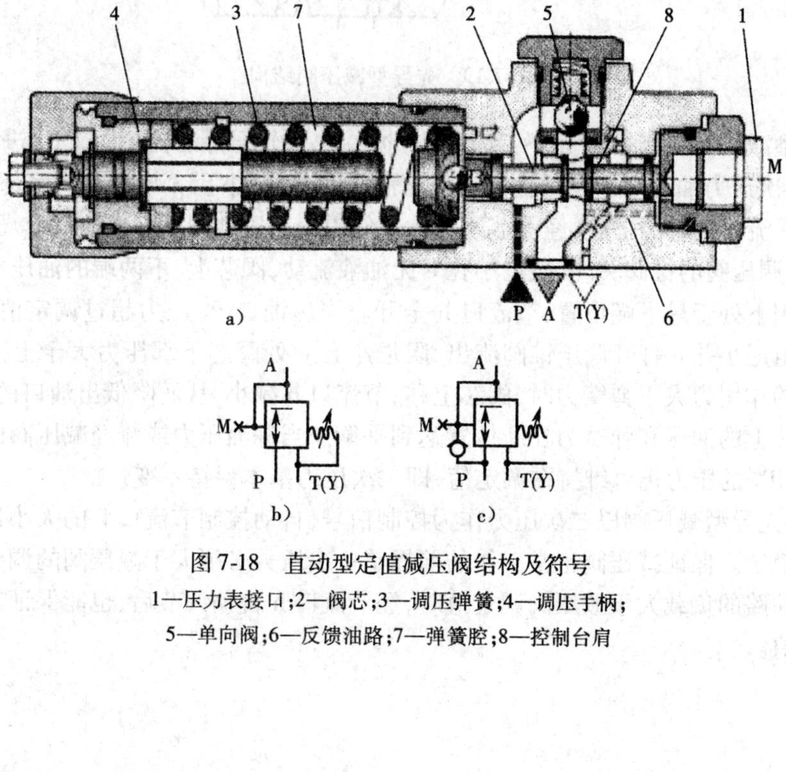

图 7-18　直动型定值减压阀结构及符号

1—压力表接口；2—阀芯；3—调压弹簧；4—调压手柄；5—单向阀；6—反馈油路；7—弹簧腔；8—控制台肩

8 开启,A—T 连通卸压,以防 A 口压力继续升高,并使二次油压力保持恒定。调压弹簧腔与 T 口连通排油。单向阀 5 允许 A 口油液向 P 口反流动。图形符号如图 7-18b)、c)所示。若 P 口压力下降,二次油压力亦瞬间下降,调压弹簧推动阀芯右移,节流口增大,二次油压力即升至调定值,阀芯重新处于新的平衡位置,二次油压力保持恒定。

7.3.2 先导型减压阀结构及工作原理

先导型减压阀以锥阀或直动型溢流阀为先导阀调压,以滑阀或主阀减压。其结构如图 7-19 所示。

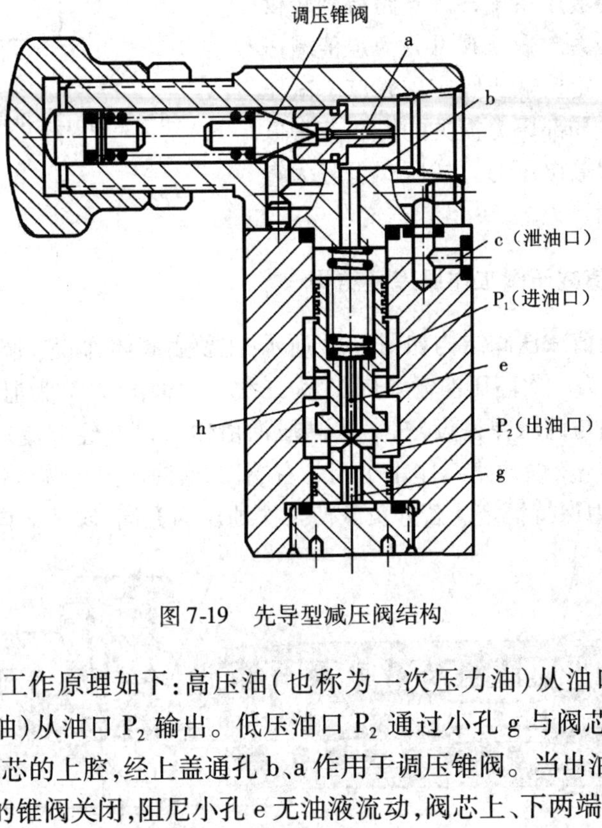

图 7-19 先导型减压阀结构

先导型减压阀工作原理如下:高压油(也称为一次压力油)从油口 P_1 进入,低压油(也称为二次压力油)从油口 P_2 输出。低压油口 P_2 通过小孔 g 与阀芯的底部接通,并经阻尼小孔 e 流入阀芯的上腔,经上盖通孔 b、a 作用于调压锥阀。当出油口 P_2 压力小于调整压力时,调压阀的锥阀关闭,阻尼小孔 e 无油液流动,阀芯上、下两端的油压相等。阀芯在弹簧作用下处于最下端位置,节流口 h 全开。当出油口 P_2 压力超过调定值时,二次压力油经过阻尼小孔 e 打开调压锥阀流出,阻尼小孔 e 处阀芯下部压力大于上部压力。压力差产生的作用力大于弹簧力时,阀芯上移,节流口 h 减小,从而降低出油口的压力,并使作用在阀芯上的油压和弹簧力在新位置达到平衡。当进油压力或流经减压阀的流量变化时,出油口 P_2 的压力仍可维持在调定值,即二次压力基本保持不变。

所以,先导型减压阀以二次压力作为控制信号,自动控制节流口 h 的大小以保持出口压力基本稳定。保证减压阀正常工作的前提是一次压力必须大于减压阀的调整压力。当二次压力油路的负载大于减压阀调定值时,经节流口 h 自动调节后,也能保证二次压力保持在调定值。

减压阀和单向阀并联组合成单向减压阀。

7.3.3 减压回路

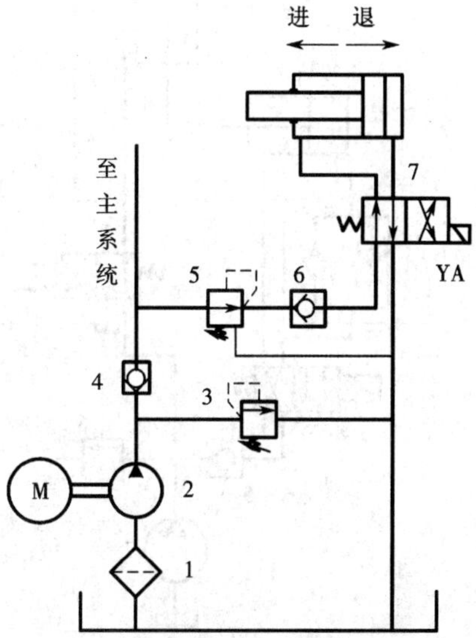

图 7-20 一次减压回路

1—过滤器;2—液压泵;3—溢流阀;4—单向阀;5—减压阀;6—单向阀;7—二位四通电磁阀

减压回路是用来获得比系统工作压力低而稳定油压的回路。在夹紧系统、控制系统和润滑系统中应用较多。

1. 一次减压回路

图 7-20 为一次减压回路。液压泵 2 工作压力由溢流阀 3 根据主系统负载调节。液压缸油路所需压力较液压泵供油压力低,在该支路上设置减压阀 5。当溢流阀 3 调节压力一定时,减压阀 5 出口压力可在0.5 MPa 以上,且在低于溢流阀 3 调节压力的 0.5 MPa 以下调节。如溢流阀调节压力为 3 MPa,则减压阀出口压力可在 0.5 ~2.5 MPa 内调节。若溢流阀3 调节压力低于减压阀 5 调节压力,减压阀不起作用。为防止主系统工作压力低于减压阀调整压力时发生事故,在减压阀入口增设单向阀 6。

2. 远程减压回路

图 7-21 为远程减压回路。减压阀 2 遥控口接远程直动型溢流阀 4,以获得所需的低压。

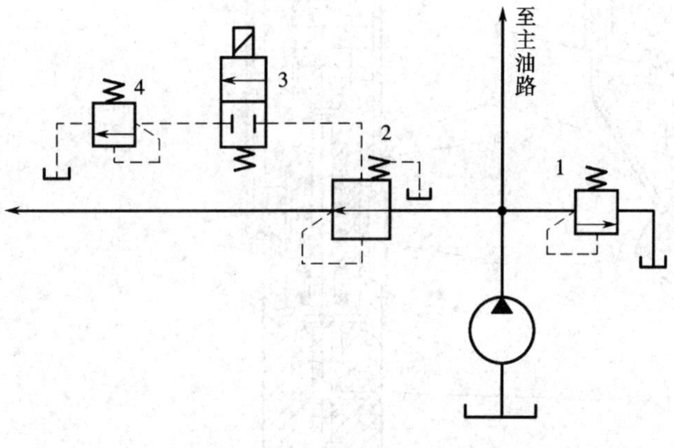

图 7-21 远程减压回路

1—安全阀;2—先导型减压阀;3—二位二通电磁阀;4—直动型溢流阀

3. 单向减压阀回路

单向减压阀回路如图 7-22 所示。

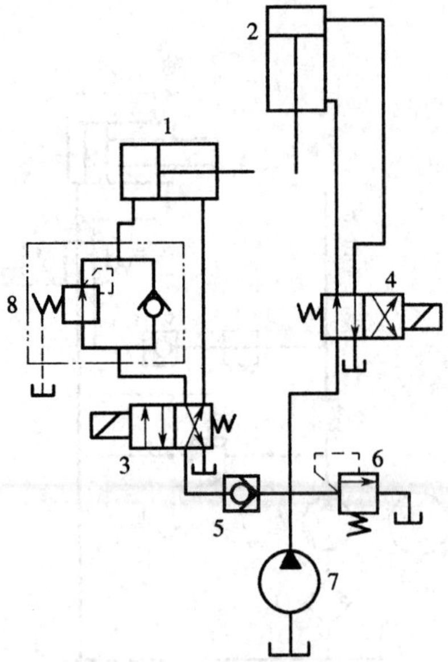

图 7-22　单向减压阀回路

1、2—液压缸；3、4—二位四通电磁阀

5—单向阀；6—溢流阀；7—液压泵；8—单向减压阀

7.4　压力继电器

7.4.1　压力继电器结构及工作原理

压力继电器是将液压系统的压力信号转换为电信号的控制元件。它由液压部分和电器元件两部分组成。系统压力达到压力继电器调定值时，即发出电信号，控制电动执行元件动作，以完成各项预定任务。按压力—位移转换部件的结构分类，压力继电器有柱塞式、膜片式、弹簧管式和波纹管式。柱塞式压力继电器为常用控制元件。图 7-23 为柱塞式压力继电器，包括阀体 1、微动开关 2、调整螺套 3、推杆 4、柱塞 5、调节弹簧 6 等。系统压力油自 P 口进入，并作用于柱塞 5。柱塞 5 顶压推杆 4，并克服弹簧 6 的作用力，压下微动开关 2 的触头，发出电信号。转动调整螺套 3，设定继电器动作压力。为防止压力太高时，推

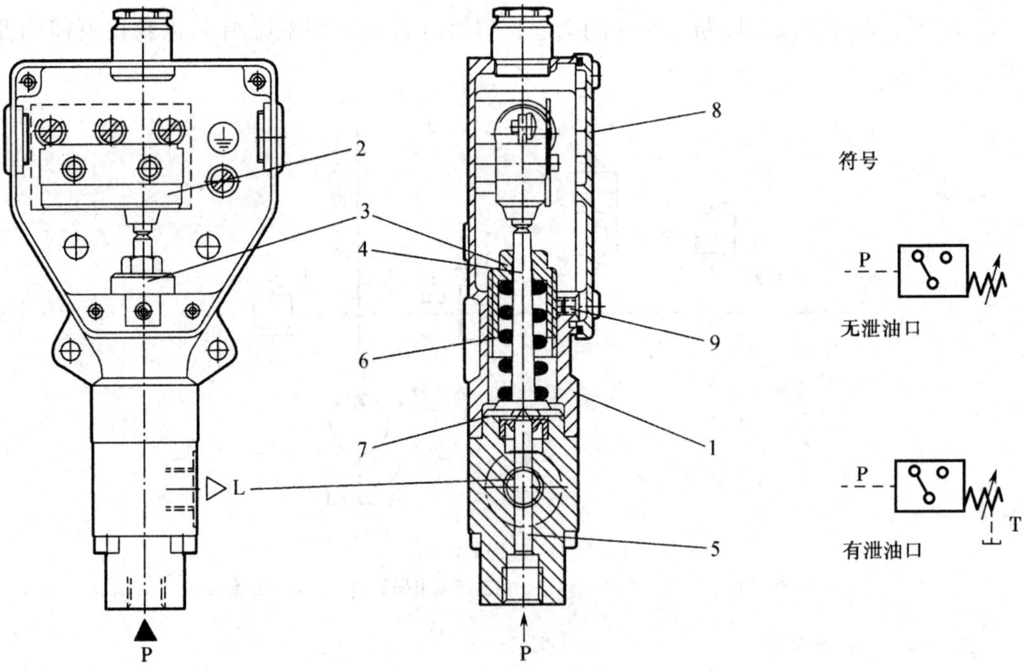

图 7-23　压力继电器结构及图形符号

1—阀体；2—微动开关；3—调整螺套；4—推杆；5—柱塞；6—调节弹簧；7—挡块；8—外套；9—锁紧螺钉

杆将微动开关损坏，在柱塞与推杆间设挡块 7，并由阀体 1 限位。L 为泄漏油口，9 为锁紧螺钉。

柱塞式压力继电器采用弹簧作为弹性元件，工作可靠，寿命长。

7.4.2 压力继电器控制回路

1）系统用高压、低压控制　系统用两个压力继电器（图 7-24）分别控制蓄能器系统的最高压力和最低压力。蓄能器充液时 YA 通电，压力达到 p_{max} 时，YA 断电，泵卸荷；蓄能器压力降至 p_{min} 时，YA 再行通电，液压泵重新向蓄能器充液。

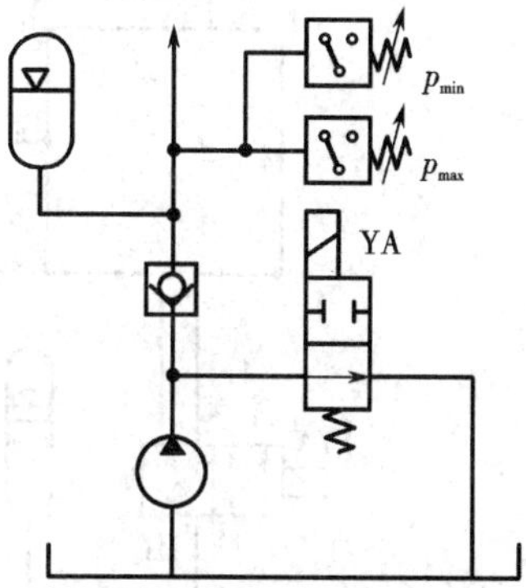

图 7-24　压力继电器应用

2）电液动换向阀先导控制油压系统　电液动换向阀先导控制油可用系统主泵供油，电液动换向阀主阀机能为 O 型。若控制油压与主系统压力相等，对先导阀不利；采用图 7-25 系统时，用减压阀获得先导控制油压。电液动换向阀主阀机能为 M 型，中位泵卸荷，主阀不能换向。加该顺序阀作为背压阀，可以保证减压阀正常工作。为使系统安全可靠，加入压力继电器，即系统压力达到压力继电器调定值时，压力继电器发出信号，使电控系统得电，才能工作。该系统如图 7-25 所示。

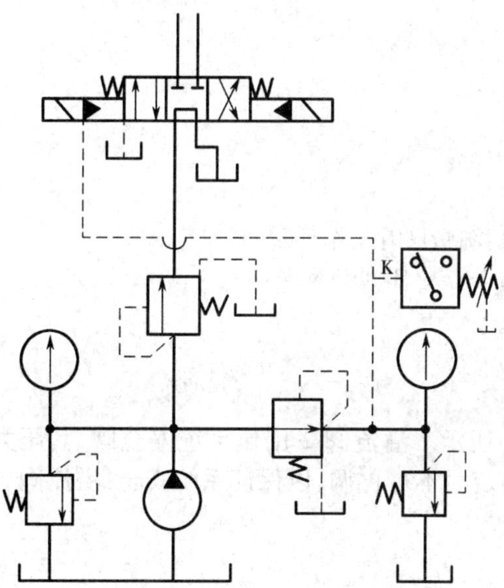

图 7-25　电液动换向阀控制油路

3）压力继电器控制的顺序动作回路　图 7-26 所示为夹紧液压缸、动力头进给液压缸顺序动作回路。液压缸动作顺序由压力继电器控制。液压泵启动后，1YA 断电，阀 1 使夹紧缸夹紧后，其有杆腔压力升高，压力超过压力继电器 1YJ 预调值，1YJ 动作发出信号，电磁阀 2 的 2YA 通电，动力头进给液压缸动作，实现快进→工进→快退的进给运动。动力头退回原位后，1YA 通电，夹紧缸松开，一次工作循环结束。

7.5 压力控制回路

压力控制回路是用压力控制阀及其组合控制液压系统或某一分支系统的压力以满足液压执行元件输出参数之需要。压力控制回路包括安全、调压、卸荷、保压、平衡、减压、增压等回路。

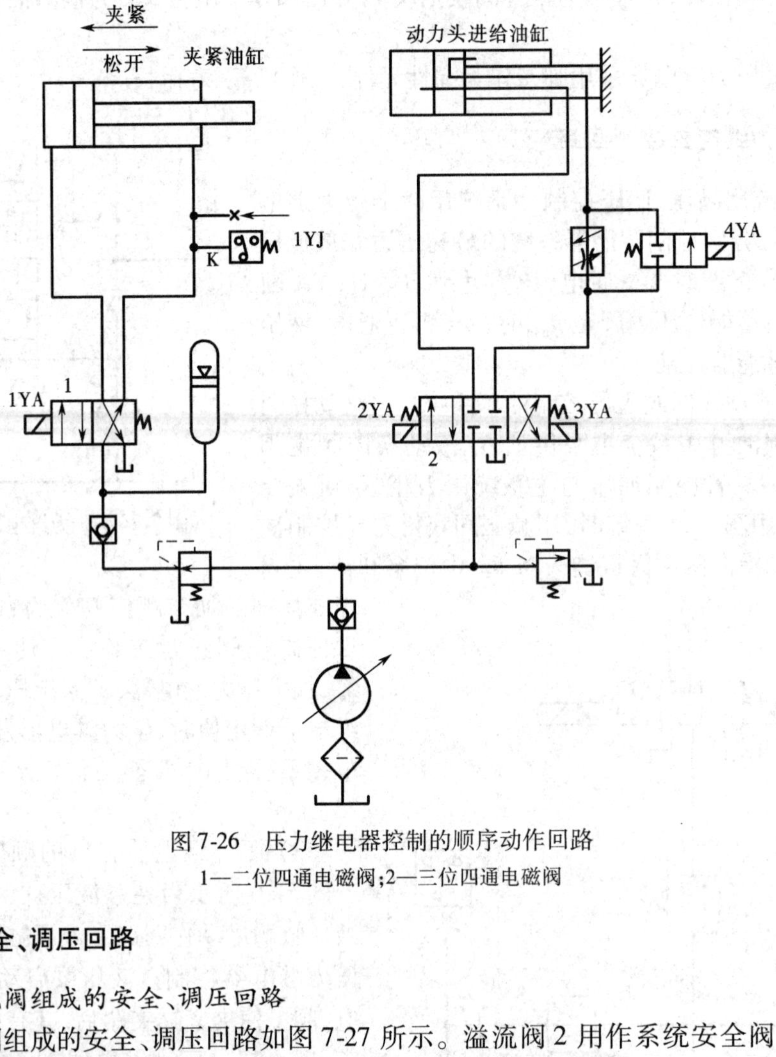

图 7-26　压力继电器控制的顺序动作回路

1—二位四通电磁阀;2—三位四通电磁阀

7.5.1　安全、调压回路

1. 溢流阀组成的安全、调压回路

溢流阀组成的安全、调压回路如图 7-27 所示。溢流阀 2 用作系统安全阀,其压力调整至系统最高工作压力的 115% ~120%,调定后不得再调,以保证系统安全;溢流阀 3 用作调压阀,根据工作需要可随时调整压力。

2. 远程调压阀组成的安全、调压回路

远程调压阀安全、调压回路如图 7-28 所示。先导型溢流阀 2 用作安全阀,控制系统最高压力。其远程控制口接直动型溢流阀 3,实时远程调压。

3. 多级调压

多级调压如图 7-12 所示。先导型溢流阀 1 之远程控制口接三位四通电磁阀,直动型溢流阀 2、3 分别与三位四通电磁滑阀的 B、A 两口连接。阀 1 控制系统最高压力。1YA 通电,系统压力由 2 调整;2YA 通电,系统压力由 3 调整。

7.5.2　卸荷回路

液压系统暂时停歇及液压泵启动时,液压泵必须在无载情况下运转,故需要卸荷回

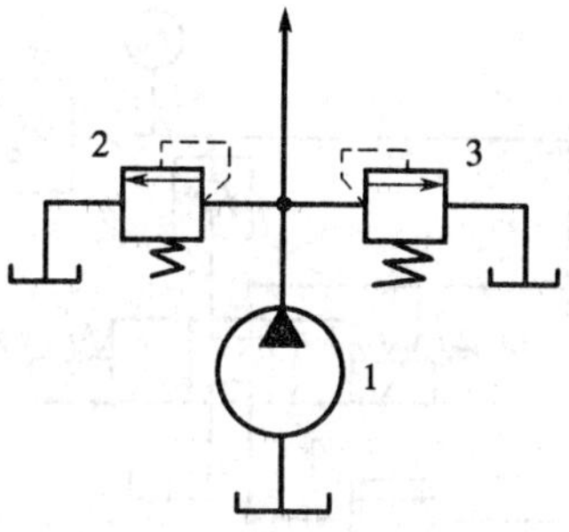

图 7-27　安全、调压回路 1

1—液压泵;2—安全阀;3—调压阀

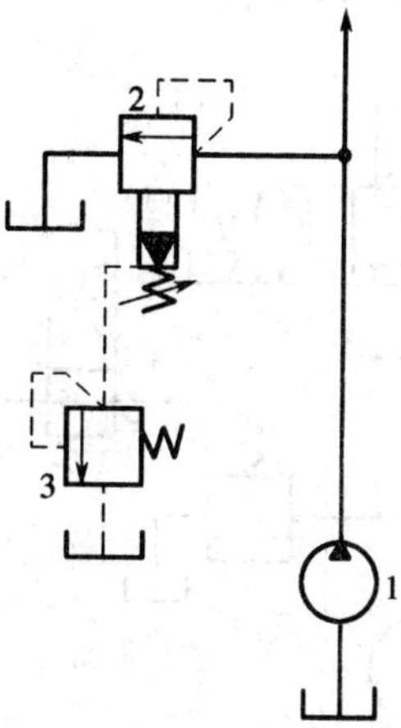

图 7-28　安全、调压回路 2

1—液压泵;2—先导型溢流阀;
3—直动型溢流阀

路。卸荷回路有以下几种。

① 用方向控制阀组成卸荷回路。用二位三通、二位二通电磁滑阀组成的卸荷回路如图 6-10、图 7-24 所示。

② 由中位机能为 M、H、K 的三位四通换向阀组成的回路见表 6-2 及图 6-12。

③ 先导型溢流阀卸荷回路如图 7-29 所示。先导型溢流阀 2 的远程控制口接常开型二位二通电磁阀 4。在图示状态,液压泵 1 在压力极低的情况下卸荷或启动。当系统中三位四通电磁阀 3 换向时,1YA 与 2YA(或 3YA)通电,且 1YA 应比 2YA(或 3YA)延时动作为宜。2YA(或 3YA)断电时,1YA 应较二者先断电,以防发生液压冲击;也可用电磁溢流阀代替图中的阀 2、4,达到同等控制效果。

④ 泵卸荷回路如图 7-17 所示。

在①、②两种卸荷回路中,所选换向阀的流量必须与液压泵流量一致。

7.5.3　保压回路

液压系统执行机构工作行程终端仍需保持工作压力的操作称为保压。采用保压回路可以实现保压。保压回路有以下几种。

1. 液控单向阀保压回路

液控单向阀保压回路如图 6-15 a)所示。液控单向阀密封性好,短时间内可用作保压元件,但阀类元件不可避免产生泄漏,故保压时间不宜太长。需要长时间保压的系统可采用开泵保压。

2. 开泵保压回路

保压过程中,液压泵以保压压力向系统供液。采用定量泵保压,液压泵输出的大部分油液经溢流阀回到油箱,功率损失大,系统发热,因此只能用于小功率场合。采用变量泵保压,可降低能耗,提高效率。压力继电器或电接点压力表控制液压泵间歇启停自动补油的保压回路如图 7-30 所示。

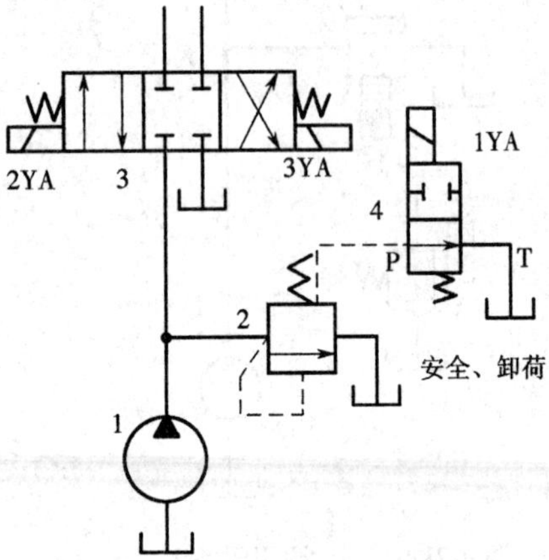

图 7-29　先导型溢流阀卸荷回路

1—液压泵；2—先导型溢流阀；

3—三位四通电磁阀；4—二位二通电磁阀

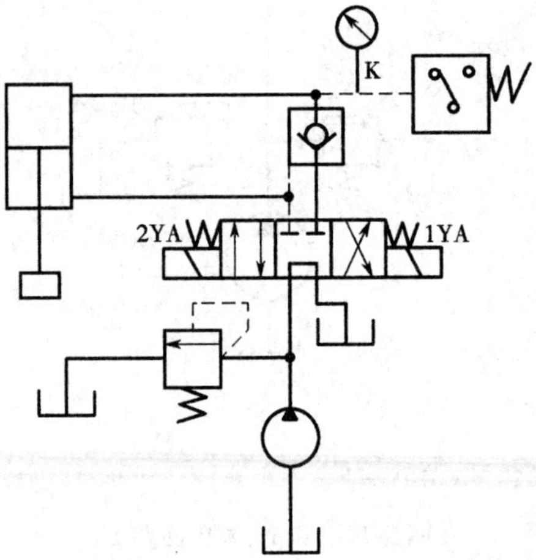

图 7-30　间歇自动补油保压回路

3. 蓄能器保压回路

蓄能器保压回路如图 7-31 a) 所示。主换向阀在左位工作时，液压缸向右运动且压紧工件，进油路压力升高至调定值，压力继电器发出信号使二通阀 3YA 通电，泵即卸荷，单向阀自动关闭，液压缸由蓄能器保压。缸内压力下降时，压力继电器复位使泵重新工作。保压时间取决于蓄能器容量。调节压力继电器的工作区间，即可调节缸内压力的最

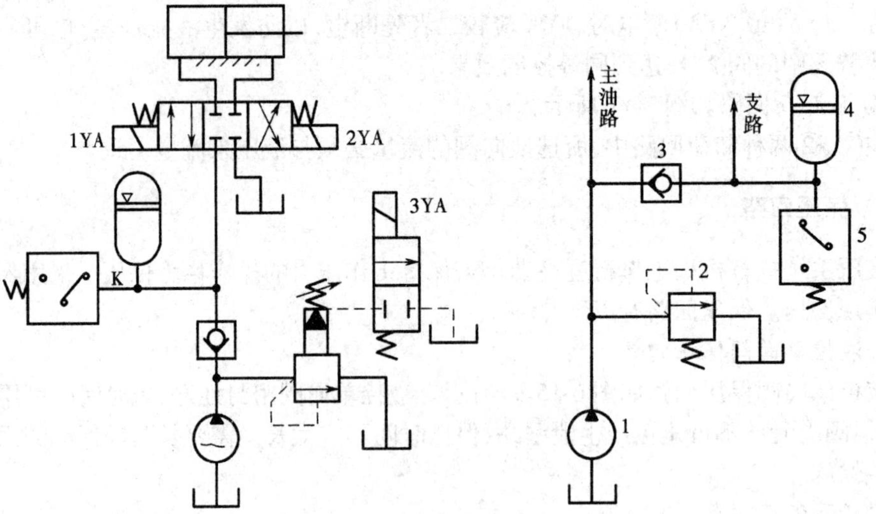

a)　　　　　　b)

图 7-31　蓄能器保压回路

1—液压泵；2—溢流阀；3—单向阀；4—蓄能器；5—压力继电器

大值和最小值。图 7-31 b) 所示为多缸系统中一缸保压回路。当主油路压力降低,单向阀 3 关闭时,支路由蓄能器保压并补偿泄漏。当支路中压力达到预定值时压力继电器发出信号,主油路开始工作。

7.5.4 平衡及支承回路

1. 平衡回路

在液压机、插床、搅拌机等采用立式液压缸的装备中,滑块、滑轨、搅拌桨等运动部件因自重下行速度很快,且液压泵供液量不能满足下行速度需求,因而运动不平稳。为此,采用单向顺序阀组成平衡回路,如图 7-32 所示。图 7-32 a) 中 1YA 得电,活塞下行,回油路存在背压。只要该背压能支承活塞和与之相连的工作部件自重,活塞就平稳下行。换向阀在中位将活塞锁住,活塞及与之相连的工作部件因单向顺序阀和换向阀泄漏而缓慢下滑。因此,该回路用于工作部件质量不大、活塞锁住定位要求不高的场合。图 7-32 b) 为液控顺序阀的平衡回路。活塞下行,控制油打开液控顺序阀,背压消失,因而回路效率较高;停止工作时,液控顺序阀关闭,防止活塞和工作部件因自重而下降。平衡回路的优点是只有上腔进油时活塞才下行,安全可靠;缺点是活塞下行时平稳性较差。这是因为活塞下行时,液压缸上腔油压降低,液控顺序阀关闭。顺序阀关闭,活塞停止下行,液压缸上腔油压升高,又打开液控顺序阀。因此液控顺序阀始终工作于启闭的过渡状态,影响工作的平稳性。要保证工作的平稳性,外控单向顺序阀的控制油压必须稳定。因此,需在液压缸上腔油路 A 处增加一单向顺序阀。

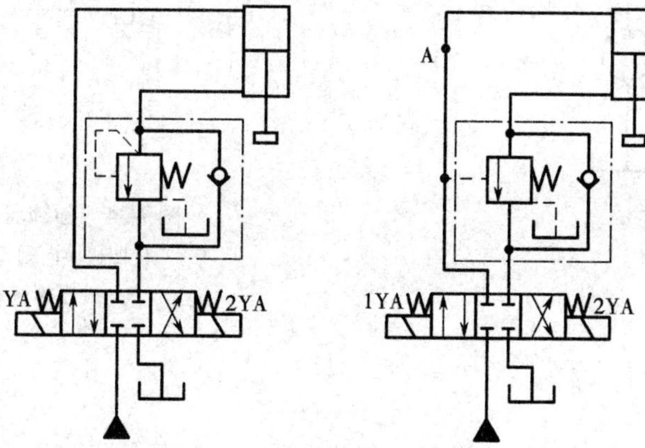

a)　　b)

图 7-32　顺序阀平衡回路

2. 支承回路

立式液压缸长时间停歇,下腔油液经滑阀式换向阀间隙泄漏,活动部件将因自重缓慢下滑。为防止这种情况发生,在液压缸下腔的油路中可增设液控单向阀,如图 7-33 所示。

7.5.5 预卸压快放油回路

预卸压的目的是防止主液压缸在压制工艺结束回程时,缸内压力油经打开的换向阀骤然排出而造成液压冲击。预卸压快放油回路如图 7-34 所示。液压缸工作行程结束,换向阀 1 切换到回程位置,液压缸上腔通过节流阀 2 及换向阀与油箱接通而卸压,卸压速度由节流阀 2 控制。卸压过程中,上腔油压作用在顺序阀 3,使其打开,为液压泵卸荷,液压缸活塞不能回程。只有在上腔压力卸至低于顺序阀调定值时,顺序阀关闭,液压泵不再卸荷,液压缸下腔进油升压,打开充液阀 4,液压缸上腔快放油,活塞快速回程。

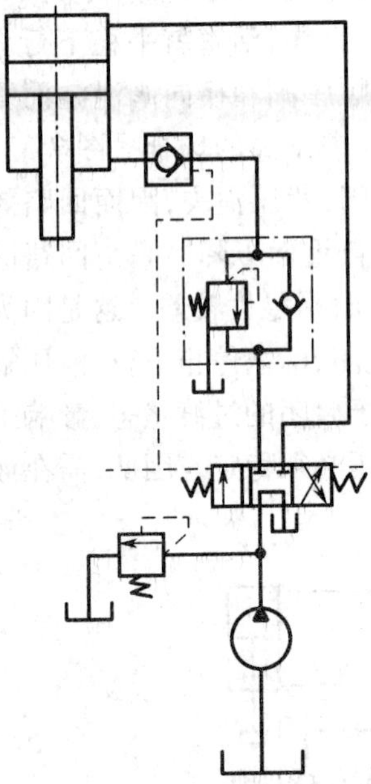

图 7-33 支承回路

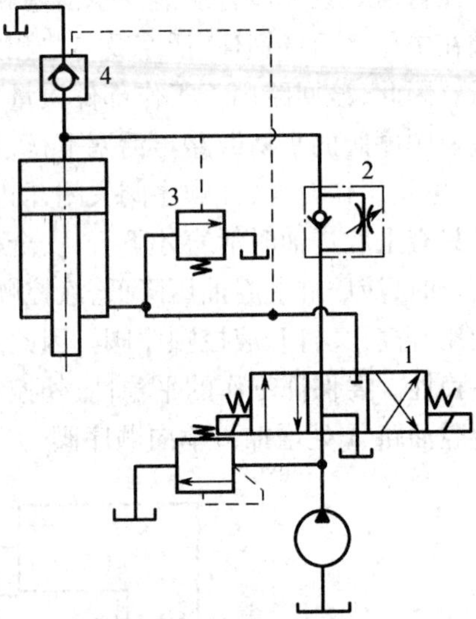

图 7-34 预卸压快放油回路

1—三位四通换向阀;2—单向节流阀;3—顺序阀;4—充液阀

7.5.6 减压回路

减压回路的功用是使系统中的某一部分油路具有较低的稳定压力。常见的减压回路是用定值减压阀与主油路相连,如图 7-35 a) 所示。单向阀防止主油路压力降低(低于减压阀调整压力)时油液倒流,作短时保压之用。减压回路可采用两级或多级减压。在图 7-35 b) 所示回路中,先导型减压阀 1 的远控口接一远控溢流阀 2,则阀 1、阀 2 各获得一种低压。但要注意,阀 2 的调整压力要低于阀 1 的调定压力。

为了使减压回路工作可靠,减压阀的最低调整压力不应小于 0.5 MPa,最高调整压力至少比系统压力低 0.5 MPa。当减压回路中的执行元件需要调速时,调速元件应安放在减压阀之后,避免减压阀泄漏(指油液由减压阀泄油口流回油箱),影响执行元件的速度。

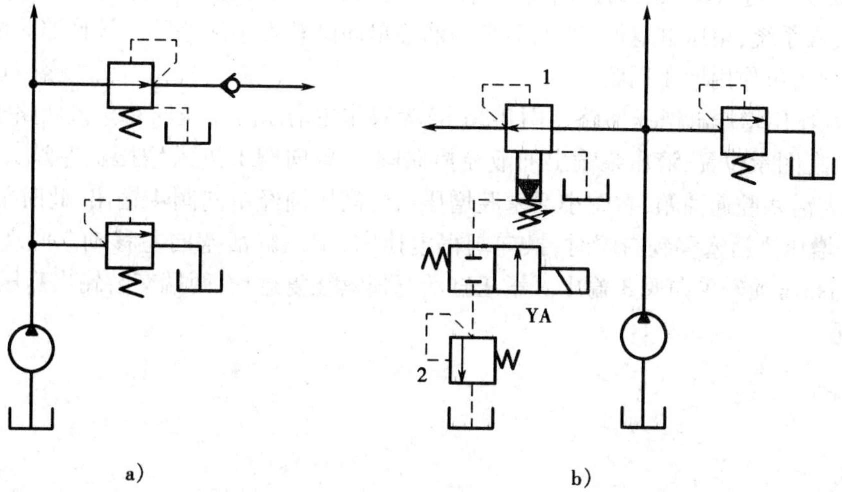

图 7-35　减压回路

1—先导型减压阀;2—远控溢流阀

7.5.7　增压回路

在液压系统中,当某一支路需要高压、小流量油液时,常用增压回路获取,如图 7-36 所示。

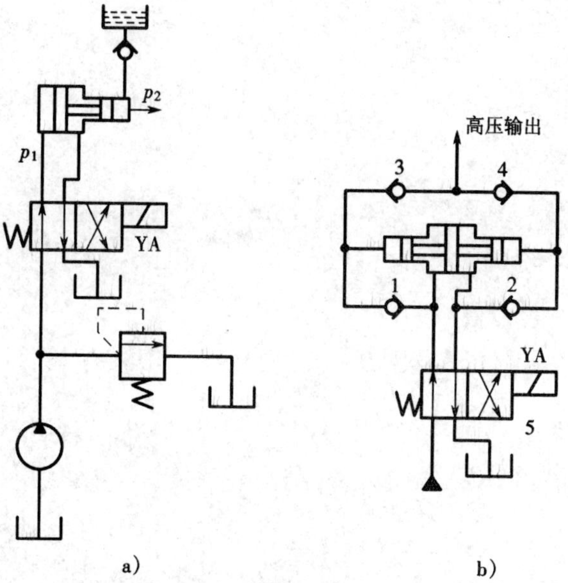

图 7-36　增压回路

1～4—单向阀;5—换向阀

1）单作用增压缸增压回路　图 7-36 a）为单作用增压缸增压回路。在图示位置,系

统供油压力 p_1 进入增压缸的大活塞腔,在小活塞腔得到所需高压 p_2;二位四通电磁换向阀右位接入系统,增压缸返回,辅助油箱油液经单向阀补入小活塞腔。该回路只能间歇增压,所以称为单作用增压回路。

2）双作用增压缸增压回路　图 7-36 b)为双作用增压缸增压回路。该回路连续输出高压油。在图示位置,液压泵输出油液经换向阀 5、单向阀 1 进入增压缸左端大、小活塞腔,右端大活塞腔通油箱,右端小活塞腔增压后的高压油经单向阀 4 输出,此时单向阀 2、3 关闭。增压缸活塞移到右端时,换向阀得电换向,增压缸活塞向左移动。同理,左端小活塞腔的高压油经单向阀 3 输出。增压缸活塞连续往复运动,两端交替输出高压油,实现连续增压。

第 8 章　液压系统流量控制元件及回路

液压系统流量控制的目的是控制执行元件的运动速度。因此液压系统流量控制回路又常称为速度控制回路或调速回路。其基本调速原理为：控制输入或输出执行元件的流量 q，达到调速目的。

对于直线运动的液压缸，采用流量控制阀或变量液压泵都可以改变输入或输出液压缸流量而实现调速。对液压马达，改变输入流量 q 或改变液压马达排量 V_M 均能实现调速。

常用速度控制回路有以下三类。

1）节流调速　由定量泵、溢流阀和节流阀、调速阀或分流阀等流量控制阀改变输入或输出执行元件（液压缸或液压马达）的流量，实现速度调节。

2）容积调速　改变变量泵排量或改变液压马达的排量，实现速度调节。

3）容积节流调速（即联合调速）　由变量泵供油，流量控制阀改变输入或输出执行元件的流量，使变量泵输出流量与流量控制阀的流量相适应，实现速度调节。

8.1　流量控制阀节流口特性及形式

流量控制阀是一种借助节流孔控制流量的元件。其性能必须满足如下要求：

① 流量调节范围大，流量调节均匀，具有最小稳定流量，阀不易堵塞；

② 当阀进、出口压差发生变化时，通过阀的流量变化小，保证负载运动速度稳定；

③ 油温变化对通过阀的流量影响要小；

④ 阀门开启，液流通过的压力损失小；

⑤ 阀关闭时，泄漏量小。

8.1.1　节流口特性及形式

流量控制阀中节流口（孔）对流量的控制质量影响极大。第 3 章分析了几种节流口的流量特性，通过节流口的流量 q 和压差 Δp 的关系，均用 $q=K\cdot A\cdot \Delta p^m$ 表示。特性曲线如图 8-1 所示。

1）压差对流量的影响　节流阀两端压差 Δp 变化时，通过阀的流量也随之变化。在三种结构的节流口中，通过薄壁小孔的流量受到压差变化的影响最小。

2）温度对流量的影响　油温影响油液黏度。对于细长小孔，油温变化时，流量会随之改变；对于薄壁小孔，黏度对流量几乎没有影响，故油温变化时，流量基本不变。

3）节流口的堵塞　节流阀节流口会因为油液中存在杂质或油液氧化后析出胶质、沥青等而局部堵塞，改变节流口通流面积，会使流量发生变化。尤其是开口较小时，这一影

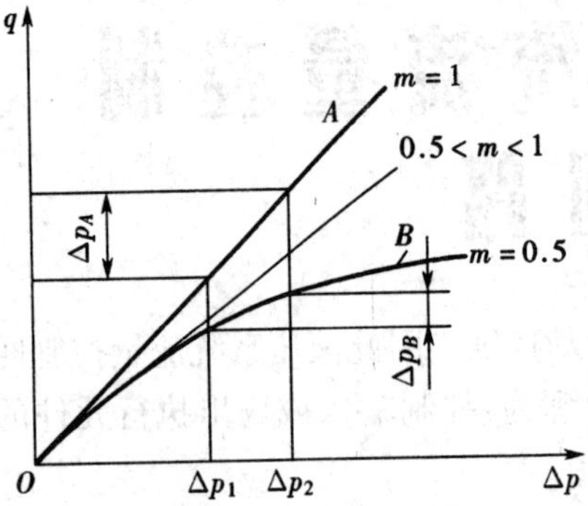

图 8-1　节流口特性曲线

响更为突出，严重时会因完全堵塞而断流。因此节流口的抗堵塞性能也是影响流量稳定性的重要因素，尤其会影响最小稳定流量。节流口通流面积越大，节流通道越短，水力直径越大，越不易堵塞。一般流量控制阀的最小稳定流量为0.05 L/min。

综上所述，为保证节流阀流量稳定，节流口形式以薄壁小孔较为理想。典型节流口形式如图 8-2 所示。图 8-2 a）为针阀式节流口。其通道长、湿周大、易堵塞，流量受油温影响较大，一般用于对性能要求不高的场合。图 8-2 b）为偏心沟槽式节流口。其性能与针阀式节流口相同，容易制造；缺点是阀芯受到的径向力不平衡，旋转阀芯时较费力，一般用于压力较低、流量较大和流量稳定性要求不高的场合。图

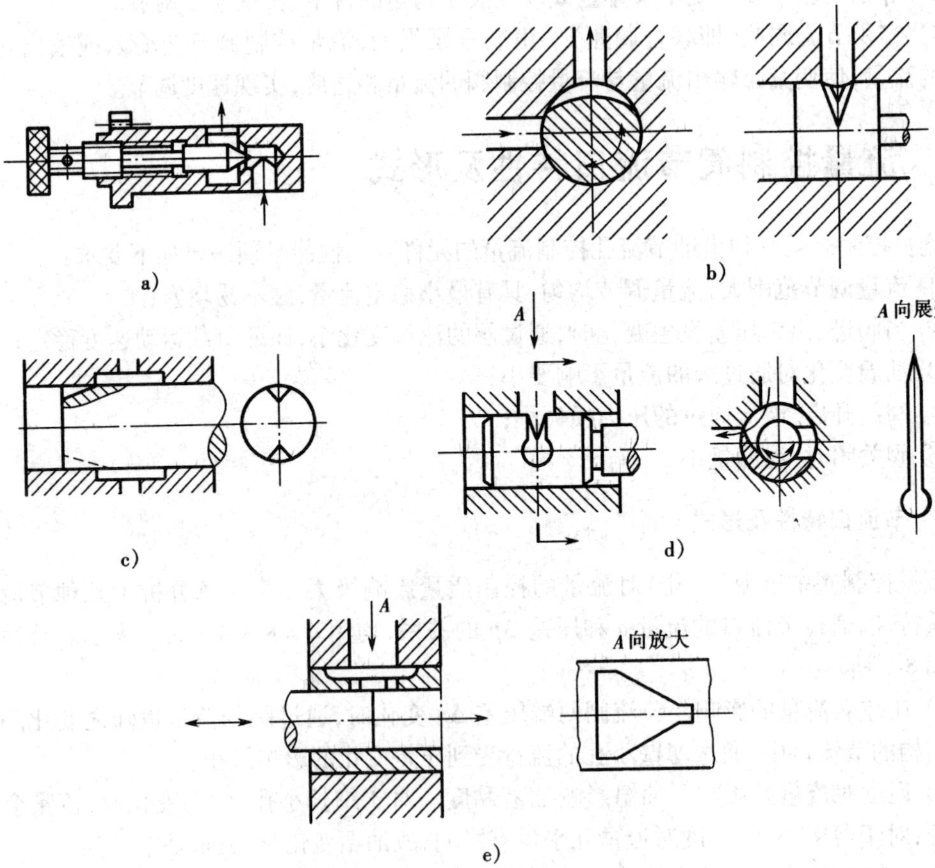

图 8-2　典型节流口的形式

8-2 c) 为轴向三角沟槽式节流口,结构简单,水力直径中等,可获得较小的稳定流量,调节范围较大,但节流通道有一定的长度,油温变化对流量有一定的影响,应用广泛。图 8-2 d) 为周向缝隙式节流口,沿阀芯周向开有一条宽度渐变的狭槽,转动阀芯,可改变开口大小,阀口做成薄刃形,通道短,水力直径大,不易堵塞,油温变化对流量影响小,因此性能接近于薄壁小孔,适用于低压小流量。图 8-2 e) 为轴向缝隙式节流口,在阀孔的衬套上加工出图示薄壁阀口,阀芯作轴向移动即可改变开口的大小,性能与图 8-2 d) 节流口相似。

8.1.2 节流阀

1. 节流阀结构

普通节流阀结构如图 8-3 所示。节流阀节流口 6 呈三角形,油液自 A 口进入阀体 3 内,经节流口 6 由 B 口流出,旋转调节手轮 1,调节螺杆 2 移动,弹簧 4 将螺杆下端台肩与阀芯 5 阶梯孔台阶面压紧,阀芯 5 随螺杆移动,从而调节节流口以调节流量。阀芯上有径向孔和轴向孔,以排除弹簧腔的泄漏油液。

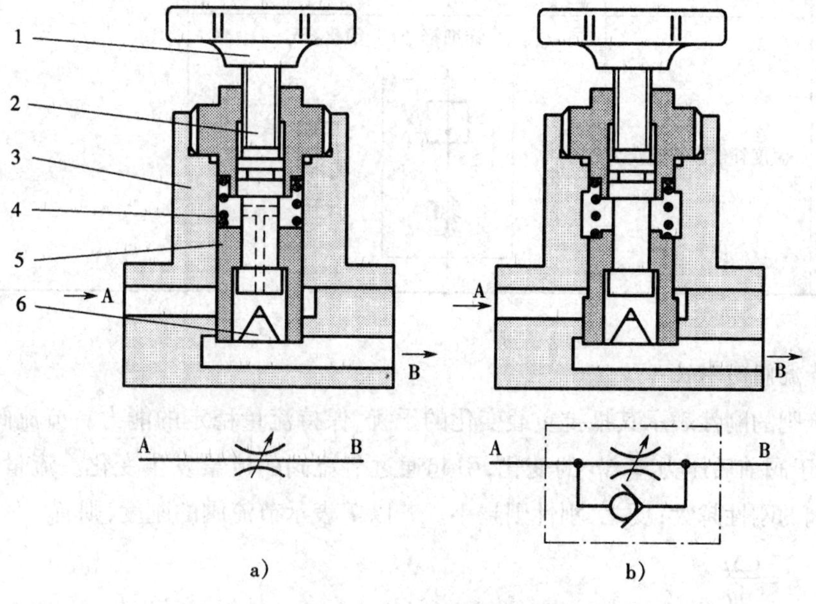

图 8-3　节流阀、单向节流阀的结构及符号

1—调节手轮;2—调节螺杆;3—阀体;4—弹簧;5—阀芯;6—节流口

对阀芯 5 稍作变更,即成为单向节流阀,允许液流由 B 向 A 反向通畅流动。

除节流阀外,流量控制元件还有调速阀、温速补偿型调速阀等,图形符号列于表 8-1。

表 8-1　流量控制阀图形符号

名称		符号	说明
节流阀	可调节流阀	详细符号　简化符号 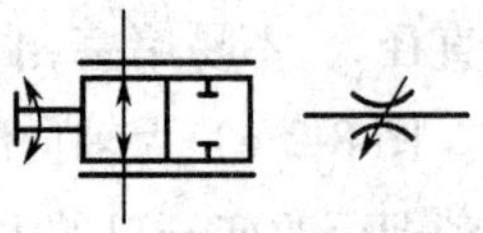	无完全关闭位置 用作节流阀的一般符号
	滚轮控制可调节流阀(减速阀)	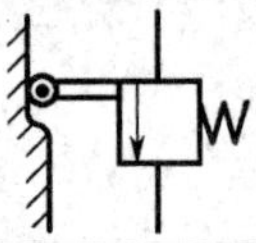	
调速阀	普通型调速阀	详细符号　简化符号 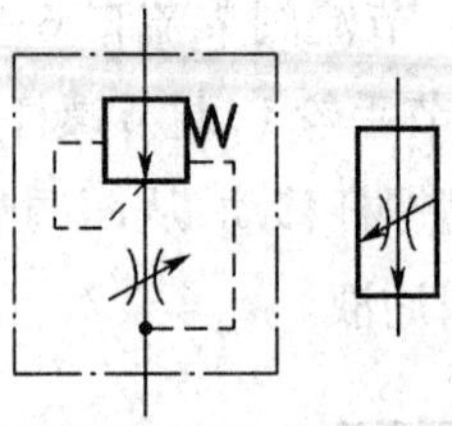	简化符号中的通路箭头表示压力补偿 用作调整阀的一般符号
	温度补偿型调速阀	详细符号　简化符号 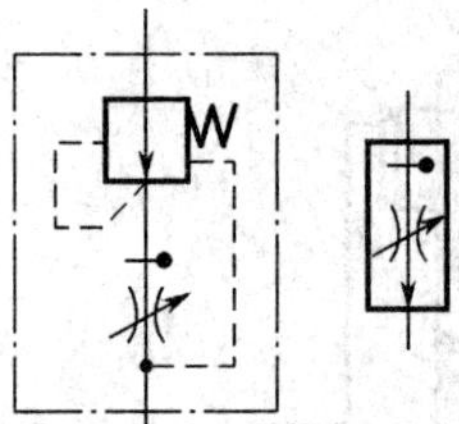	

2. 节流阀的刚性

节流阀的刚性表示其抵抗负载变化的干扰、保持流量稳定的能力。节流阀开口量不变时,由于阀前后压力差 Δp 的变化,引起通过节流阀的流量发生变化。流量变化越小,则节流阀的刚性越大;反之,刚性则越小。若以 T 表示节流阀的刚度,则有

$$T = \frac{\mathrm{d}\Delta p}{\mathrm{d}q} \tag{8-1}$$

将式(3-52)代入,可得

$$T = \frac{\Delta p^{1-m}}{K \cdot A \cdot m} \tag{8-2}$$

节流阀特性曲线如图 8-4 所示。节流阀的刚度 T 相当于流量曲线上某点的切线与横坐标夹角 β 的余切,即

$$T = \cot \beta \tag{8-3}$$

由图 8-4 和式(8-2)得如下结论。

① 同一节流阀，阀前后压力差 Δp 相同，节流口开口量小，刚度大。

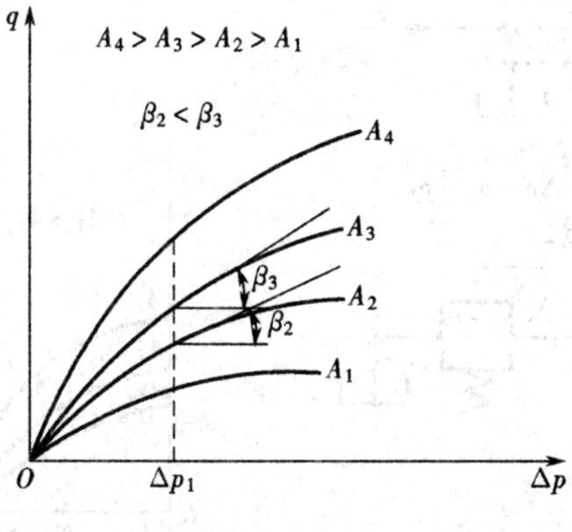

图 8-4　不同开口时节流阀的流量特性曲线

② 同一节流阀，节流开口一定时，阀前后压力差 Δp 越小，刚度越低。为保证节流阀具有足够的刚度，节流阀只有在某一最低压力差 Δp 的条件下才能正常工作，提高 Δp，增加压力损失。

③ 指数 m 取小值，可以提高节流阀的刚度，实际使用中多采用薄壁小孔式节流口，即 $m=0.5$ 的节流口。

8.2　节流阀节流调速

根据节流阀在回路中的安装位置，节流阀调速回路可分进口节流调速回路、出口节流调速回路和旁路节流调速回路。

8.2.1　进口节流调速

在进口节流调速回路中，节流阀串联于液压缸与定量液压泵之间，如图 8-5 a）所示。定量泵输出流量 q_p 恒定，在溢流阀调定压力 p_p 的情况下稳压溢流，q_p 一部分流量 q_1 经节流阀进入液压缸无杆腔，过剩流量 q_y 溢流回油箱。调节节流阀控制 q_1，改变液压缸活塞运动速度 v，实现调速。

1. 基本方程

液压缸活塞力平衡方程为

$$p_1 \cdot A_1 = p_2 \cdot A_2 + F \tag{8-4}$$

式中　A_1——液压缸无杆腔的活塞面积；

A_2——液压缸有杆腔的活塞面积；

p_1——液压缸无杆腔的工作压力；

p_2——液压缸有杆腔的工作压力；

F——负载。

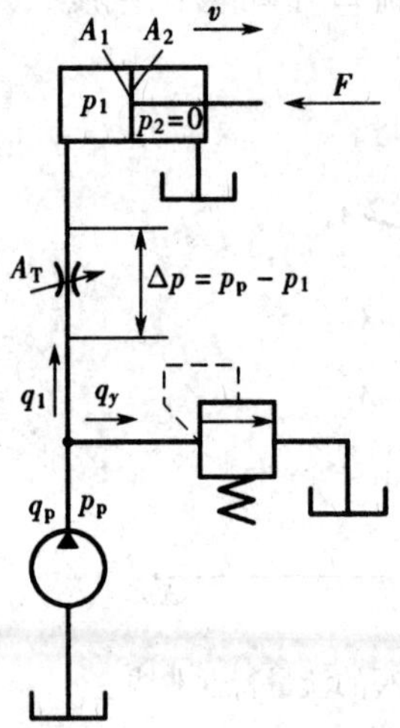

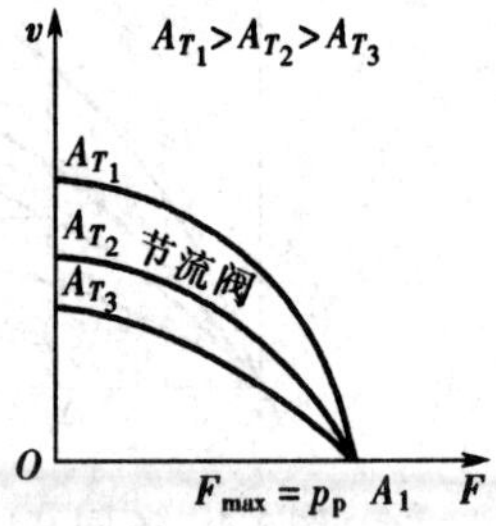

图 8-5 进口节流调速回路

液压缸有杆腔排油直接回油箱，则 $p_2=0$，得

$$p_1A_1=F$$

$$p_1=\frac{F}{A_1} \tag{8-5}$$

此式表明液压缸无杆腔工作压力 p_1 决定于负载 F。

定量泵供油压力 p_P 由溢流阀调定不变，为保证液压缸正常工作，应使 $p_\mathrm{P}>p_1$。节流阀进、出口压差

$$\Delta p=p_\mathrm{P}-p_1=p_\mathrm{P}-\frac{F}{A_1}$$

$$p_\mathrm{P}=\frac{F}{A_1}+\Delta p \tag{8-6}$$

Δp 一般取(0.2～0.3)MPa。溢流阀调定压力

$$p_\mathrm{P}=\frac{F_{\max}}{A_1}+\Delta p+\Delta p'$$

式中 Δp——节流阀压差；

$\Delta p'$——油路的沿程动损失与局部压力损失之和。

由式(3-52)得节流阀输入液压缸的流量 q_1，即

$$q_1=K\cdot A_\mathrm{T}\cdot(p_\mathrm{P}-p_1)^m=K\cdot A_\mathrm{T}\cdot\left(p_\mathrm{P}-\frac{F}{A_1}\right)^m \tag{8-7}$$

液压缸活塞运动速度

$$v=\frac{q_1}{A_1}=\frac{K\cdot A_\mathrm{T}}{A_1}\cdot\left(p_\mathrm{P}-\frac{F}{A_1}\right)^m=\frac{K\cdot A_\mathrm{T}}{A_1^{m+1}}\cdot(p_\mathrm{P}\cdot A_1-F)^m \tag{8-8}$$

该式表明液压缸运动速度受节流阀通流截面积 A_T 和负载 F 的影响。负载突然消失，即 F

$=0$时，速度突然增大，活塞前冲。为防此类现象发生，常在液压缸回油路设置背压阀，使回油压力 $P_2 \neq 0$，以消除前冲。

2. 进口节流调速的速度—负载特性

溢流阀压力 p_p 调定，负载稳定，即 $F=c$，$p_1=\frac{F}{A_1}$不变，则 Δp 不变；调节 A_T，即改变 q_1，速度 v 改变。速度 v 与 A_T 成线性关系。

由 A_T 和 p_p 调定及负载 F 变化可知：负载 F 变大，速度 v 变小；负载 F 变小，速度 v 变大。速度 v 与负载 F 的关系称速度—负载特性。由式(8-8)选不同的 A_T 值，以 v—F 为坐标，得一组曲线如图 8-5 b) 所示。该回路的速度—负载特性，表明液压缸活塞速度 v 随负载 F 变化的规律，也表明该回路机械特性软，即速度刚度小。

3. 速度刚度

速度随负载变化而变化的程度用速度刚度评定。定义为

$$T=-\frac{\partial F}{\partial v}=-\frac{1}{\tan\beta} \qquad (8\text{-}9)$$

速度刚度是负载特性曲线上某一点切线斜率的负倒数。各种调速回路都是 $\frac{\partial F}{\partial v}<0$，为使刚度成为正值，故在其前加负号。该式表明，曲线上某点的斜率越小，速度刚度越大，速度稳定性越好。

进口节流调速回路速度刚度计算式为

$$T_1=-\frac{\partial F}{\partial v}=\frac{A_1^{m+1}\cdot(p_p\cdot A_1-F)^{1-m}}{m\cdot K\cdot A_T} \qquad (8\text{-}10)$$

因为

$$K\cdot A_T=\frac{v\cdot A_1^{m+1}}{(p_p\cdot A_1-F)^m}$$

所以

$$T_1=\frac{p_p\cdot A_1-F}{m\cdot v}$$

由式(8-10)知：

① A_T 不变，F 小，则 T_1 大；

② F 一定时，A_T 越小，v 越小，T_1 越大。

所以，进口节流回路适用于轻载和低速系统。

4. 最大承载能力

由 $p_1\cdot A_1=F$ 知：当 $p_1=p_p$ 时，$F_{max}=p_p\cdot A_1$，此时 $\Delta p=0$，$v=0$，q_p 以溢流阀调定压力 p_p 值溢流回油箱。

5. 功率和效率

在进口节流调速回路中，液压泵输出功率

$$P_p=p_p\cdot q_p=\text{常量} \qquad (8\text{-}11)$$

液压缸输出功率

$$P_c = F \cdot v = F \cdot \frac{q_1}{A_1} = p_1 \cdot q_1 \tag{8-12}$$

损失功率

$$\Delta P = P_p - P_c = p_p \cdot q_p - p_1 \cdot q_1 = p_p \cdot q_y + \Delta p. q_1 \tag{8-13}$$

损失功率由溢流阀溢流损失和节流阀损失两部分组成。回路效率

$$\eta = \frac{P_c}{P_p} = \frac{F \cdot v}{p_p \cdot q} = \frac{p_1 \cdot q_1}{p_p \cdot q} \tag{8-14}$$

由于存在上述两种损失,系统效率较低。当 $p_1 = \frac{F}{A_1} = \frac{2}{3} \cdot p_p$ 时,系统效率 η_{max} 为 38.5%。

综上所述,进口节流调速回路适用于轻载和低速系统,而且多采用进口节流加背压阀回路,以稳定速度,满足某些切削工艺的要求。

8.2.2 出口节流调速

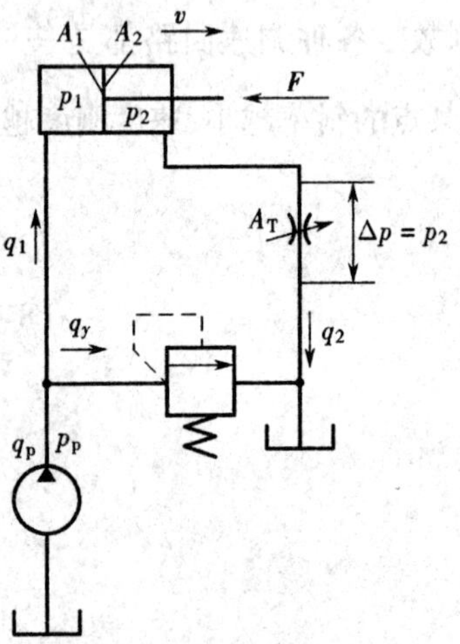

图 8-6 出口节流调速回路

出口节流调速是把节流阀串联在液压缸回油路上(图 8-6),用节流阀控制液压缸有杆腔排出的流量 q_2,调节活塞运动速度。

1. 平衡方程

$$p_1 A_1 - p_2 \cdot A_2 = F \tag{8-15}$$

因为 $p_1 = p_p, p_2 = \Delta p$,所以有

$$p_p \cdot A_1 - \Delta p \cdot A_2 = F$$

$$\Delta p = \frac{p_p \cdot A_1 - F}{A_2} \tag{8-16}$$

$$q_2 = K \cdot A_T \cdot p^m = K \cdot A_T \cdot \left(\frac{p_p \cdot A_1 - F}{A_2}\right)^m$$

2. 活塞运动速度

活塞运动速度

$$v = \frac{q_2}{A_2} = \frac{K \cdot A_T \cdot (p_p \cdot A_1 - F)^m}{A_2^{1+m}} \tag{8-17}$$

3. 速度刚度

速度刚度

$$T_2 = -\frac{\partial F}{\partial v} = \frac{A_2^{m+1}}{m \cdot K \cdot A_T \cdot (p_p \cdot A_1 - F)^{m-1}} \tag{8-18}$$

或

$$T_2 = \frac{p_p \cdot A_1 - F}{m \cdot v} \tag{8-19}$$

该式与式(8-10) 相同,分别表明出口节流与进口节流回路的速度—负载特性。两种回路的速度刚度、最大承载能力、功率、效率完全相同。

出口节流调速回路节流阀串联在液压缸回油路上而产生背压,能防止负载突然消失

引起液压缸活塞突进，且具有承受反向负载的能力。

8.2.3 旁路节流调速

在旁路节流调速回路中，节流阀与液压缸油路并联，如图 8-7 a)所示。液压泵输出流量 q_p 为定值，进入液压缸的流量为 q_1，流经节流阀的流量为 Δq，节流阀进、出口压差 $\Delta p = p_1$。溢流阀在该回路中作安全阀用。

1. 力平衡方程

力平衡方程为

$$p_1 \cdot A_1 = F$$

即 $p_p \cdot A_1 = F$，所以

$$p_P = \frac{F}{A_1}$$

$$\Delta p = p_1 = \frac{F}{A_1} \tag{8-20}$$

$$\Delta q = K \cdot A_T \cdot \Delta p^m = K \cdot A_T \cdot \left(\frac{F}{A_1}\right)^m \tag{8-21}$$

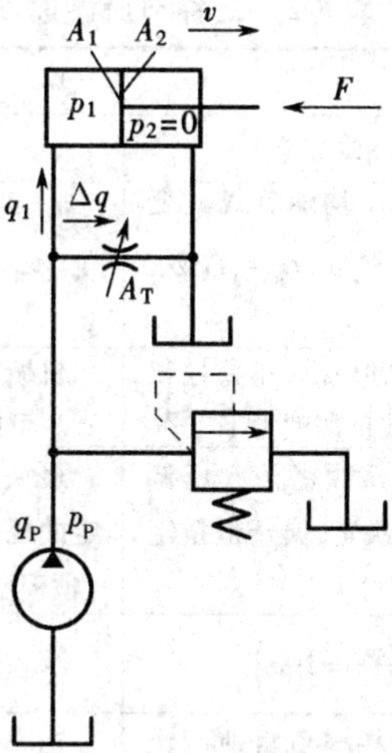

a)

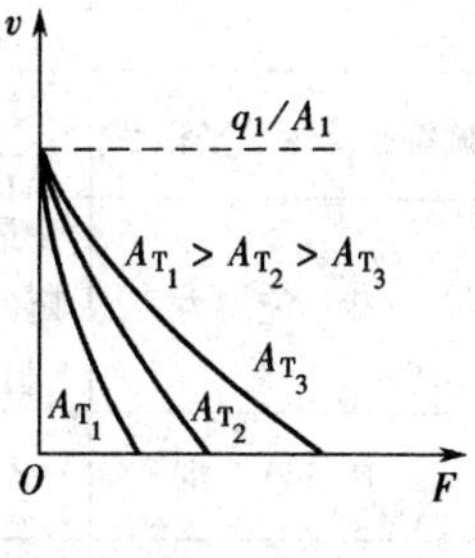

b)

图 8-7 旁路节流调速回路

2. 活塞运动速度

活塞运动速度

$$v = \frac{q_1}{A_1} = \frac{q_p - \Delta q}{A_1} = \frac{q_p - K \cdot A_T \cdot \left(\frac{F}{A_1}\right)^m}{A_1} \tag{8-22}$$

3. 速度刚度

速度刚度

$$T_3 = -\frac{\partial F}{\partial v} = \frac{A_1 \cdot F}{m \cdot (q_P - v \cdot A_1)} \tag{8-23}$$

速度—负载特性曲线如图 8-7 b) 所示。

由式(8-23)及速度—负载特性曲线知：

① A_T 不变，F 越大，速度刚度 T_3 越大；

② F 不变，v 越大，A_T 越小，T_3 越大；

③ 旁路节流调速回路在重载、高速时速度刚度大。

4. 最大承载能力

最大承载能力

$$F_{max} = \left(\frac{q_P}{K \cdot A_T}\right)^{\frac{1}{m}} \cdot A_1 \tag{8-24}$$

即

$$p_1 = \left(\frac{q_p}{K \cdot A_T}\right)^{\frac{1}{m}} \tag{8-25}$$

5. *功率及效率*

液压泵压力由负载 F 决定，输出功率随负载变化，旁路节流回路效率高。

三种节流调速回路性能比较见表 8-2。

表 8-2　三种节流调速回路性能比较

特　性	调　速　方　式		
	进口节流	出口节流	旁路节流
回路的主要参数	p_1、Δp、q_1 均随负载 F 变化。p_p = 常数，q_p = 常数，$p_2 \approx 0$	p_2、Δp、q_1 均随负载 F 变化。$p_1 = p_p$ = 常数，q_p = 常数	p_p、p_1、Δp、q_1 均随负载 F 变化。$p_1 = p_p$，$p_2 \approx 0$
机械特性及运动平稳性	机械特性较软，平稳性较差，不能在负切削力下工作	机械特性较软，平稳性较好。可以在负切削力下工作	机械特性最软，平稳性最差，不能在负切削力下工作
负　载　能　力	最大负载由溢流阀所调定的压力决定，属于恒扭矩（恒牵引力）调节	最大负载由溢流阀所调定的压力决定，属于恒扭矩（恒牵引力）调节	最大负载随节流阀开口增大而减小，低速承载能力差
调　速　范　围	较大$\left(\frac{v_{max}}{v_{min}} = 100\right)$	较大$\left(\frac{v_{max}}{v_{min}} = 100\right)$	由于低速稳定性差，故调速范围较小
功　率　消　耗	功率消耗与负载速度无关。低速、轻载时功率消耗较大，效率低，发热大	功率消耗与负载速度无关。低速、轻载时功率消耗较大，效率低，发热大	功率消耗与负载成正比。效率较高，发热小
发热及泄漏的影响	油通过节流口发热后进入液压缸，影响液压缸泄漏，从而影响液压缸速度	油通过节流口后回油箱冷却，对液压泵、液压缸泄漏影响较小，因而对液压缸速度影响较小	液压泵、液压缸及阀的泄漏都影响速度
其　他	(1) 停车后启动没有冲击 (2) 便于实现压力控制	(1) 停车后启动有冲击 (2) 压力控制不方便	(1) 停车后启动有冲击 (2) 便于实现压力控制

8.3　调速阀及调速回路

进口节流、出口节流及旁路节流调速回路的负载变化时，会引起节流阀两端压差变化，使流经节流阀的流量和执行元件的运动速度发生变化。解决节流调速问题的关键是保证节流阀进出口压差 Δp 稳定。

8.3.1　调速阀结构及工作原理

调速阀由普通节流阀与压力补偿器串联而成，如图 8-8 所示。压力补偿器 2 能够根据负载变化自动调节，并保持节流阀进出口压差 Δp 为定值。节流阀 1 调节输出流量。

工作原理如下：压力为 p_1 的油液由 P 口进入阀内，经压力补偿器阀口 h 减压为 p_2，到

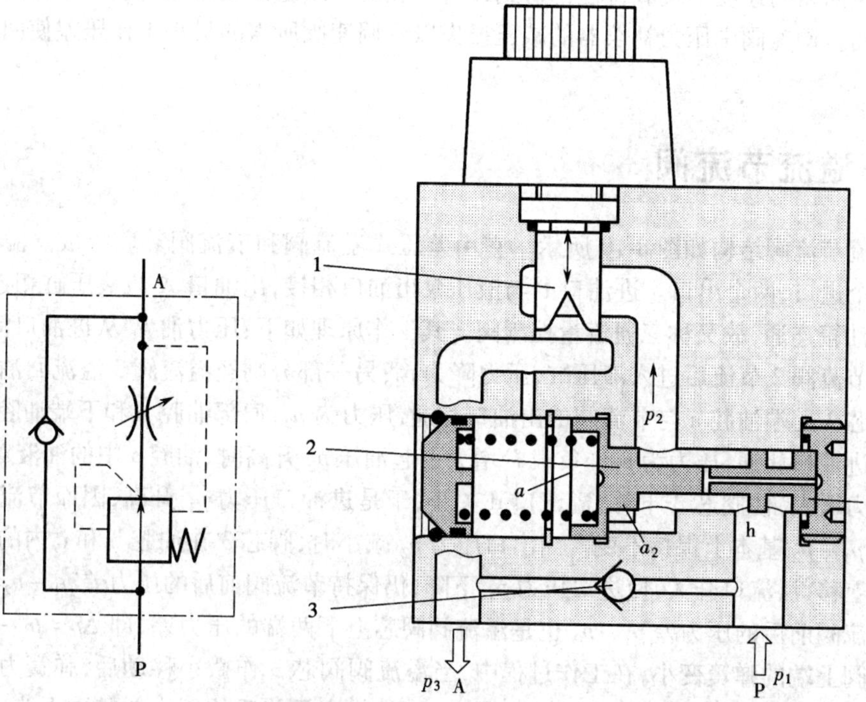

图 8-8　调速阀工作原理及结构

1—节流阀；2—压力补偿器；3—单向阀

节流阀进口处，经节流阀输出为 p_3。p_3 为负载压力。压力补偿器滑阀阀芯左端面积为 a，右端面积为 a_1，环形面积为 a_2。阀芯在液压力和弹簧力作用下平衡，即

$$F_S + p_3 \cdot a = p_2 \cdot (a_1 + a_2) \tag{8-26}$$

且有 $a = a_1 + a_2$。此时，压差

$$\Delta p = p_2 - p_3 = \frac{F_S}{a} = 常数 \tag{8-27}$$

节流器 A_T 一定，F 变大，p_3 升高，阀芯右移，h 增大，p_2 亦上升，使 $\Delta p = p_2 - p_3$ 不变，流量稳定。

p_1 升高，p_2 升高，阀芯左移，h 减小，从而 p_2 下降，保证了 $\Delta p = p_2 - p_3$ 不变，流经节流阀的流量不变，达到稳定速度的目的。调速阀的流量特性如图 8-9 所示。为保证调速阀正常工作，进、出口要有 0.5 MPa 的压力差。高压调速阀的压差为1.0 MPa。

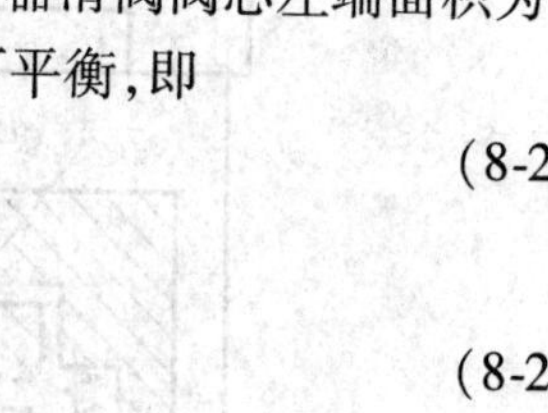

图 8-9　调速阀性能

8.3.2　调速阀调速回路

与节流阀节流调速回路相同，调速阀节流调速回路有进口节流、出口节流、旁路节流三种，其调速特性如图 8-5 b）、8-7 b)所示。从图中可见，调

速阀调速回路的速度—负载特性都得到改善。性能的改进都是以加大整个节流阀的压差为代价的。调速阀中压力补偿器的减压损失以及调速阀所需的最小工作压差使回路效率降低。

8.4 溢流节流阀

溢流节流阀结构如图 8-10 所示。它由差压式溢流阀和节流阀并联组成。溢流节流阀有一个进口、两个出口。进油口 P 与液压泵出油口相接,出油口 A 与液压缸相连,回油口 T 与油箱连通,故又称三通流量控制阀。其工作原理如下:压力油 p_1 从进油口流入,一部分经节流阀 2 节流后进入液压缸,压力降为 p_2;另一部分则经溢流阀 3 溢流回油箱。溢流阀阀芯 3 上端油腔 a 与节流阀的出油口相通,压力为 p_2;肩部油腔 b 和下端油腔 c 与节流阀的进油口相通,压力为 p_1。负载 F 增大引起油压 p_2 升高时,油腔 a 中的油液对阀芯 3 的作用力增大,使阀芯 3 下移,溢流口 d 关小,于是进油口压力 p_1 升高,因而节流阀前后的压差 p_1-p_2 基本上保持不变。当出口压力 p_2 减小时,阀芯 3 在油腔 b 和 c 内的油液作用下向上移,溢流口开大,使进口压力 p_1 下降,仍保持节流阀前后的压力差 p_1-p_2 基本不变。节流阀前后的压力差 p_1-p_2 也是溢流阀阀芯上下两端的压力差,即 $\Delta p=p_1-p_2$。由于溢流阀上端的弹簧变小,在工作过程中,当溢流阀阀芯 3 作微小移动后,弹簧力变化很小,因此溢流阀阀芯两端的压力差基本不变,所以节流阀前后的压力差基本上为一常量,因而能保持通过节流阀的流量不受负载变化的影响,流量基本稳定。

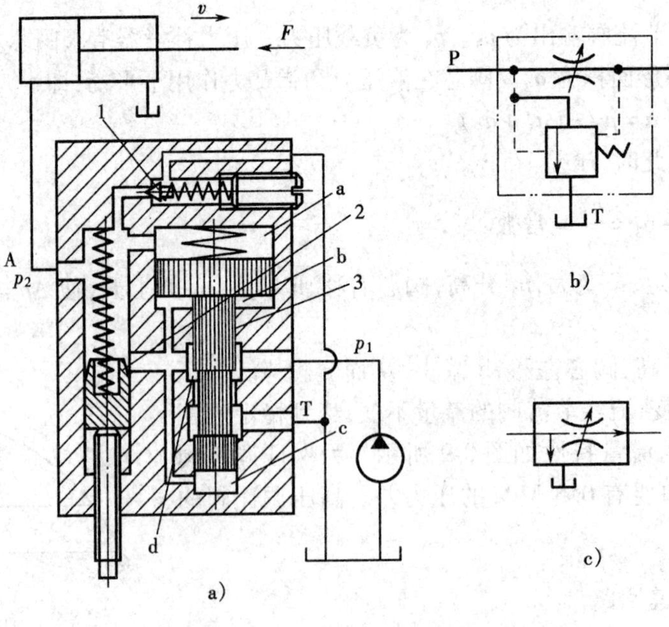

图 8-10 溢流节流阀的结构及工作原理

1—安全阀;2—节流阀;3—溢流阀阀芯

溢流节流阀附有安全阀 1,它与节流阀 2 的出油口相通。当出口油压 p_2 升高到安全阀 1 的调定压力时,安全阀 1 开启溢流,防止系统过载。安全阀 1 还起先导阀的作用。当阀 1 开启溢流时,溢流阀 3 的溢流口开启,系统卸荷。

用溢流节流阀调速,液压泵供油压力随负载而变化,系统功耗小、发热少。但液压泵全部流量流经该阀,阀芯运动时阻力较大。因此,溢流阀弹簧刚度较调速阀的弹簧刚度大,节流阀前后的压差也大。该阀适用于功率较大且对运动平稳性要求较高的液压系统;也用于进口节流调速系统,如注塑机、液压电梯上升系统。

8.5 分流阀

分流阀又称分流—集流阀或同步阀。用同步阀控制两个或多个液压缸的进油或回油流量分配,不管液压缸负载是否相同,都能够始终保持同步运动,即保持相同的位移或相同的运动速度。根据流量分配的不同,分流阀分为等量分流和比例分流两种。等量分流阀的各支流流量相等,比例分流阀的支流流量不相等,相互间成一定的比例关系。根据油流的方向,分流阀还可分为分流阀(出口分流阀)、集流阀(进口分流阀)、单向分流阀、单向集流阀和分流—集流阀(双向分流阀)。

图 8-11 是出口分流阀的工作原理图。压力油由进油口 C 流入,然后分成两路,经两个尺寸相同的固定节流口 1 和 2、两个可变节流口 3 和 4 后,从出油口 A 和 B 流出,进入两个液压缸。两个固定节流口前的压力都是 $p_泵$,而固定节流口后的压力分别为 p_1 和 p_2。如果 $p_1=p_2$,则两个固定节流口前后的压力差 $\Delta p_节$ 相等,即

$$p_泵-p_1=p_泵-p_2=\Delta p_节 \tag{8-28}$$

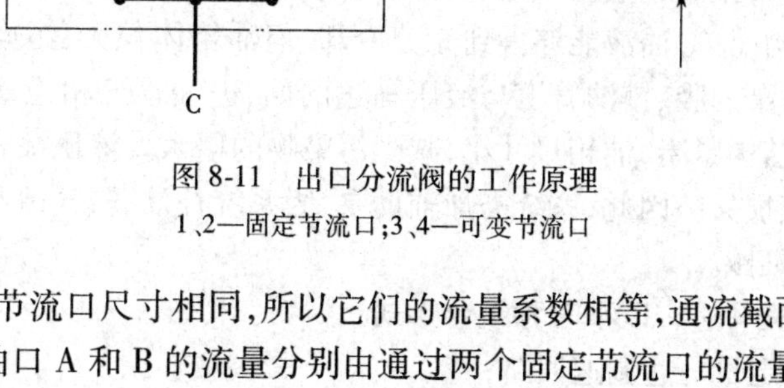

图 8-11 出口分流阀的工作原理

1、2—固定节流口;3、4—可变节流口

由于两个固定节流口尺寸相同,所以它们的流量系数相等,通流截面积也相等。根据连续性定理,两出油口 A 和 B 的流量分别由通过两个固定节流口的流量决定,所以有

$$q_A=q_B=K\cdot A_节\cdot\Delta p_节^m \tag{8-29}$$

若分流阀所控制的两个液压缸负载不相等,则两出油口 A 和 B 的压力 p_3 和 p_4 不等;

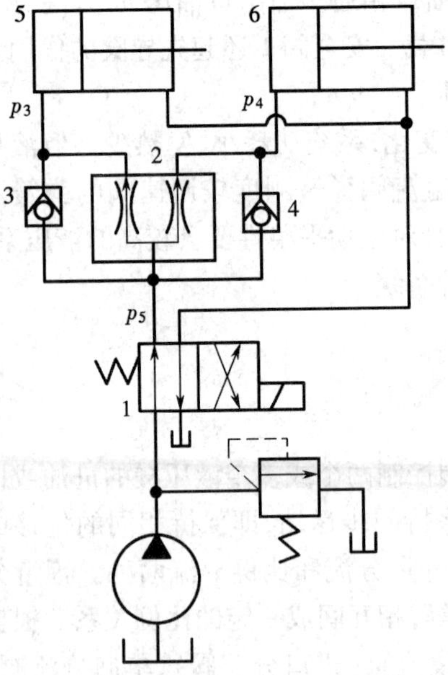

图 8-12　等量分流式双缸同步回路

1—二位四通电磁阀;2—分流阀;

3、4—单向阀;5、6—液压缸

如 A 口压力 p_3 增大,则 $p_3 > p_4$。p_3 增大,阀芯左端的压力 p_1 也随之增大,则 $p_1 > p_2$,阀芯向右移动,使可变节流口 3 的开度加大、4 的开度减小,于是 p_1 随即下降,而 p_2 上升,直到 $p_1 = p_2$ 为止,阀芯处于新的平衡位置。此时,由于两个可变节流口的通流截面积不相等,两个可变节流口的压力降也不相等,但恰好能保证两个固定节流前后的压力降相等,从而保证两个出油口的流量相等。

图 8-12 为采用等量出口分流阀控制的双缸同步回路。图中压力油经换向阀 1 和分流阀 2 后分成两支等量的油液,分别进入液压缸 5 和 6 的左腔,推动两个活塞向右同步运动。换向阀 1 换向后,压力油直接进入两缸的右腔。左腔的油液则分别经单向阀 3、4 和换向阀 1 流回油箱,使两个活塞快速退回。

分流阀的分流精度一般要求小于 5%。其值与固定节流口前后的压力差、固定节流口的尺寸精度、液动力、弹簧力、摩擦力、泄漏以及执行元件的制造精度等有关。用分流阀实现同步控制的优点是回路结构简单,使用、维修方便,成本低。

8.6　容积调速回路

容积调速依靠改变液压泵或液压马达的排量实现速度调节。容积调速的主要优点是无节流损失和无溢流损失,系统效率高,适用于高速、重载、大功率传动系统。

容积调速有两类实用系统,即开式回路系统和闭式回路系统。在开式回路系统中,液压泵从油箱吸油,其排油经液压马达后,油液返回油箱,循环液体的流道不连续,被油箱中断。开式回路结构简单,油液能够得到充分冷却,但油箱体积大,污染物易侵入。在闭式回路系统中,液压泵的吸、排油管道与液压马达的回、进油管道相连,流道连续,形成封闭回路。闭式回路结构紧凑,油箱尺寸小,减少污染物的侵入。液压泵和液压马达内部有少量泄漏,导致油液损失。因此,系统需加辅助泵,为系统补油、防气蚀和冷却。闭式回路适用于行走和起重机械。

液压泵和液压马达有以下三种组合形式:

① 变量泵—定量马达调速回路;

② 定量泵—变量马达调速回路;

③ 变量泵—变量马达调速回路。

8.6.1 变量泵—定量马达调速回路

图 8-13 所示为变量泵和定量马达组成的闭式容积调速回路。阀 3 为系统安全阀,2 为补油泵,溢流阀 4 用于调节补油压力,同时置换部分发热油液,降低系统温升。

若不计损失,马达输出转速

$$n_M = \frac{q_p}{V_M} = \frac{n_p \cdot V_p}{V_M} \tag{8-30}$$

式中,V_M 为定值,V_p 可变。调节 V_p,即可调节 n_M。

马达输出转矩

$$T = \frac{\Delta p_M \cdot V_M}{2\pi} \tag{8-31}$$

式中 Δp_M——液压马达进、出口压力差;

V_M——液压马达排量。

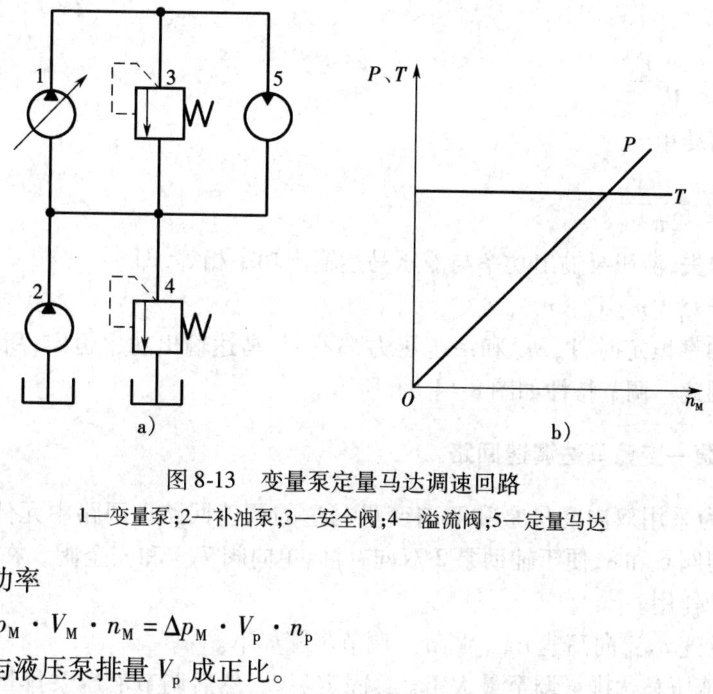

图 8-13 变量泵定量马达调速回路

1—变量泵;2—补油泵;3—安全阀;4—溢流阀;5—定量马达

马达输出功率

$$P = \Delta p_M \cdot V_M \cdot n_M = \Delta p_M \cdot V_p \cdot n_p \tag{8-32}$$

马达输出功率与液压泵排量 V_p 成正比。

负载转矩恒定时,回路工作压力 p 恒定,则马达输出转矩恒定。所以这种调速方式称为恒转矩调速。回路的调速特性见图 8-13 b)。

8.6.2 定量泵—变量马达调速回路

由定量泵和变量马达组成的调速回路如图 8-14 所示。图中各元件名称与作用同图 8-13 a)。

定量泵 1 排量 V_p 不变,改变变量马达 5 的排量 V_M,就可调节马达的转速 n_M。

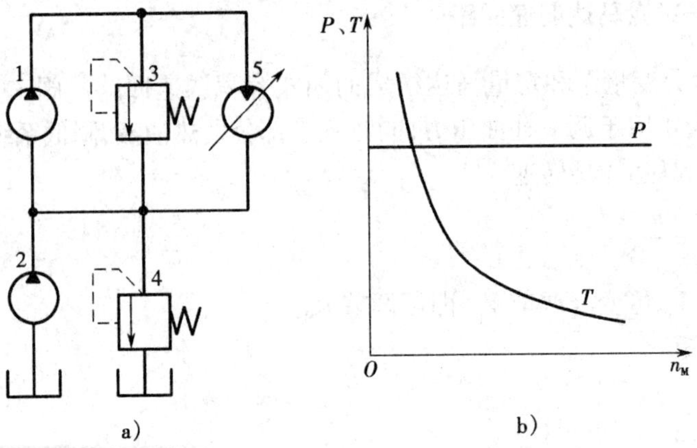

图 8-14　定量泵—变量马达调速回路

1—定量泵;2—辅助泵;3—安全阀;4—溢流阀;5—变量马达

马达转速

$$n_M = \frac{n_p \cdot V_p}{V_M} \tag{8-33}$$

马达输出转矩

$$T = \frac{\Delta p_M \cdot V_M}{2\pi} \tag{8-34}$$

若不计损失,液压泵输出功率与液压马达输出功率相等,即

$$P_M = P_p = p \cdot V_p \cdot n_p \tag{8-35}$$

当负载功率恒定时,V_p、n_p 和系统压力都不变,马达输出功率恒定,所以这种调速又称为恒功率调速。调节特性如图 8-14 b) 所示。

8.6.3　变量泵—变量马达调速回路

图 8-15 为采用双向变量泵和双向变量马达的调速回路。回路中元件 1 ~ 5 同前所述。增加单向阀 6 和 8,便于辅助泵 2 双向补油,单向阀 7、9 和安全阀 3 在两个方向对系统起安全保护作用。

马达由低速 n_{Mmin} 向高速 n_{Mmax} 调节。调节步骤如下。

① 先将液压马达排量调至最大 V_{Mmax},固定不动,然后调节液压泵排量 V_P,由小向大调。此时属于变量泵—定量马达调速系统,为恒转矩调节。此阶段液压马达最高转速

$$n_{Mz} = \frac{n_p \cdot V_{Pmax}}{V_{Mmax}} \tag{8-36}$$

② 液压泵排量调至最大后固定,将液压马达排量 V_M 由最大向小调节,液压马达转速继续升高。此时相当于定量泵—变量马达调速,为恒功率调节。

该调速回路中马达输出转矩和功率以 n_{Mz} 为分界点。分界点左侧为恒转矩调节;分界点右侧为恒功率调节。调节特性如图 8-15 b) 所示。这种调速回路是前述两种回路的组

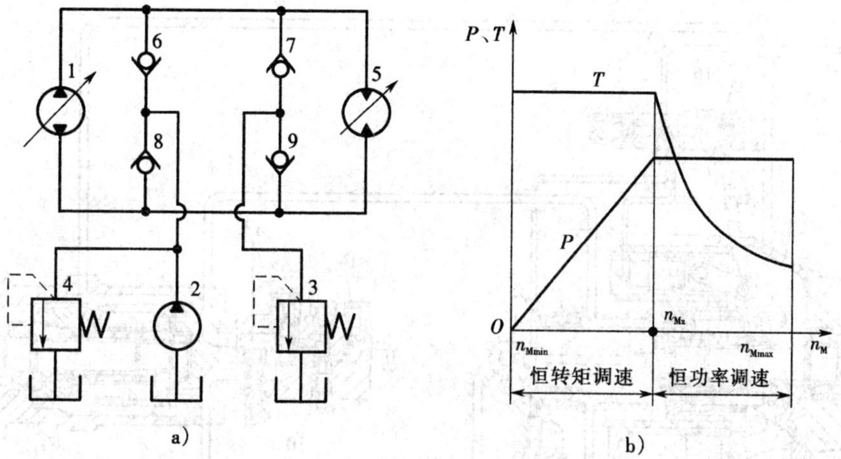

图 8-15　变量泵—变量马达调速回路

1—变量泵；2—辅助泵；3—安全阀；4—溢流阀；5—变量马达；6～9—单向阀

合。由于液压泵和液压马达的排量 V_P、V_M 均可改变，调速范围大，从而扩大了液压马达输出转矩和功率的选择余地。

8.6.4　静液压传动回路

在上述三种由液压泵—液压马达组成的闭式容积调速回路中，液压泵和液压马达都是轴向柱塞式泵和马达。它们组成的闭式回路也称为静液压传动回路。这种闭式静液压传动回路既可采用整体式也可采用分离式泵、马达单元。整体式单元也称为封装式单元，泵、马达、控制机构以及所有其他元件均封装在一个壳体内。多数整体式系统是为专用汽车或工业机械而设计的。分离式泵、马达单元是应用最多的通用型静液压传动形式。

图 8-16 为最常见的变量泵—定量马达静液压传动装置。变量泵由原动机驱动。定量马达由泵输出之液体驱动。马达输出轴驱动工作机械。马达输出轴旋转方向和转速取决于泵输出液流方向和流量，系统压力由工作机械负载决定。

图中 1 为手动伺服变量液压泵。手动伺服阀 15 控制两个变量液压缸 4（直径相等且较大）推动斜盘 3，斜盘耳轴支承在两个滚动轴承上。变量机构的控制压力等于补油单向阀 5 的开启压力，所以控制压力较低。原动机停止运转时，变量液压缸中的弹簧使斜盘处于零偏角位。泵可在零偏角下启动。两个高压溢流阀 13、梭阀 10、背压阀 14 集成在液压马达 12 上。

静液压传动系统原理如图 8-17 所示。该装置多应用于汽车、起重机、塑料挤出机、运输机械等。

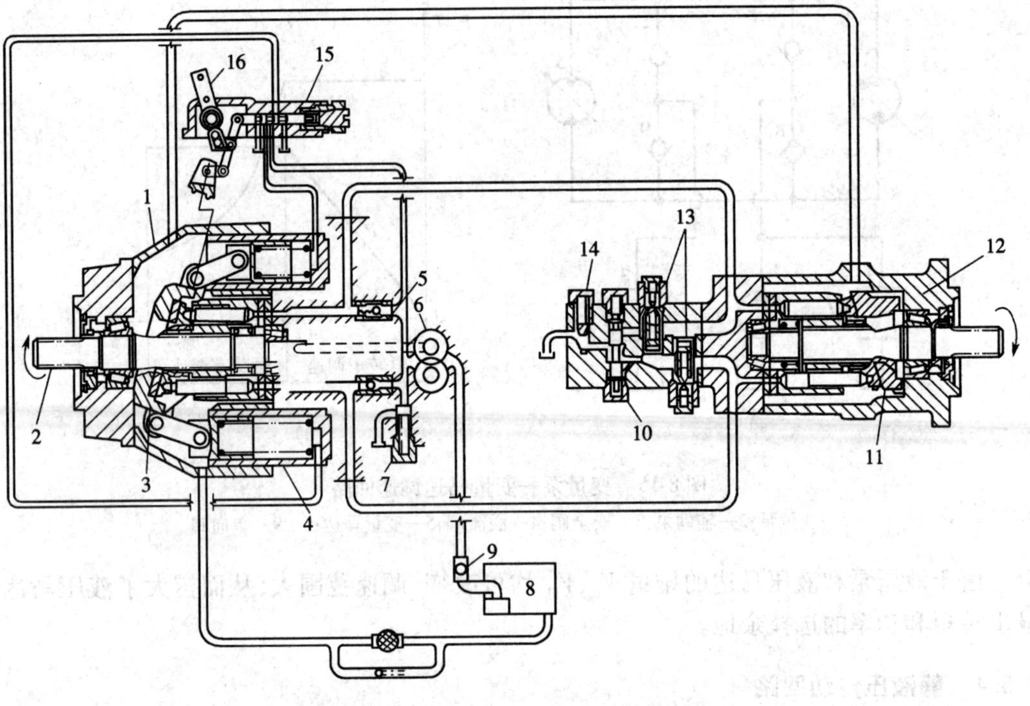

图 8-16　变量泵—定量马达静液压传动装置

1—变量泵；2—泵输入轴；3—斜盘；4—变量液压缸；5—补油单向阀；6—辅助泵；7—辅助泵安全阀；8—油箱；9—真空表；10—梭阀；11—马达斜盘；12—马达；13—高压溢流阀；14—背压阀；15—手动伺服阀；16—手动伺服杆

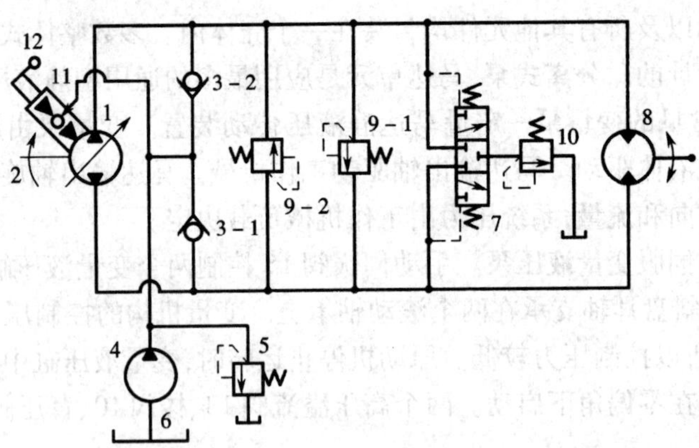

图 8-17　静液压传动系统原理图

1—变量泵；2—传动轴；3—单向阀；4—辅助泵；5—溢流阀；6—油箱；

7—三位三通液动阀；8—定量马达；9、10—安全阀；

11—手动伺服阀；12—手动伺服杆

8.7 容积节流调速

容积节流调速采用变量泵供油，节流阀或调速阀控制流入(或流出)执行元件的流量，使泵的供油流量与执行元件所需流量相适应。这种回路无溢流损失，速度负载特性好，效率高。

8.7.1 限压式变量泵和调速阀的调速回路

图8-18是由限压式变量泵1和调速阀2组成的容积节流调速回路。液压缸4的工作速度由调速阀2控制，在调定的A_T值下，经调速阀进入液压缸的流量q_1不变，限压式变量泵会自动调节其供油量。如在某一A_T值下，通过调速阀的流量为q_1，调速阀压力—流量特性曲线D与限压式变量泵的压力—流量特性曲线A相交于b点(图8-18b))。该点表示泵的流量为q_1，压力为p_1。如果泵输出流量$q_p > q_1$，过剩流量使泵与调速阀之间油路压力升高，泵输出流量自动减少，直至$q_p = q_1$。调速阀保证稳定的流量进入液压缸，又使泵输出流量与液压缸需求量相适应。在该系统中，调速阀也可以安装在液压缸回油路中。

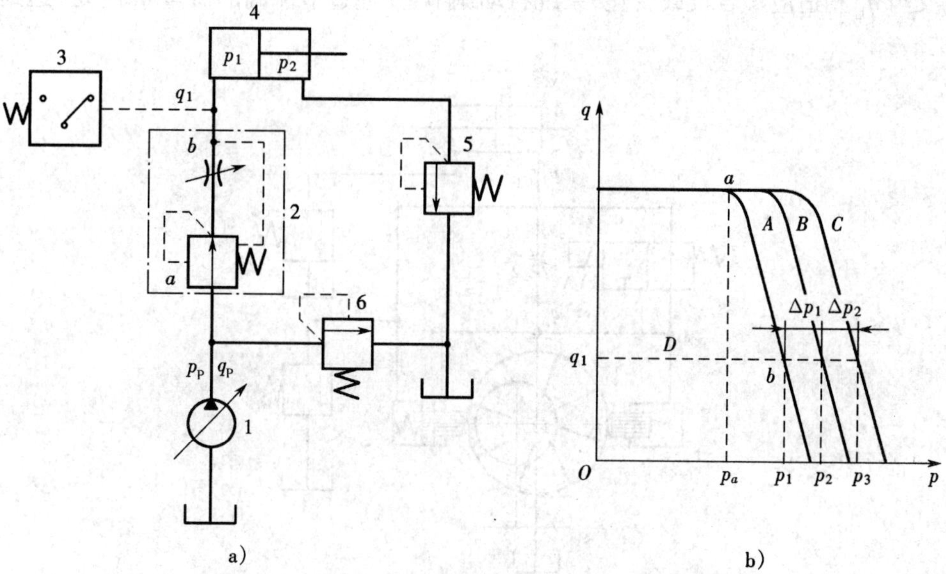

图8-18 限压式变量泵和调速阀的容积节流调速回路

1—变量泵；2—调速阀；3—压力继电器；4—液压缸；5—背压阀；6—安全阀

工作中，进入液压缸的流量为q_1，液压泵输出压力p_p按下式调节

$$p_p = p_2 = p_1 + \Delta p_1 \tag{8-37}$$

式中 Δp_1——调速阀所需的最低压力降，一般为0.5 MPa。

系统用压力继电器3发出信号，则p_p压力应调节为

$$p_p = p_3 = p_1 + \Delta p_1 + \Delta p_2 \tag{8-38}$$

式中　Δp_2——压力继电器可靠动作所需的系统压力升高值，一般为0.5 MPa。

液压泵在式(8-38)调整压力下工作，液压泵按压力—流量特性曲线 C 工作。为防止泵工作压力过高，系统增加安全阀6，并在液压缸回油路加背压阀5。

在这种调速回路中，液压泵的输出参数(压力、流量)可根据液压缸的工况(工进、快进)自动变换，使运动平稳。但是这种调速回路不适宜负载变化大的情况，大部分是在轻载状况下工作。因为这时泵压高，调速阀的压降损失大，泵泄漏量大，能量损失大，油温升高，此时应采用差压式变量泵和节流阀组成的调速回路。

8.7.2　差压式变量泵和节流阀的调速回路

图8-19是由差压式变量泵1(柱塞式或叶片式)和节流阀2组成的调速回路。节流阀2安装在液压缸的进油路(或回油路)上。差压式变量泵1输出油液经节流阀2进入液压缸4，推动活塞运动。节流阀2控制输入液压缸的流量。变量泵自动调节输出流量与节流阀控制流量相适应。工作进给时，1YA通电，切断快进油路A，油液流经节流阀进入液压缸。若 $q_p > q_1$，则液压泵压力 p_p 升高，弹簧S被压缩，定子右移，偏心量 e 减小，液压泵流量 q_p 随之减小，直至与 q_1 相适应。若 $q_p < q_1$，则 p_p 降低，定子左移，偏心量 e 增大，q_p 增大，又与 q_1 相适应。若负载变化，系统自动调节，使通过节流阀的流量 q_1 稳定，达到稳速目的。

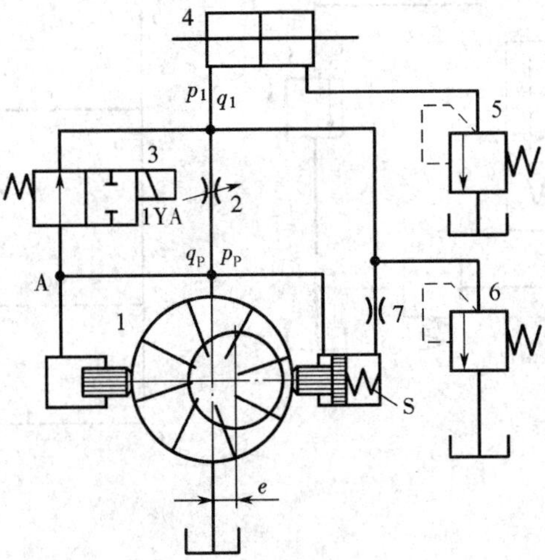

图8-19　差压式变量泵和节流阀的容积节流调速回路

1—变量泵；2—节流阀；3—二位二通电磁阀；4—液压缸；5—背压阀；6—安全阀；7—阻尼孔

为可靠地控制变量泵的偏心量 e，节流阀2前后压差以0.4 MPa为宜。为防止变量泵定子快速移动而引起振荡，特设置阻尼孔7，溢流阀6作为安全阀，5为背压阀。

该调速回路只有节流损失，无溢流损失，效率高，发热少。

8.8　快速运动回路

液压装置的工作机构在工作循环的各个阶段承受的负载不同,工作速度也不同。例如,空行程阶段,负载小,要求快速运动;工作行程阶段,负载大,需要慢速运动。液压系统应根据工作机构承受的负载和运动速度的要求确定液压泵的压力和流量参数,采用快速回路提高工作机构的空行程速度。常见快速运动回路有以下几种。

8.8.1　液压缸差动连接回路

用二位三通滑阀实现液压缸差动连接,工作机构快速运动回路如图 8-20 所示。图中 1YA 通电,3YA 断电,液压缸差动连接,快速运动;3YA 通电,由差动连接快进切换为工进速度,液压缸回油经阀 3 右位、调速阀 2 回油箱;2YA 通电,3YA 通电,实现快退。

图 6-9 所示例与本例效果相同,采用 MP、OP 机能滑阀也可实现差动连接。

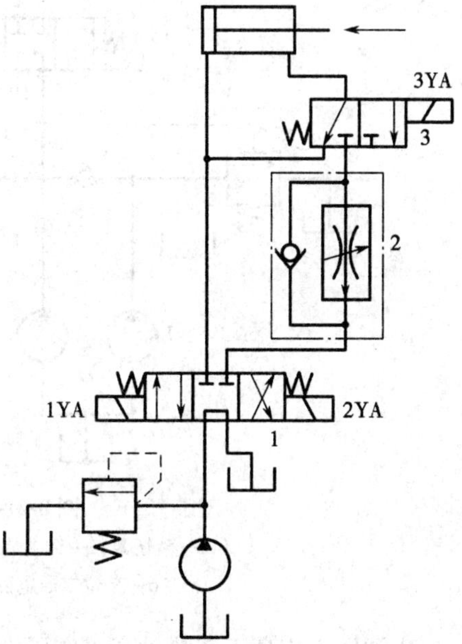

图 8-20　液压缸差动连接回路

1—三位四通电磁阀;2—单向调速阀;3—二位三通电磁阀

8.8.2　双泵并联快速运动回路

低压大流量和高压小流量液压泵并联实现快速运动的回路如图 8-21 所示。图中,1 为低压、大流量液压泵,2 为高压、小流量泵。1YA、2YA 通电,泵 1 输出液流经单向阀 8 与泵 2 汇合,两泵低压向系统供液,经阀 4 左位进入液压缸左腔,液压缸快速向左运动。在快速运动行程终点,液压缸与工件接触,2YA 断电,系统压力达到或超过卸荷阀 3 的调定压力,阀 3 开启,低压泵 1 卸荷。高压泵 2 单独向系统供液,实现工作进给。溢流阀 7 为安全阀。卸荷阀压力应高于快速运动时系统压力,而低于系统工作行程时的压力。设计回路应根据系统各工作阶段中的最大功率选取电机。

快速运动回路亦可选用具有双流量—双级压力调节的恒压变量泵实现。

8.8.3　蓄能器快速运动回路

蓄能器的快速运动回路如图 8-22 所示。液压缸停歇,电磁换向阀 5 处于中位,液压泵向蓄能器 4 充液,蓄能器储存液压能。压力上升到卸荷阀 2 调整值时,卸荷阀 2 开启,液压泵 1 卸荷。换向阀电磁铁 1YA 通电,则液压泵与蓄能器共同向液压缸供液,实现快速运动。单向阀 3 用于蓄能器保压,防止因泵 1 经卸荷阀 2 卸荷时,蓄能器内油液反向流

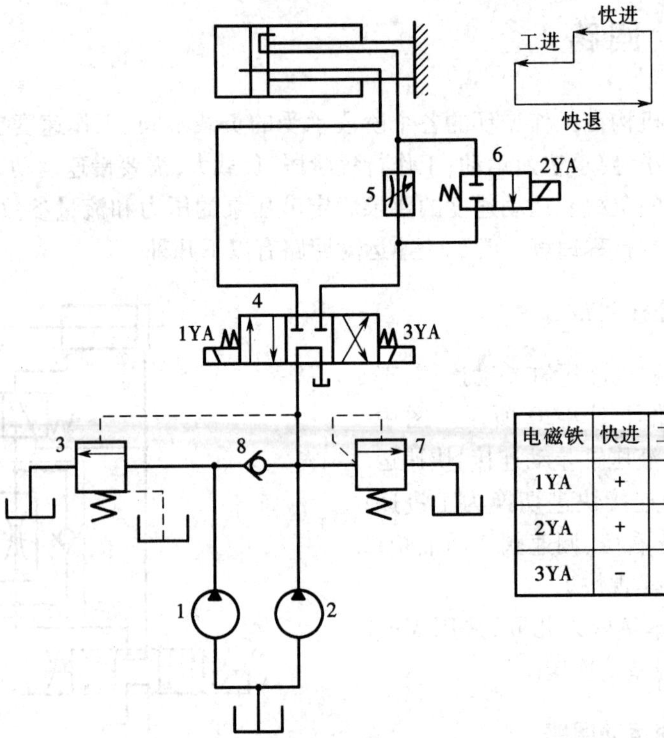

电磁铁	快进	工进	快退
1YA	+	+	−
2YA	+	−	+
3YA	−	−	+

图 8-21　双泵供油回路

1、2—液压泵;3—卸荷阀;4—三位四通电磁阀;5—节流阀;
6—二位二通电磁阀;7—安全阀;8—单向阀

回。卸荷阀压力应高于系统最高工作压力,保证工作行程期间液压泵流量全部进入系统。

该回路适用于短时内需要大流量的系统,以小流量液压泵获得较大运动速度。在一个工作循环周期内,液压缸必须有足够的停歇时间,使液压泵向蓄能器充液。

8.8.4　增速缸快速运动回路

增速缸快速运动回路如图 8-23 所示。增速缸是柱塞式液压缸和活塞式液压缸组成的复合液压缸。在系统供油量一定的情况下,用增速缸可获得快速运动、慢速运动的行程速度,并获得与运动状态相应的输出力。图示系统中,1YA 通电,系统油液经柱塞 1 中心孔进入油腔 B。油腔 B 有效工作面积即为柱塞截面积。柱塞固定,则活塞快速向右运动,A 腔经充液阀充液。活塞接触工件后,系统压力升高,打开顺序阀 4,关闭充液阀 3,系统同时向 A、B 两腔供液,有效工作面积增大,增速缸转为慢速运动,输出较大推力以克服负载力。C 腔经阀 5 接回油箱。2YA 通电,系统供油进入 C 腔,油液打开充液阀 3,A 腔卸压、排油,B 腔经阀 5 接回油箱,活塞返回。该回路效率高,快、慢速换接平稳。若采用三位四通换向阀适当组合,可获得多级速度和力的输出。

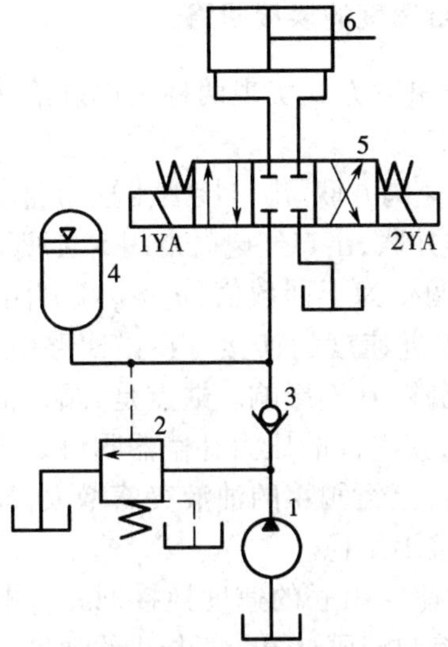

图 8-22　蓄能器快速运动回路

1—液压泵;2—顺序阀;3—单向阀;
4—蓄能器;5—三位四通电磁阀;6—液压缸

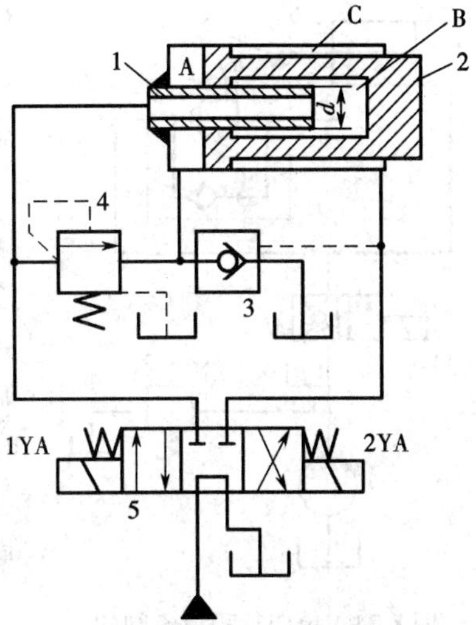

图 8-23　增速缸快速运动回路

1—柱塞;2—活塞;3—充液阀;
4—顺序阀;5—三位四通电磁阀

8.9　速度换接回路

在切削加工的一个自动循环内,刀架需要不同的运动速度,如快速接近工件换接为慢速工作进给、第一种工作进给速度换接为第二种工作进给速度等。速度换接的平稳性直接影响加工精度。速度换接的方式有以下几种。

8.9.1　快速运动和工作进给运动的换接回路

1. 用单向行程节流阀实现速度换接

单向行程节流阀实现速度换接的回路如图 8-24 所示。电磁铁 1YA 通电,液压泵输出油液经阀 3 进液压缸 6 无杆腔,有杆腔经单向行程节流阀 4 的节流阀排油至油箱。此时,节流阀阀口全开,活塞快速运动。当活塞运动到预定位置时,安装在活塞杆上的挡块 5 压下节流阀控制杆,节流口减小,形成回油节流,活塞运动速度由快速转换为慢速工进。工进行程终端,挡块 5 压下行程开关(图中未画出),发出信号使 1YA 断电。液压泵油液经阀 3、行程节流阀之单向阀进入液压缸有杆腔,活塞快速回程。

采用这种回路,正确设计挡块斜度,可使节流阀阀口平缓变化,速度换接平稳,换接精度高。

2. 行程开关与电磁滑阀配合实现快速运动与工作进给运动速度的换接

这种换接方式,可采用双泵快速运动转换为单泵慢速进给运动回路,如图 8-21 所示。

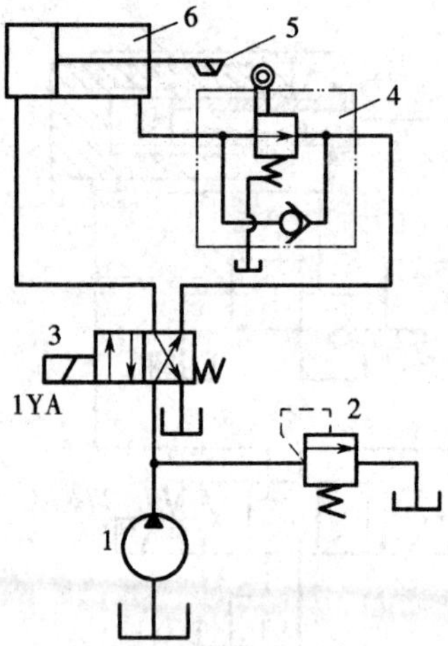

图 8-24　单向行程节流阀的速度换接回路

1—液压泵;2—溢流阀;3—二位四通电磁阀;4—单向行程节流阀;5—挡块;6—液压缸

8.9.2　两种工作进给速度的换接回路

调速阀以并联或串联方式实现两种工作进给速度的换接回路,如图 8-25 所示。

图 8-25 a) 为调速阀并联、出口接液压缸的速度换接回路。调速阀 3、4 并联,出口经电磁滑阀 5 与液压缸连接,两调速阀流量调整为不同数值($q_3 > q_4$),由电磁阀 5 切换实现两种工进速度的换接。在该回路中,两调速阀流量可单独调整,互不影响。缺点是,阀 3 工作时,阀 4 无油液流过,其内部的压力补偿器阀口处于全开状态。速度换接时,流经阀 4 的油液突然增大,液压缸出现前冲,速度换接不平稳。

图 8-25 b) 为调速阀串联的速度换接回路。电磁阀 5 断电,调速阀 3 控制液压缸第一工作进给速度。电磁阀 5 通电,由调速阀 4 控制第二工作进给速度。在这种串联方式中,$q_3 > q_4$,两阀均处于工作状态,换接时液压缸无前冲现象,换接平稳性好。这是常用回路。

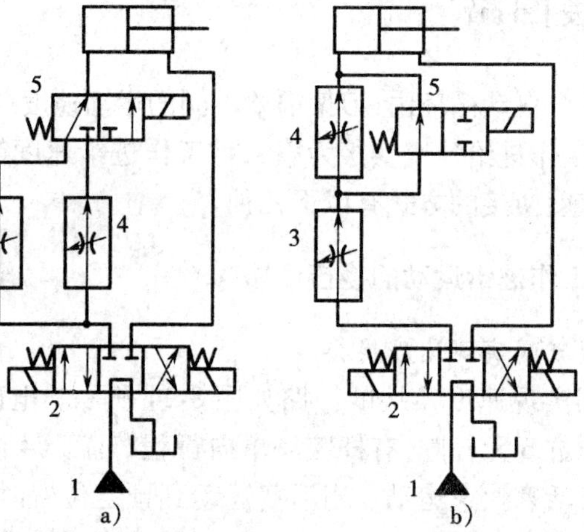

图 8-25　用调速阀实现两种工作速度的换接回路

1—压力源;2—三位四通电磁阀;3、4—调速阀;5—二位二(三)通电磁阀

8.10　多缸控制回路

液压设备中,有时仅用一台液压泵驱动多个液压执行元件工作,以实现工作部件的特定功能。这种系统节省元件,能量可得到充分利用,且结构紧凑。常见的多缸(执行元件)工作控制回路有以下几种。

8.10.1 顺序动作回路

实现液压缸顺序动作的回路有行程控制的顺序动作回路(图 6-10)、压力控制的顺序动作回路(图 7-15、图 7-26)、时间控制的顺序动作回路、行程阀控制的顺序动作回路(图 8-26)。图 8-26 中,液压缸 A、B 的活塞均处于右端,阀 C 置左位,则液压缸 A 右腔进油,左腔排油,按动作顺序①动作;挡块压下行程换向阀 D 控制杆,D 置上位,B 缸按顺序②运动;手动换向阀 C 复位后,A 缸按顺序③运动回原位;挡块后移松开阀 D 控制杆,阀 D 复原位,B 缸按顺序④返回原位停止。这种回路动作可靠,但动作顺序一经确定,再更改动作顺序则较上述几例回路困难。

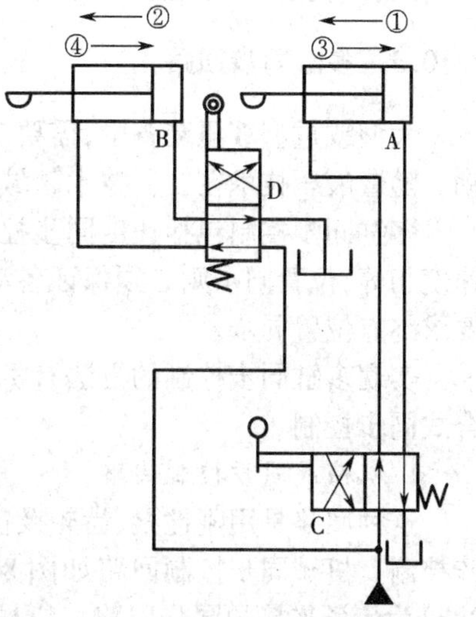

图 8-26　行程阀控制的顺序动作回路

8.10.2 多缸快、慢速互不干扰回路

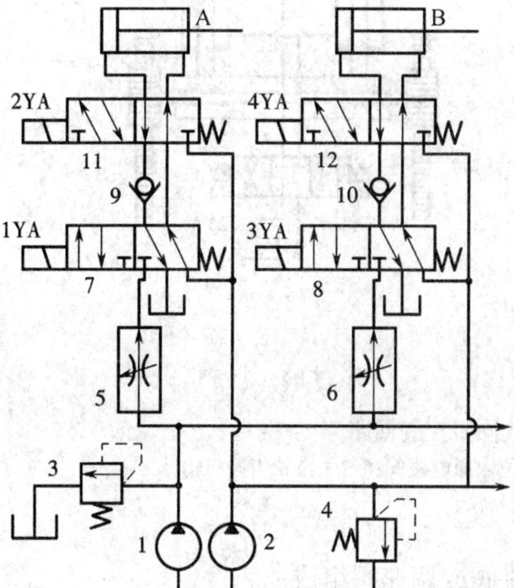

图 8-27　双泵供油的多缸快、慢速互不干扰回路

1、2—液压泵;3、4—溢流阀;5、6—调速阀;

7、8、11、12—二位五通电磁阀;9、10—单向阀

在多缸系统中,由于各液压缸负载不同、工作速度不同,在运动中发生相互干扰,实际工作中需要采用多缸快、慢速互不干扰回路。图 8-27 所示为双泵供油实现多缸快、慢速互不干扰回路。该回路采用快、慢速各由一台泵控制,两个液压缸各自完成“快进—工进—快退”自动循环。工作过程如下:2YA、4YA 通电,1YA、3YA 断电,泵 2 向 A、B 两液压缸供油,且两液压缸均为差动连接,两缸活塞快速向右运动。若缸 A(或缸 B)活塞先完成快进工序,其挡块压下行程开关,使电磁块 1YA 通电、2YA 断电(3YA 通电、4YA 断电),则 A 缸(B 缸)就由液压泵 1 供油(泵 1 输出油液经调压阀 5、换向阀 7、单向阀 9、换向阀 11 进液压缸 A 左腔),右腔排油至油箱,实现慢速工作进给,不受另一缸的影响。当两液压缸 A、B 都转入工作进给时,两缸均由泵 1 供油。若其中 A 缸工作进给完毕,压下工作进给行程终端行程开关,2YA 通电,1YA 通电,则 A 缸由泵 2 供油实现快退。待 B 缸完成工作进给后,也由泵 2 供油。只有两液压缸都返回到初始位置,全部电磁铁断电。该回路特点是:液压缸的快速运动(快进、快退)由泵 2 承担;慢速运动

(工作进给)由泵1承担。两泵分开供油,消除单泵供油产生的相互干扰。

8.10.3 多缸同步回路

大型或重型液压装备中,需要多个液压缸同时工作,要求它们以相同的速度或位移运动。随着液压技术在工程技术领域中应用的扩大,多缸同步控制越发重要。

多缸同步控制包括速度同步控制和位置同步控制两类。速度同步是指各液压缸运动速度相等;位置同步则必须保证各液压缸在运动中和停止时位置处处相同。有的装备仅要求终点位置同步。

实现多缸同步控制的方法有机械式同步控制、流量式同步控制、容积式同步控制及联合式同步控制。

1. 机械式同步控制回路

这种回路是用刚性梁、齿轮及齿条等机械构件将液压缸活塞杆刚性连接,实现位移同步控制。机械同步控制回路如图8-28所示。图8-28a)为刚性梁连接的同步回路;图8-28b)为齿条连接的同步回路。机械式同步控制回路结构简单,工作可靠,宜用于两缸负载相差不大的装置。其同步精度取决于连接构件的刚性。

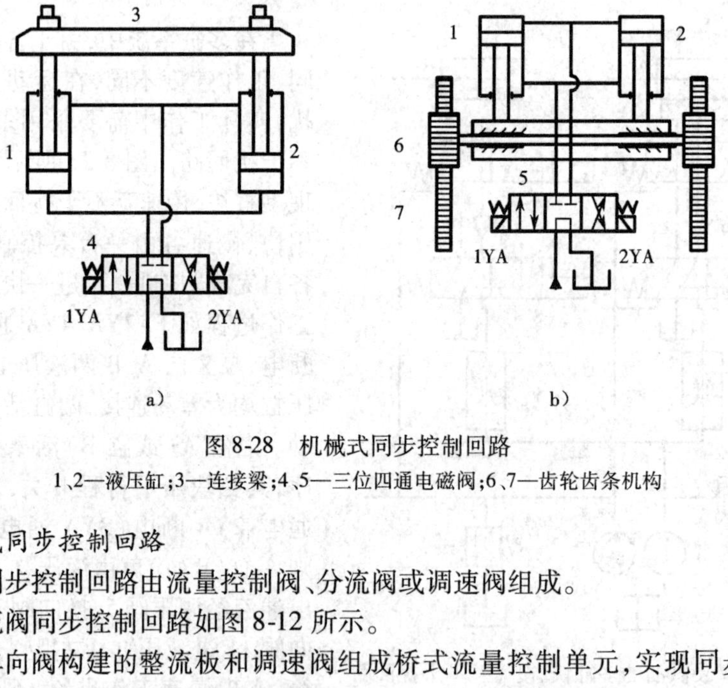

图8-28 机械式同步控制回路

1、2—液压缸;3—连接梁;4、5—三位四通电磁阀;6、7—齿轮齿条机构

2. 流量式同步控制回路

流量式同步控制回路由流量控制阀、分流阀或调速阀组成。

等量分流阀同步控制回路如图8-12所示。

用四个单向阀构建的整流板和调速阀组成桥式流量控制单元,实现同步控制,如图8-29所示。图8-29a)为调速阀桥式整流同步回路,该回路使液压缸双向节流、双向运动速度同步,可控制多缸同步运动。该回路简单,系统效率低。图8-29b)为一个液压缸用调速阀控制,作主动缸;另一个液压缸用比例调速阀控制,作从动缸,跟踪主动缸运动速度,可实现位移同步,同步精度可达0.5 mm。

3. 容积式同步控制回路

容积式同步控制回路有液压缸串联、液压马达并联配流同步控制方式。

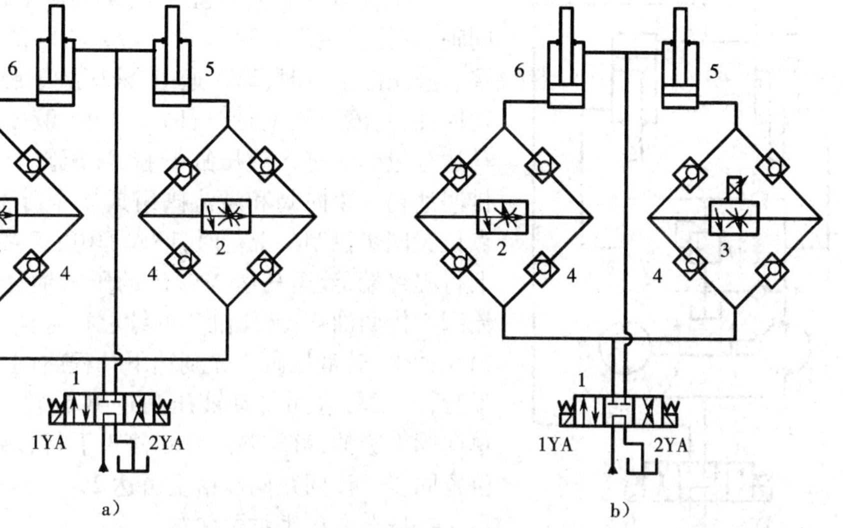

图 8-29　双向节流液压缸同步控制回路

1—三位四通电磁阀;2—调速阀;3—比例调速阀;4—整流板;5、6—液压缸

参数相同的双出杆液压缸串联式同步回路如图 8-30 所示。

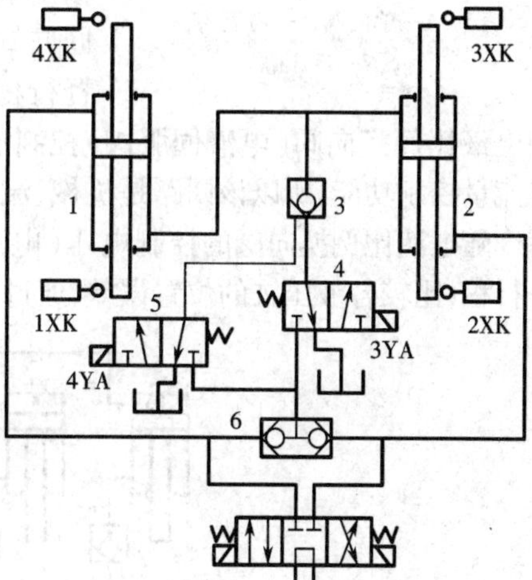

图 8-30　液压缸串联式同步回路

1、2—液压缸;3—液控单向阀;

4、5—二位三通电磁阀;6—梭阀

三位四通电磁换向阀 1YA 通电,液压缸 1 上腔进油,下腔排油,油液进入液压缸 2 上腔,两液压缸同步下行;2YA 通电,两液压缸同步上行。两液压缸产生同步误差时,用四个行程开关和两个二位三通电磁换向阀配合以消除累积误差。上行时,若液压缸 1 先到达终端,4XK 发出信号,4YA 通电,开启液控单向阀 3,液压缸 2 上腔放油,上行至终端,3XK 发出信号,电磁铁都断电;若液压缸 2 先到达终端,3XK 发出信号,3YA 通电,液压泵为液压缸 1 下腔补油,液压缸 1 上行至终端,4XK 发出信号,电磁铁都断电。下行时,若液压缸 1 先到达终端,行程开关 1XK 发出信号,3YA 通电,液压泵为液压缸 2 上腔补油,液压缸 2 下行至终端,2XK 发出信号,电磁铁都断电;若液压缸 2 先到达下行终端,2XK 发出信号,4YA 通电,开启液控单向阀 3,液压缸 1 下腔排油,液压缸 1 下行至终端,1XK 发出信号,电磁铁都断电。

为保证液压缸上行或下行时都能补油及放油,系统中设置梭阀 6,使二位三通电磁换向阀 4、5 都与压力油接通,保证系统可靠工作。该回路同步精度取决于液压缸制造精度、各控制阀及密封装置的性能。

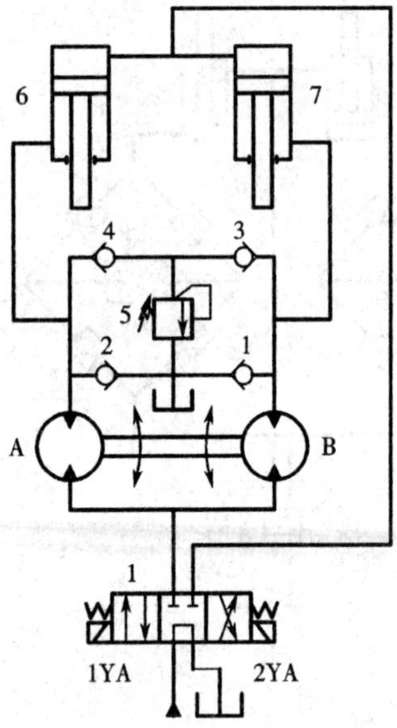

图 8-31　液压马达并联同步控制回路

1～4—单向阀；5—溢流阀；6、7—液压缸

液压马达并联同步控制回路如图 8-31 所示。两个同轴、等排量液压马达与两个参数相同的液压缸下腔连接。液压缸下行时，2YA 通电，液压缸下腔排油经液压马达回油箱；液压缸上行时，1YA 通电，液压泵供油经液压马达等量分流进入液压缸下腔，液压缸上腔液经换向阀排回油箱。单向阀和溢流阀组成安全补油单元，实现终点位置同步控制。上行时，1YA 通电，若液压缸 6 先到达上行程终端，液压马达 A 输出的压力油经单向阀 4 和溢流阀 5 排回油箱；液压缸 7 继续上行直至终端。下行时，2YA 通电，若液压缸 7 先到达下行程终端，液压缸 6 继续下行，液压马达 A 带动液压马达 B 旋转，液压马达 B 经单向阀 1 吸油，直至液压缸 6 停于下行程终端，实现终点位置同步。该回路同步精度可达 2%～5%。

4. 联合式同步控制回路

联合式同步控制回路如图 8-32 所示。该回路由等排量液压马达和参数相同的液压缸并联组成。液压马达输出端用模数相同、齿数相等的啮合齿轮连接，液压马达同向旋转。液压缸活塞杆内装有位移传感器，检测活塞杆行程，液压缸下腔油路设置液控单向阀及微调元件。用电液比例换向阀（电液伺服阀）控制液压缸运动方向。电液比例换向阀（电液伺服阀）具有流量控制功能，所以该回路是机械、流量、容积及跟踪联合式同步控制回路。液压缸升降速度随电液比例换向阀的控制电压（电流）信号的强弱而变化。位移传感器实时检测活塞杆行程，比较各液压缸的位置误差，通过数控系统调节，实现速度、位置高精度同步控制。

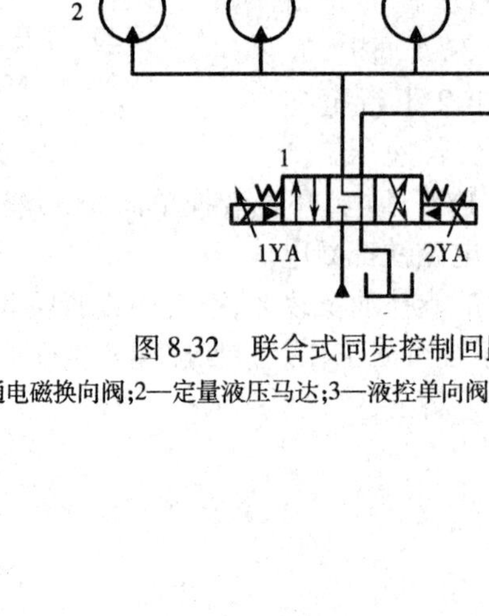

图 8-32　联合式同步控制回路

1—三位四通电磁换向阀；2—定量液压马达；3—液控单向阀；4—液压缸；5—位移传感器

第 9 章　二通插装元件及系统

二通插装元件又称插装式锥阀,具有结构简单、通流能力大、动态响应快、密封性好、抗污染等诸多优点。插装式元件已标准化,便于组成多种功能的复合阀,在高压、大流量液压控制系统中应用很广。

9.1　二通插装元件结构及工作原理

9.1.1　二通插装元件结构

所谓插装结构,是指由阀体(块)、阀芯、阀套(座)、弹簧、控制盖板、密封件组成的插装式部件。由于采用插装式安装和连接,故有插装阀之称,也称逻辑阀。二通插装式锥阀如图 9-1 所示。其各组成部件功能如下。

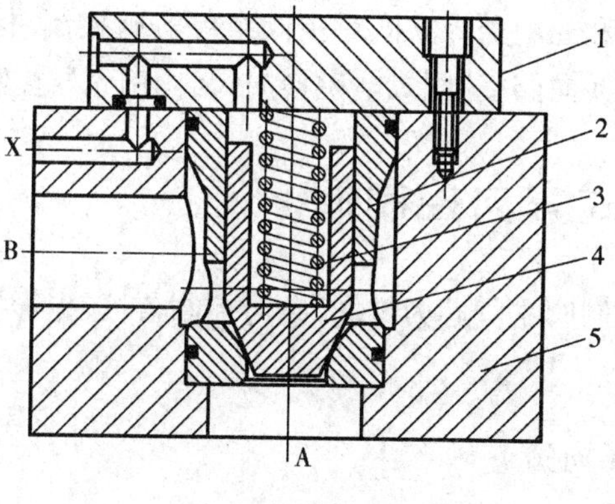

图 9-1　二通插装式锥阀

1—控制盖板;2—阀套(座);3—弹簧;4—阀芯;5—阀体

1)阀块　阀块是插装阀的阀体或集成块。阀块上有安装插装件的标准孔、各插装件连接通道、控制通道、阀块间连接口、阀块与动力源或执行元件的连接口。图 9-1 中 A、B 为主油路通道,X 为控制通道。

2)插装件　插装件又称主阀组件或功率控制级,由阀芯 4、阀套(座)2、弹簧 3、密封件等组成。阀套外圆柱面与阀块内标准孔配合,径向孔与阀块主油路 B 接通;阀芯是液压控制的锥阀或滑阀。阀芯与阀套(座)内孔配合,并沿阀套(座)内孔移动。

3)控制盖板　主要用于固定插装件,保证密封。盖板 1 内可嵌入微型先导控制元件及节流螺塞等其他附件。盖板内部通路用于控制主阀组件的启闭。控制盖板按控制功能分为方向控制盖板、压力控制盖板、流量控制盖板三大类。

9.1.2 二通插装阀工作原理

二通插装阀工作原理如图 9-2 所示。

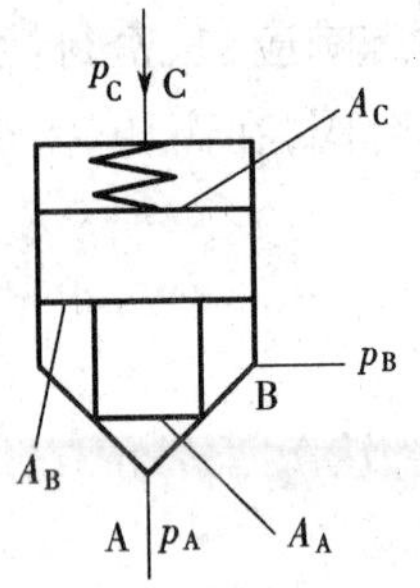

图 9-2 二通插装阀工作原理

阀芯处于关闭位置时,形成 A、B、C 三个油腔。主油腔 A、B 对应的液压作用面积为 A_A、A_B,阀芯上腔 C 是控制腔,其液压作用面积为 A_C,且有 $A_C = A_A + A_B$。各油腔的液体压力分别为 p_A、p_B、p_C,弹簧力为 F_S。忽略阀芯质量与液动力的影响,阀芯受力平衡方程为

$$F_S + p_C \cdot A_C = p_A \cdot A_A + p_B \cdot A_B \tag{9-1}$$

阀芯启闭取决于弹簧力 F_S及各油腔液压作用面积和液体压力。当 $F_S + p_C \cdot A_C < p_A \cdot A_A + p_B \cdot A_B$时,阀芯开启,A、B 接通;当 $F_S + p_C \cdot A_C > p_A \cdot A_A + p_B \cdot A_B$时,阀芯关闭,油口 A、B 不通。

由此可知,插装阀实际就是一个液控二位二通方向阀。

将插装控制元件适当组合,配以相应的控制盖板和先导控制阀,即可组成插装方向控制阀、压力控制阀、流量控制阀及复合控制阀。先导控制阀是对插装组件实施控制的小规格标准阀。先导控制阀和控制盖板共同对主阀组件实施控制,构成控制组件。常用的先导控制阀有滑阀式电磁换向阀、球阀式电磁换向阀、比例先导控制压力阀、叠加阀等。

9.2 二通插装式方向控制阀

二通插装式方向控制阀主阀芯为锥阀,它与控制盖板、先导控制阀组合构成方向控制阀。

9.2.1 单向阀及液控单向阀

控制盖板和阀体上的控制孔将阀芯控制腔 C 与 B 腔(或 A 腔)连通,即构成单向阀。连接方式不同,导通方式也不同。C 腔与 B 腔连通时,可使 A→B 流动,如图 9-3 所示。单向阀关闭时,使 B 和 A 两腔完全密封,具有良好的保压性能。C 腔与 A 腔连通时,可使 B→A 流动。但阀芯关闭时,控制油通过阀芯与阀套径向间隙产生泄漏,保压性能差。

如图 9-4 所示,阀芯控制腔 C 与 B 腔油路间设置二位三通电磁阀作先导阀,构成液控单向阀。YA 断电,可使 A→B 流动。$p_B > p_A$时,锥阀关闭,B 腔油液不能向 A 腔流动。YA 通电,A、B 两腔油液可双向流动。

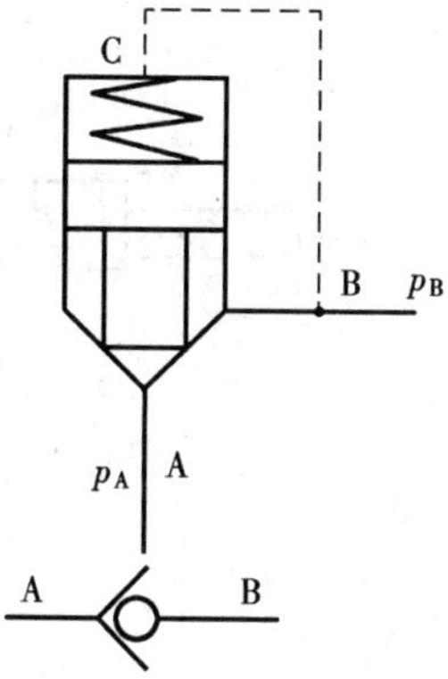

图 9-3　二通插装式单向阀及符号

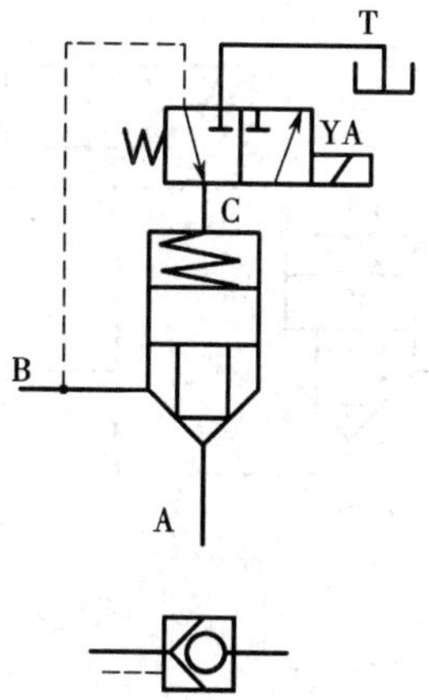

图 9-4　二通插装式液控单向阀及符号

9.2.2　二位二通、二位三通及二位四通插装方向阀

1. 二位二通

如图 9-5 所示，二位三通电磁阀控制主阀芯 C 腔油液的输入与排出。控制油取自 A、B 两油路中压力较高者，因此增设压力选择阀（梭阀）。YA 断电，$p_A > p_B$ 或 $p_A < p_B$，主阀芯均关闭，A、B 不通；YA 通电，主阀芯控制腔排油，主阀芯均处于开启状态，若 $p_A > p_B$，油液 A→B 流动；若 $p_A < p_B$，油液 B→A 流动。

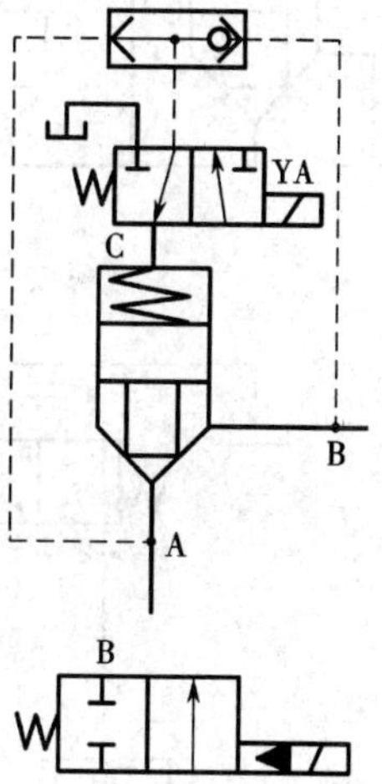

图 9-5　二位二通插装式方向阀及符号

2. 二位三通

用二位四通电磁阀与两个插装锥阀元件组成二位三通插装阀。如图 9-6 所示，二位四通电磁阀作先导阀控制两个插装锥阀元件 C 腔的进、排油，控制油由外部油路供给。YA 断电，V_1 关闭，P、A 不通，V_2 开启，A→T 通；YA 通电，V_2 关闭，A、T 不通，V_1 开启，P→A 通。其功能与二位三通方向阀等效。改变二位四通电磁先导阀机能，可以得到不同机能的二位三通插装阀。

3. 二位四通

按二位三通插装阀的组成方法，用二位四通电磁先导阀控制四个插装锥阀元件，即可构成二位四通插装式方向阀。其功能与二位四通滑阀等效，如图 9-7 所示。

9.2.3　三位四通插装式方向阀

如图 9-8 所示，用四个二位四通先导阀分别控制四个二通插装锥阀元件，对四个先导电磁铁通电状态组合，即构成具有多种中位机能的四通方向阀。其机能如表 9-1 所列。

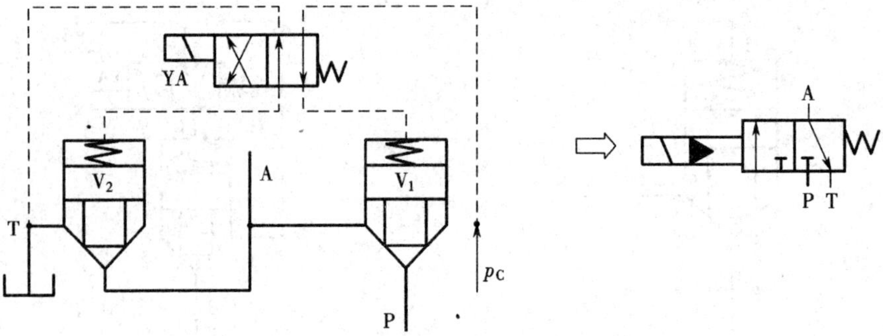

图 9-6　二位三通插装式方向阀及符号

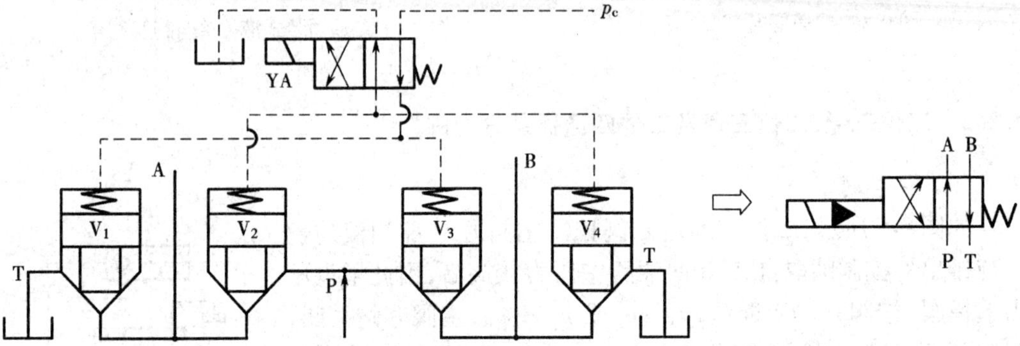

图 9-7　二位四通插装式方向阀及符号

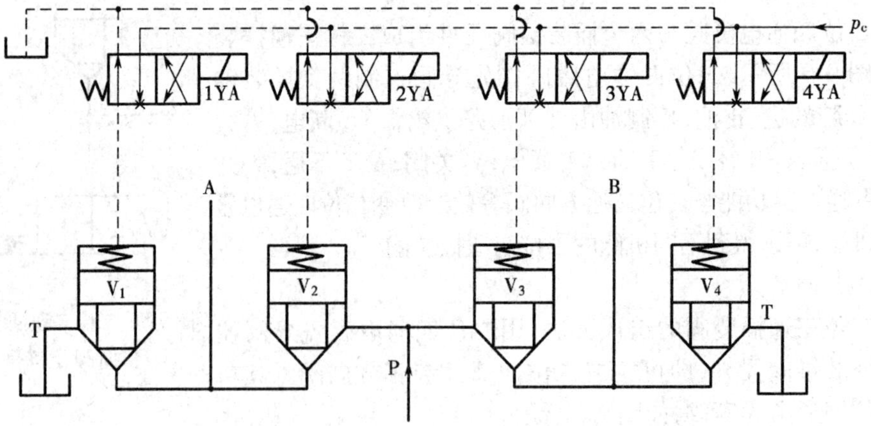

图 9-8　二通插装锥阀构成多种机能的三位四通方向阀

表 9-1　多种机能的四通方向阀

1YA	2YA	3YA	4YA	中位机能	1YA	2YA	3YA	4YA	中位机能
1	1	1	1	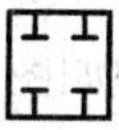	0	0	1	1	
1	0	0	1		1	1	1	0	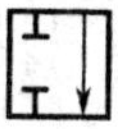
0	1	1	0		0	1	1	1	
1	0	0	0		1	1	0	1	
0	1	0	0		0	1	0	1	
0	0	1	0	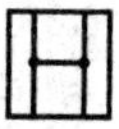	1	0	1	0	
0	0	0	1		1	1	0	0	
0	0	0	0		1	0	1	1	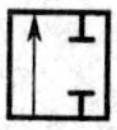

表 9-1 显示:四个二位四通电磁先导阀控制四个二通插装锥阀元件,实际可形成 12 种机能的四通阀,除 M 型机能外,O、P、Y、H、K、J 型机能都含其中。为简化系统,实际应用时,仅用一个三位四通电磁先导阀即可实现某种机能。P 型先导阀控制实现 O 型机能;Y 型先导阀控制实现 H 型机能。

9.3　二通插装式压力控制阀

二通插装式压力控制阀是对传统结构的压力控制元件的继承和发展。二通插装式压力控制阀是由插装式主阀芯、控制盖板、先导控制阀(有无均可)组成诸如溢流阀、顺序阀、减压阀等。

9.3.1 二通插装式溢流阀

二通插装式溢流阀是由主阀组件和控制盖板构成的先导型溢流阀。主阀芯采用锥阀,先导压力控制阀嵌入控制盖板。其工作原理如图 9-9 a）所示。A(P)为压力油腔,压力油经控制通路 x 和控制盖板节流孔作用于先导调压控制阀和主阀芯控制腔 C。当 A 腔(进口)压力 p_A 小于先导调压控制阀调整压力时,先导阀关闭,即有 $p_C = p_A$,主阀芯亦关

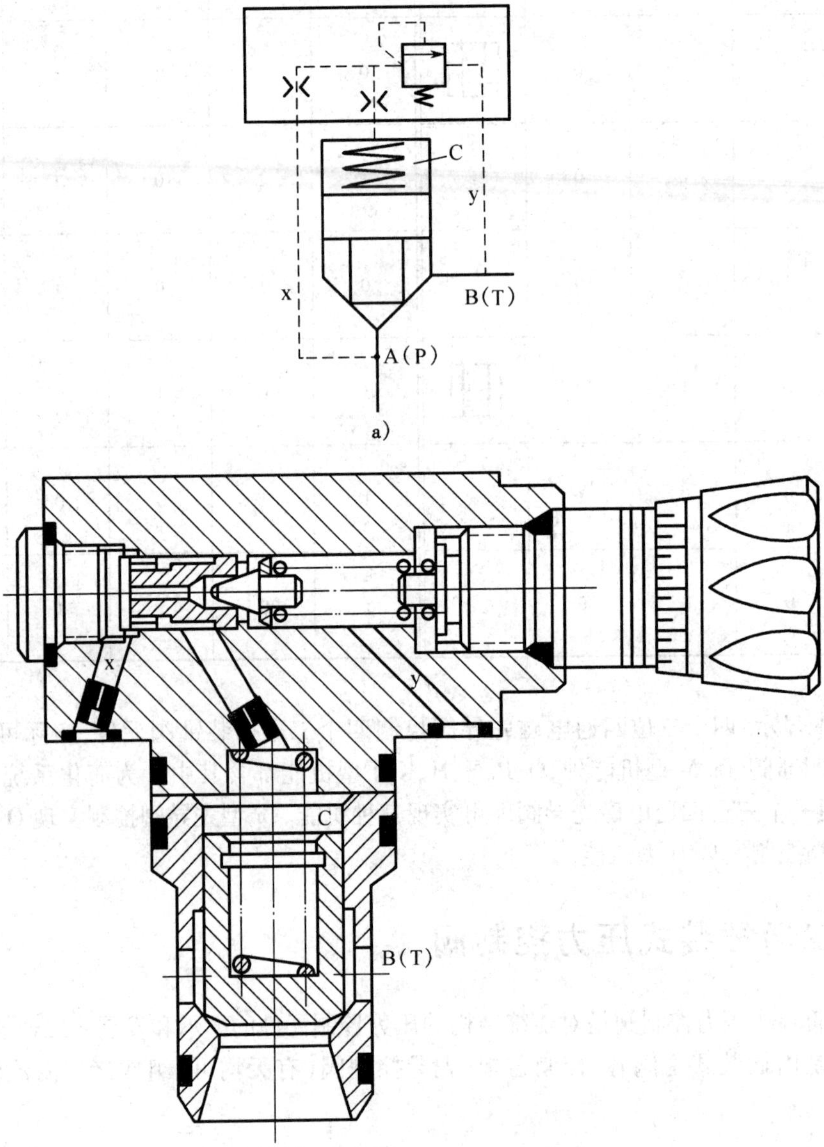

图 9-9　基本型二通插装式溢流阀

闭；当 A 腔压力 p_A 大于先导调压控制阀调整压力时，先导阀开启，油液经先导阀溢流通路 y、主油路 B(T) 回油箱；主阀芯随即开启，主油路 A(P) 经 B(T) 溢流。基本型溢流阀结构如图 9-9 b) 所示。其特点是：为提高静态精度和动态稳定性，先导压力控制级与主阀控制级之间增设由节流螺塞组成的液阻网络。

9.3.2 电磁溢流阀

在基本型二通插装式溢流阀盖板上叠加一个微型二位二通电磁阀，组成先导电磁阀控制的电磁溢流阀。该阀可作卸荷阀用。其控制原理如图 9-10 示。YA 断电，主阀芯控制腔卸压，A→B 通，系统卸荷；YA 通电，主阀芯控制腔不能卸压，且 A、C 腔压力由内嵌溢流阀控制，主阀芯关闭，A、B 不通。

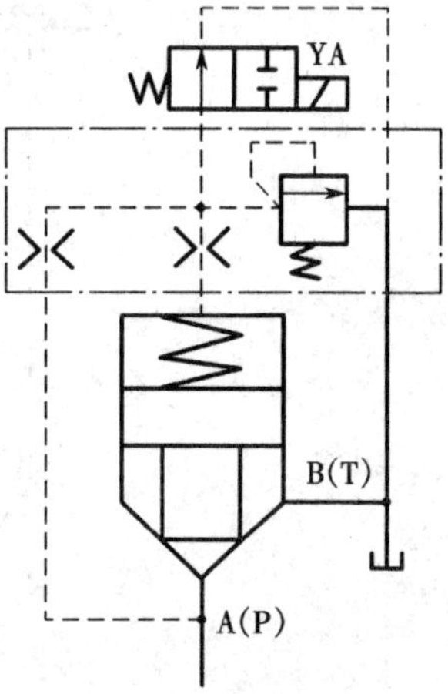

图 9-10　二通插装式电磁溢流阀（电磁卸荷阀）

9.3.3 二通插装式顺序阀

对图 9-9 所示的基本型溢流阀连接油路稍作改动，A 口连接不变，B 口与负载油路连接（不回油箱），先导压力阀泄油路 y 无背压独自连通油箱，即构成二通插装式顺序阀。其工作原理如图 9-11 所示。

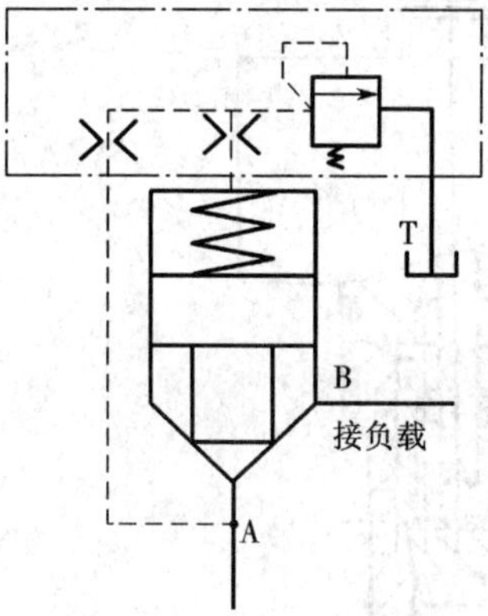

图 9-11　二通插装式顺序阀工作原理

9.3.4 二通插装式减压阀

图 9-12 为二通插装式减压阀结构。主阀芯为滑阀式，B 为一次压力 p_B 入口、A 为二次压力 p_A 出口，二次压力 p_A 作用于主阀芯下端面，并经控制通道 x、节流孔作用于主阀控制腔和先导压力阀。二次压力 p_A 大于先导压力阀调节压力值时，先导压力阀打开，油液经通道 y 无背压泄回油箱，控制腔压力下降；作用于主阀芯下端面液压力克服弹簧力向上移动，主阀与阀套通路减小，节流阻力增加，输出二次压力 p_A 下降，直至与先导压力阀调节压力值相等。

9.4 二通插装式流量控制阀

二通插装式流量控制阀由锥阀芯和内装阀芯行程调节杆的控制盖板组成。锥阀芯带有节流尾部。节流尾部开有形状各异的节流窗口。带千分尺的精细调节杆调节阀芯行程。所以，二通插装式流量控制阀具有方向和流量复合控制功能。二通插装式流量控制阀如图 9-13 所示。

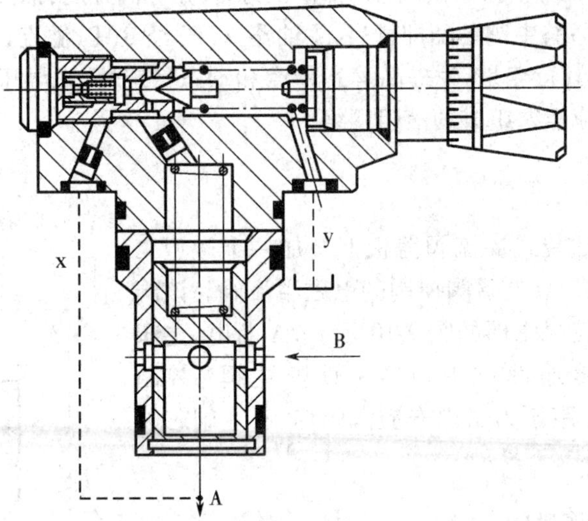

图 9-12　二通插装式减压阀结构

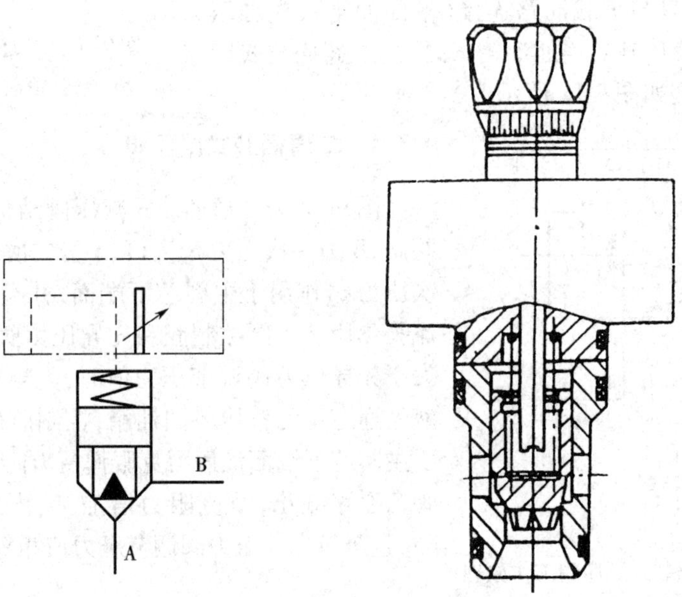

图 9-13　二通插装式流量控制阀

9.5　二通插装阀特殊功能单元

前面介绍了单一功能的二通插装阀以及具有多功能的方向—压力、方向—节流控制阀。结构设计上二通插装主阀具有高度的灵活性,先导级也可方便地叠加和组合,表明其本质就是多功能控制结构。由这种结构组成的二通插装阀特殊功能单元为工程应用提供了坚实的技术保障。

9.5.1 压力控制单元

1. 中位卸荷机能的三位四通单元

最常用的具有中位卸荷机能的三位四通滑阀是“M”型机能换向阀。可以用“P”型机能的三位四通电磁阀作先导阀，控制四个二通插装式锥阀构成“O”型机能三位四通电液动换向阀，在其进油路P并联一个电磁溢流（卸荷）阀，组成图9-14所示系统。1YA、2YA、3YA断电，可获得中位机能为“M”型的三位四通电液动换向阀同等控制效果。先导控制油可来自主油路。为保证系统最小先导控制油压，应增加背压阀，采用独立控制油源更佳。

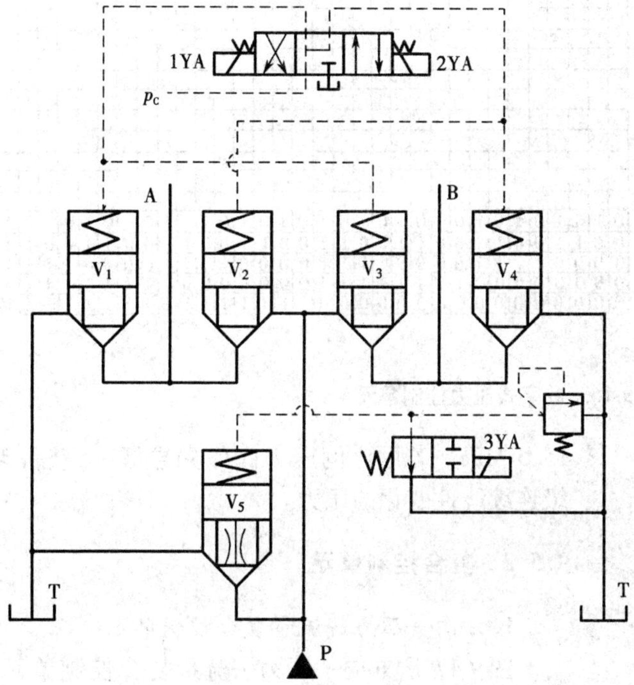

图9-14 中位卸荷机能的三位四通单元

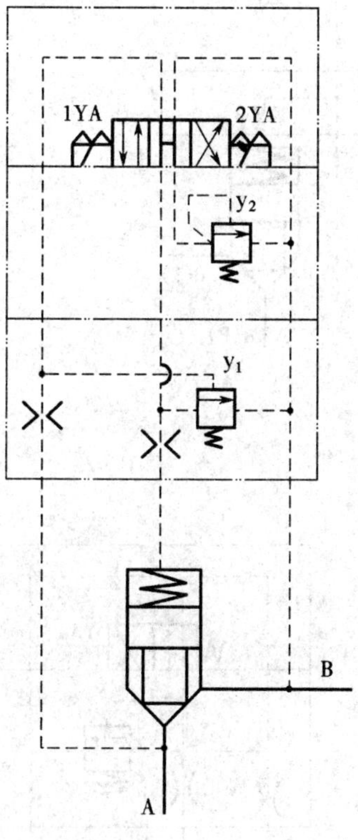

图9-15 多级压力控制单元

2. 多级压力控制单元

图9-15所示系统具有两级压力选择和卸荷功能。图示状态为三位四通电磁先导阀，它使主阀卸荷。1YA通电，系统压力由阀y_1调定；2YA通电，系统压力由阀y_2调定。

3. 数字式压力控制单元

以典型溢流阀作为主级，用多组先导压力控制阀和二位二通电磁阀可组成叠加式先导控制级。各先导压力控制阀分别调整至规定值，如图9-16 a)所示。电磁铁按图9-16 b)序列通电，系统压力按0.5 MPa的级差递增，得31（即2^5-1）级压力，最高压力为

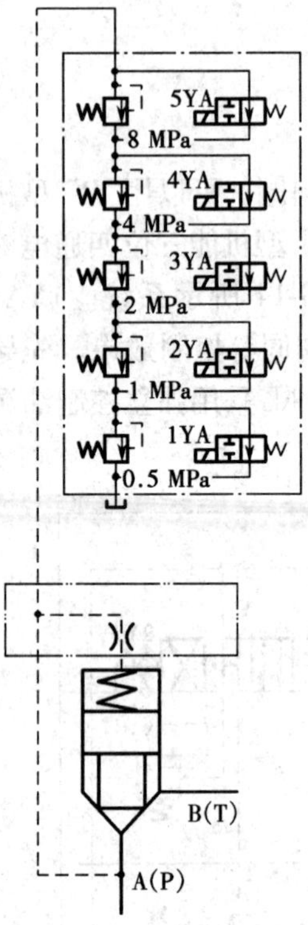

a)

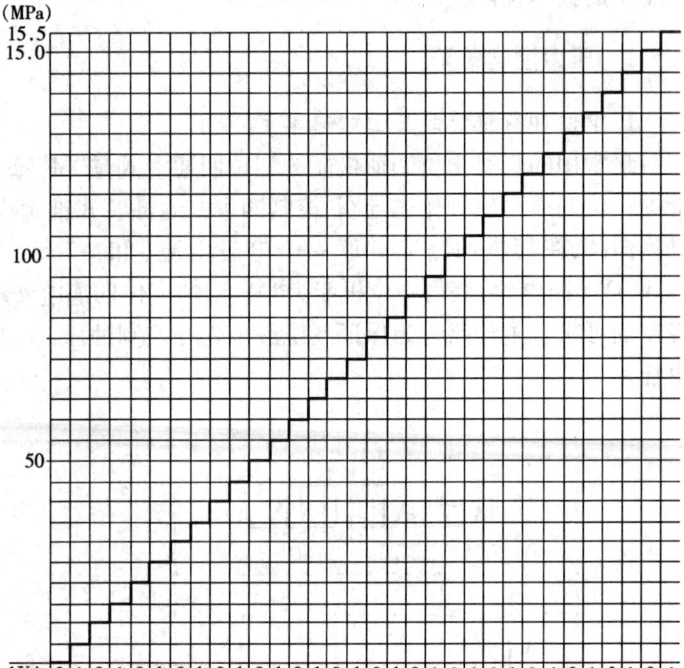

1YA	0	1	0	1	0	1	0	1	0	1	0	1	0	1	0	1	0	1	0	1	0	1	0	1	0	1	0	1	0	1	0	1
2YA	0	0	1	1	0	0	1	1	0	0	1	1	0	0	1	1	0	0	1	1	0	0	1	1	0	0	1	1	0	0	1	1
3YA	0	0	0	0	1	1	1	1	0	0	0	0	1	1	1	1	0	0	0	0	1	1	1	1	0	0	0	0	1	1	1	1
4YA	0	0	0	0	0	0	0	0	1	1	1	1	1	1	1	1	0	0	0	0	0	0	0	0	1	1	1	1	1	1	1	1
5YA	0	0	0	0	0	0	0	0	0	0	0	0	0	0	0	0	1	1	1	1	1	1	1	1	1	1	1	1	1	1	1	1

b)

图 9-16　数字式压力控制单元

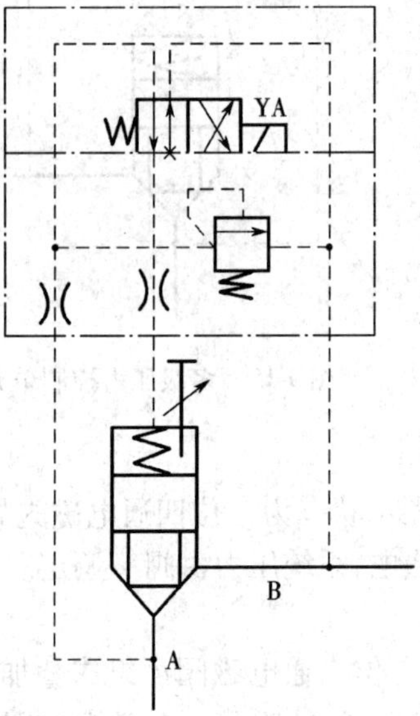

图 9-17　方向—压力—流量复合控制单元

15.5 MPa。若用比例压力阀作先导级,可获得无级连续线性变化的压力。

9.5.2　复合控制单元

1. 方向—压力—流量复合控制单元

图 9-17 是方向—压力—流量复合控制单元。主阀采用锥阀结构,控制盖板带有阀芯行程调节杆,并安装有先导压力阀和二位四通电磁先导阀,共同构成方向—压力—流量复合控制单元。

2. 双路进油节流、一路有平衡功能的四通单元

图 9-18 是一种具有更多功能的复合控制单元。"P"型三位四通先导阀控制四个二通插装锥阀,成为"O"型机能的电液动三位四通换向阀。其中 V_2、V_3 是节流元件,V_1 和 V_2 构成 A 路进油的单向节流阀;V_3、V_4 构成 B 路进油的单向节流阀;V_4 与先导

溢流阀又组成使B路具有平衡功能的单向顺序阀。图9-18 a）是插装阀系统原理图,图9-18 b）是等效回路图。

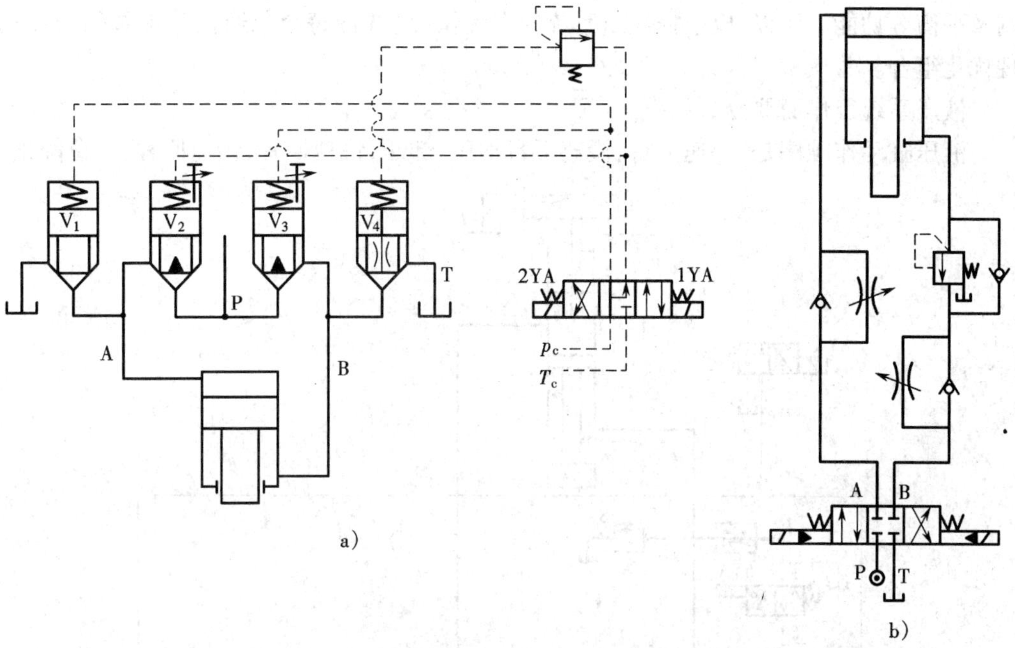

图9-18　双路进油节流、一路有平衡功能的四通单元

a）插装阀系统原理；b）等效回路

9.6　液压机二通插装阀液压控制系统

液压机在汽车、电子、船舶、塑料制造业中占有重要地位。随着液压、机械技术的发展和微电子技术及数控技术在液压机控制系统中的普及应用,现代液压机液压系统已经呈现多样化,有控制泵型、控制阀型、二通插装阀型、泵—阀复合控制型等。各种类型的液压系统独具特色、使用范围不同。本节介绍二通插装阀型液压系统。

二通插装阀型液压系统适用于大流量场合。其优点是结构紧凑、成本低、响应快、无冲击。图9-19为液压机二通插装阀液压控制系统。该系统用三组定量液压泵供油,每组液压泵配有先导型溢流阀与二位二通电磁阀构成的卸荷回路,便于单独控制每一组液压泵的运行。液压缸活塞升降、停止、平衡及输出力均由二通插装阀组成的特殊功能的三位四通阀组控制。多功能三位四通阀组是由P型机能三位四通电磁阀控制四个二通插装阀 V_1、V_2、V_3、V_4组成的特殊功能的控制单元。V_2、V_3进油口并接于液压泵出油口,出油口分别与液压缸下腔、上腔油口连接,控制液压缸两腔进油;V_2、V_3盖板内嵌梭阀,使其控制腔有较高的控制油压,保证可靠关闭。V_1、V_4进油口与上腔油口连接,出油口连通油箱;V_1实际为节流元件,控制液压缸下腔排油,其控制腔接单向节流阀和二位三通电磁阀,受液压缸下腔油压控制;V_1、V_2组成单向节流阀。V_4盖板内嵌直动型溢流阀7,盖板顶部叠加液动滑阀5和二位二通电磁阀6,构成具有压力控制和卸压功能的控制单元。可见,四个二通插装阀V_1、V_2、V_3、V_4除单独控制液压缸进、排油功能外,还兼有压力、速度控制及平衡等功能。所以,应根据液压系统的实际情况,选择每个二通插装锥阀的通径,实现优化组合。

液压系统工作简要分析如下。

液压缸动作顺序是:快速下行,慢速下行加压,卸压,快速回程,慢速回程,上位静止。

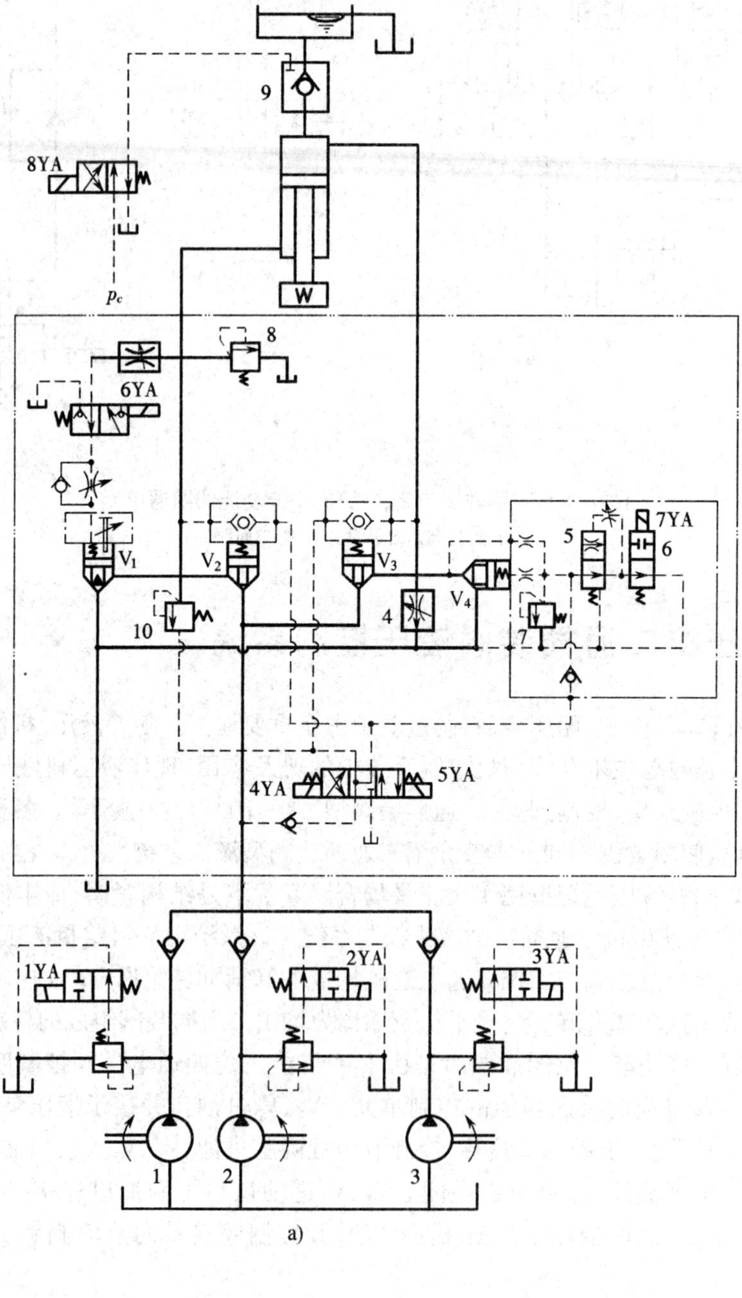

a)

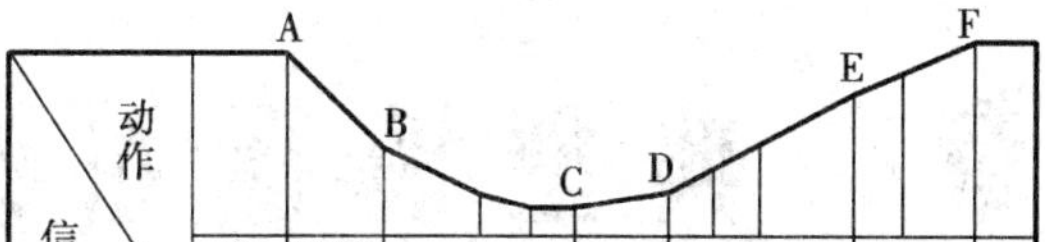

信号	停止	快速下行	加压下行			卸压	快速上升			低速上升		停止
1YA		○	○	○	○		○	○	○	○	○	
2YA		○	○	○				○	○	○		
3YA		○	○						○			
4YA		○	○	○	○							
5YA							○	○	○	○	○	
6YA		○										
7YA		○	○									
8YA									○	○		

b)

图 9-19　液压机二通插装阀液压控制系统

1、2、3—液压泵；4—调速阀；5—二位二通液动滑阀；6—二位二通电磁阀；7—安全阀；8—溢流阀；9—充液阀；10—溢流阀

液压泵空负荷启动，1YA、2YA、3YA 不通电，液压泵卸荷运转待命。

1）快速下行　1YA、2YA、3YA 通电，三组液压泵向系统供油；7YA 通电，V_4关闭；4YA 通电，V_2关闭，V_3开启，液压泵经 V_3向液压缸上腔供油；6YA 通电，V_1开启，液压缸下腔油液经 V_1排回油箱，活塞快速下行。

2）慢速下行加压　6YA 断电，V_1关闭，液压缸下腔油液经阀 10 排回油箱。活塞由快速下行转换为慢速加压下行，加压速度由供油液压泵的数量与调速阀 4 控制。

3）卸压　加压完毕，为避免活塞回程产生液压冲击，应先使液压缸上腔卸压。4YA 保持通电，V_2关闭，V_3开启，7YA 断电，V_4开启，上腔压力卸至低压。

4）回程　液压缸回程指令使电磁铁按下列顺序动作：6YA、7YA 断电（V_1、V_4开启）→8YA 通电（充液阀 9 开启）→5YA 通电（V_3关闭，V_2开启）→1YA 通电→2YA 通电→3YA 通电。回程速度仍由供油液压泵数量决定。为防止超程，接近行程终点前，活塞必须减速，即减少供油液压泵数量，使活塞平稳停止于上部位置。

5）上位静止　所有电磁铁断电，液压泵空负荷运行（或停泵），如图 9-19a）所示状态。

液压缸下腔压力由阀 10 平衡。本系统中阀 9 为充液阀，活塞快速下行时为液压缸上腔充液；活塞快速回程时，液压缸上腔油液快速排回油箱。阀 8 为液压缸下腔安全阀，防止 V_1不能开启，发生危险。阀 7 用于调节液压缸的上腔压力。

第 10 章　典型液压系统分析

一个完整的液压系统由多个不同功能的基本回路组成。这些回路使各执行机构按照设计要求的顺序动作。在一个工作循环中的各个工步对力、速度和方向三个参数不仅有量的限制,而且有质的要求。本章将通过对几种典型液压系统的分析,把各种液压元件和基本回路有机联系起来,使读者学会综合应用,学会阅读液压系统原理图和分析液压系统的方法。

液压传动与控制在机械制造、冶金、工程机械、航空、船舶、电子技术、轻工等部门得到广泛应用。液压装备、液压系统种类繁多,工况对液压系统的要求也不尽相同。为便于学习,本书根据液压系统工作特点分类如下:

① 侧重于对执行元件速度调节和变换的控制系统,称为以速度变换为主的液压系统;

② 侧重于对执行元件换向精度的控制系统,称为以换向精度为主的液压系统;

③ 侧重于对执行元件压力的控制系统,称为以压力变换为主的液压系统;

④ 由多个执行元件组成的液压系统,每个执行元件对速度、压力变换的要求各不相同,但各执行元件的动作程序必须相互协调和制约,这种系统称为多个执行元件配合工作的液压系统。

10.1　以速度变换为主的液压系统

10.1.1　系统的特点和要求

各种机械设备的旋转、升降、前进、后退等运动,往往需要进行速度的调节和变换,以满足工况要求。其调节和变换方式可以是机械的、电动的。但是用液压传动实现速度的调节和变换,特别是对无级调速和变换尤为方便。这也是液压技术广泛应用于各种机械装备的重要原因之一。

在液压系统中,所谓速度调节是指系统能在规定的调速范围内调节执行元件的工作速度,以满足各工序进给速度的要求,例如节流调速、容积调速和容积节流调速。调速性能对系统起着非常重要的影响。所谓速度变换,是指在一个工作循环中,执行元件需要实现从一种速度转换为另一种速度。例如,自动刀架先快速运动使刀具接近工件,随后以第一种工作进给速度(慢速)对工件进行加工,继而又以第二种工作进给速度(再慢速)对工件进行加工,最后快速退回原位,实现一个完整的循环。这些动作由液压系统完成,因而液压系统就需要进行速度的调节和变换。这种系统通常应符合如下要求:

① 能实现工作部件的自动工作循环,且生产率较高;

② 快速进给与工作进给时负载相差甚大;

③ 要求进给速度平稳、刚性大，有一定的调速范围；

④ 进给行程终点的重复位置精度要高；

⑤ 能严格实现顺序动作。

这类液压系统在金属切削机床液压设备进给系统中最为常见，如组合机床动力滑台和各种专机的液压系统等。

10.1.2 典型液压系统分析举例

组合机床是用按系列化、标准化设计的通用部件和按加工零件形状及工艺要求设计的专用部件组成的高效专用机床。

组合机床及其自动线不仅可以完成工件的几道工序，而是完成工件的全部工序，如铣削平面、钻孔、扩孔、锪孔、攻螺纹、镗孔、车削、仿形车削、磨削、拉削及检测、清洗、装配、试验、打印、分类。

液压动力滑台是组合机床中实现工件进给运动的通用部件。根据加工要求，滑台上安装各种用途的主轴头，完成钻孔、扩孔、铰孔、镗孔、刮端面、倒角、铣削、攻螺纹等工序。由液压缸驱动的称为液压动力滑台。与电气和机械装置配合，液压动力滑台的液压系统可根据不同的加工要求实现各种工作循环。

1. 液压系统及工作循环

组合机床的液压系统主要有两类，即定量泵 + 进油节流系统和变量泵 + 节流系统。液压动力滑台多为他驱式动力滑台，设置单独液压控制装置。根据工作需要组成各种系统，灵活性大。

液压动力滑台的液压系统原理如图 10-1 所示。该液压动力滑台最大承载 45 000 N，工作进给速度为 6.6 ~ 660 mm/min，快速进给及退回速度为 6 500 mm/min。系统采用限压式变量泵供油，电液动换向阀控制运动方向，行程阀实现快速进给与工作进给的转换，电磁换向阀实现两种工作进给速度的转换，用固定挡铁停留。其液压系统及自动工作循环分析如下。

动力滑台液压系统电磁铁及行程阀动作顺序见表 10-1。

(1) 快速进给

按启动按钮，电磁铁 1YA 通电，三位四通电磁换向阀 5 阀芯置左位，控制油使液动换向阀 4 阀芯置左位；3YA 通电，液动换向阀 17 置右位。液压缸主油路流向如下：

1) 进油路　变量泵 1→单向阀 11→液动换向阀 4→行程阀 9→液压缸左腔。

2) 回油路　液压缸右腔→液动换向阀 4→液动换向阀 17→单向阀 12→行程阀 9→液压缸左腔。

快速进给时，液压缸为差动连接。组合机床不做切削加工，滑台负载小，系统压力较低，故顺序阀 3 关闭；低压控制下，变量泵 1 输出大流量，滑台作快速进给运动。

表 10-1 电磁铁及行程阀动作顺序表

滑台动作 \ 电磁铁、行程阀	1YA	2YA	3YA	4YA	行程阀 9
快进	○		○		
1 工进	○		○		○
2 工进	○		○	○	○
挡铁停留	○		○	○	○
快退		○			
原位停					

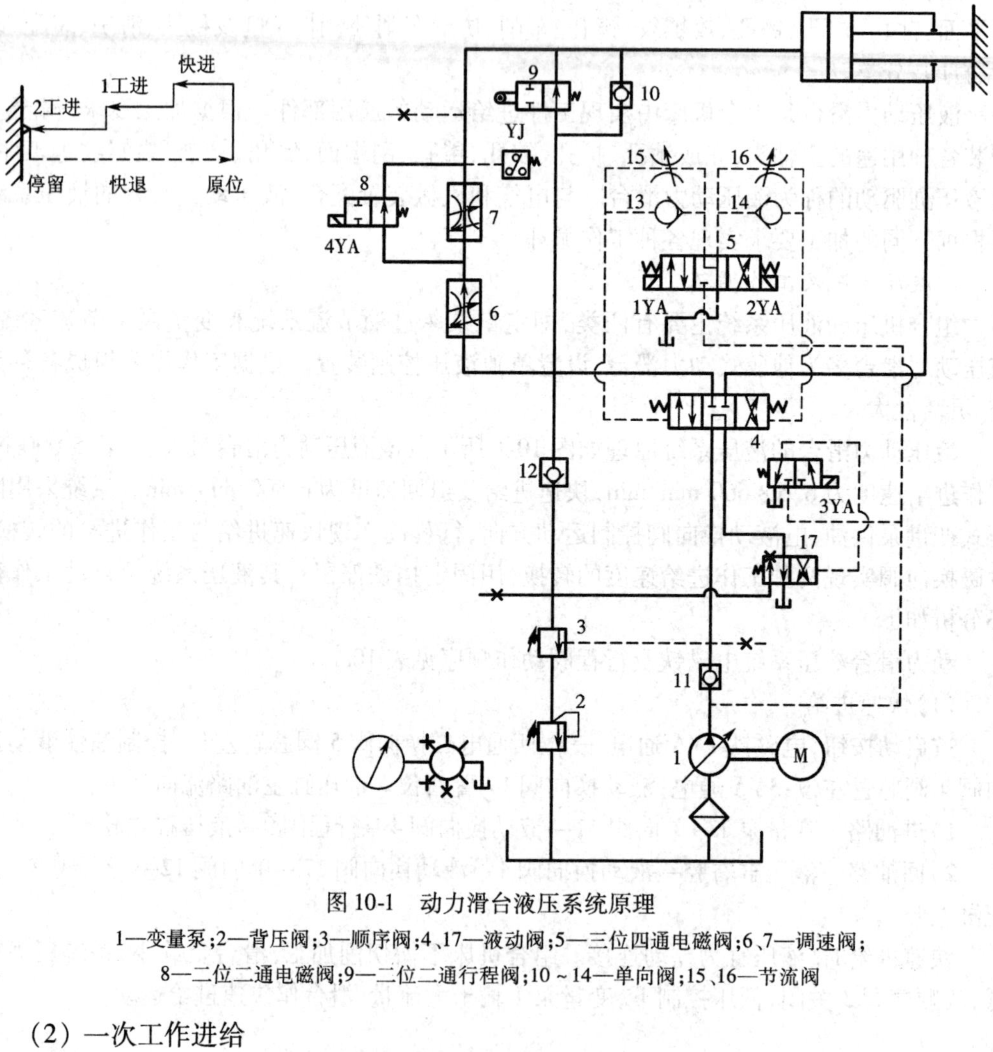

图 10-1 动力滑台液压系统原理

1—变量泵;2—背压阀;3—顺序阀;4、17—液动阀;5—三位四通电磁阀;6、7—调速阀;8—二位二通电磁阀;9—二位二通行程阀;10～14—单向阀;15、16—节流阀

(2) 一次工作进给

滑台快速运动到预定位置时,挡块压下行程阀 9,切断直通油路。此时,压力油经调速阀 6→电磁换向阀 8 进入液压缸左腔,使变量泵 1 输出压力升高,顺序阀 3 开启。一次

工作进给油路流向如下。

1)进油路　变量泵 1→单向阀 11→液动换向阀 4→调速阀 6→电磁阀 8→液压缸左腔。

2)回油路　液压缸右腔→液动换向阀 4→液动换向阀 17→顺序阀 3→背压阀 2→油箱。

此时滑台转换成第一种工作进给速度运动。速度由调速阀 6 调节。切削加工时系统压力升高,变量泵 1 输出流量自动减小,正好适应第一种工作进给速度要求。

(3) 二次工作进给

在一次工作进给终点,挡块压下行程开关,发出电信号,电磁铁 4YA 通电,电磁阀 8 阀芯置左位。进油路经调速阀 6、7 进入液压缸左腔。滑台转换为第二种工作进给速度,进给速度由调速阀 7 调节。

(4) 固定挡铁停留

滑台二次工作进给终点,遇固定挡铁阻挡,在固定挡铁位置停留。

(5) 快速退回

滑台在固定挡铁位置停留后,变量泵 1 继续供油,系统压力进一步升高,压力升至压力继电器 YJ 设定值,压力继电器发出信号,通过时间继电器使电磁铁 1YA、3YA、4YA 断电;2YA 通电,电磁阀 5、液动阀 4 阀芯均置右位,主油路流向如下。

1)进油路　变量泵 1→单向阀 11→换向阀 4→液压缸右腔。

2)回油路　液压缸左腔→单向阀 10→液动换向阀 4→液动换向阀 17→油箱。

滑台快速退回时,负载小,系统压力较低,变量泵 1 输出流量大,满足快速退回的要求。

(6) 原位停止

滑台快速退至原位,挡块压下行程开关,电磁铁 2YA 断电,阀 5、阀 4 都回中位,液压缸两腔油路封闭,滑台停止运动。变量泵 1 输出的油液经单向阀 11,液动换向阀 4、17 低压卸荷回油箱。滑台再次启动时,该卸荷压力保证液动换向阀 4、17 换向的最低控制压力。

2. 液压系统特点

液压系统的特点如下。

① 采用“限压式变量泵 + 调速阀”容积节流调速回路,保证稳定的低速运动、较高的速度刚性和较大的调速范围,系统效率高、发热少。由于液压泵的泄漏,所以单一的容积调速回路低速稳定性较差,而且普通变量泵的调速范围较小。“定量泵 + 调速阀”式容积节流调速回路的速度刚性较高,调速范围也能满足要求;但系统有溢流和节流损失,在低速工进和固定挡铁停留时,功率损耗大,系统效率低,发热大。由此可见,采用“限压式变量泵 + 调速阀”容积节流调速回路较为合理。

② 采用“进口节流 + 背压阀”的调速形式,以提高滑台运动的平稳性,防止启动和快进转工进时产生冲击,便于实现压力控制。

③ 采用“限压式变量泵 + 差动”连接方式实现液压缸快进,可提高滑台快进速度,合

理利用能量。

④ 采用行程阀和顺序阀实现快进与工进的换接，使换接平稳可靠，简化机床电气控制系统。

⑤ 采用固定挡铁停留，位置重复精度可达0.01～0.05 mm，行程终点位置重复精度较高。

⑥ 系统设有压力继电器，可加工不通孔及刮端面。

10.2 以换向精度为主的液压系统

10.2.1 以换向精度为主的液压系统的特点

对于一般较简单、换向不频繁、换向精度无特殊要求的液压系统，如工程机械、起重运输机械及一些液压机械，用手动换向阀或一般电磁换向阀即可实现运动方向的改变。而有些液压设备，如万能外圆磨床，则要求工作部件必须具有良好的换向性能（平稳性和灵敏度）和必要的换向精度，如换向冲击要小、换向精度要高、超程量小、换向停留时间可调以及换向时间短等。所以，对这样的液压系统的换向要求，主要根据对工作部件换向精度控制的要求拟定。一般有如下要求：

①运动平稳性高，爬行起始速度低；

②启动与制动迅速平稳，无冲击，换向精度高；

③换向前停留时间可调。

对于上述换向要求，采用一般换向阀是不行的，必须采用特殊的换向形式。

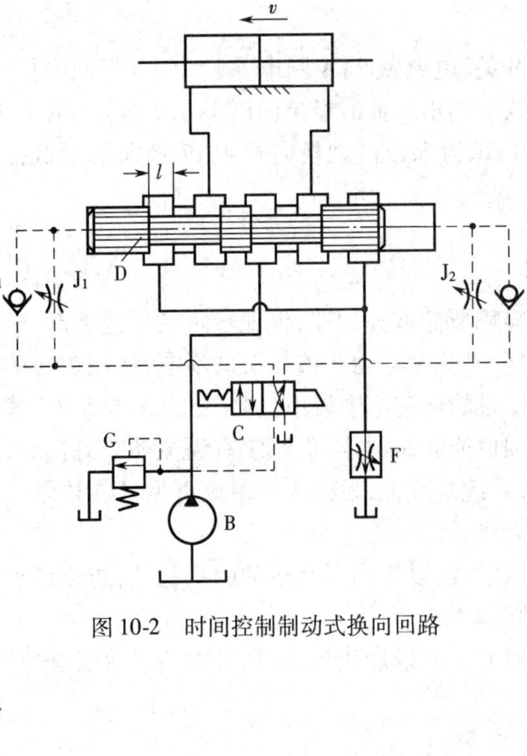

图 10-2 时间控制制动式换向回路

10.2.2 换向形式分析

为了获得较好的换向性能和提高换向精度，应该合理选择换向形式。换向形式按控制制动方式分为两类。

1. 时间控制制动式换向回路

用一个二位四通机动滑阀作为先导阀控制一个可调的液动换向阀以实现工作台换向（图10-2）。其工作情况如下：当工作台上的挡块撞动拨杆并使先导阀C换向时，压力油仍然可以通过换向阀D进入液压缸右腔，活塞继续向左移动，不会出现换向“死点”。这时控制压力油经先导阀C和单

向阀 I_1 进入换向阀 D 的左端，使换向阀 D 的阀芯向右移动。换向阀 D 右端的油经节流阀 J_2、先导阀 C 流回油箱。换向阀 D 在控制压力油作用下向右移动时，液压缸左腔的回油通道逐渐关小，工作台移动速度逐渐减慢，并在阀芯移过一段距离 l 后回油通道全部封闭，工作台停止运动。这里，当节流阀 J_2 的开口量调定后，换向阀 D 移过 l 段距离所需的时间（工作台制动的时间）就确定了。在油液黏度基本无变化的情况下，不论工作台移动速度如何，这个时间基本不变。所以这种换向形式的回路称为时间控制制动式换向回路。当制动完了，液压缸左腔通压力油，在右腔回油仍不畅通的情况下，工作台开始反向启动。

时间控制制动式换向回路的换向精度较差。这是因为工作台速度愈大，冲出量也就愈大。但这种方式允许按具体情况去调整制动时间。当工作台速度高、重量大，也就是惯性大时，可以把制动时间调得长一些，以利于消除换向冲击；在相反的情况下，则把它调得短一些，以提高效率。由此可见，这种控制方式最宜用在对换向冲击量、换向精度要求不高但要求换向频繁、迅速和冲击小的场合，如平面磨床、龙门刨床、插床等。

2. 行程控制制动式换向回路

行程控制制动式换向回路如图 10-3 所示。它同样由一个机动先导阀 C 和一个液动换向阀 D 构成。行程控制制动式与时间控制制动式不同点在于：液压缸的回油不但要通过换向阀 D，而且还要通过先导阀 C 才能排回油箱。图示工作台向左移动时，当挡块拨动拨杆、推先导阀 C 向右移动时，先导阀 C 左边的制动锥逐渐将液压缸左腔回油路关小，对

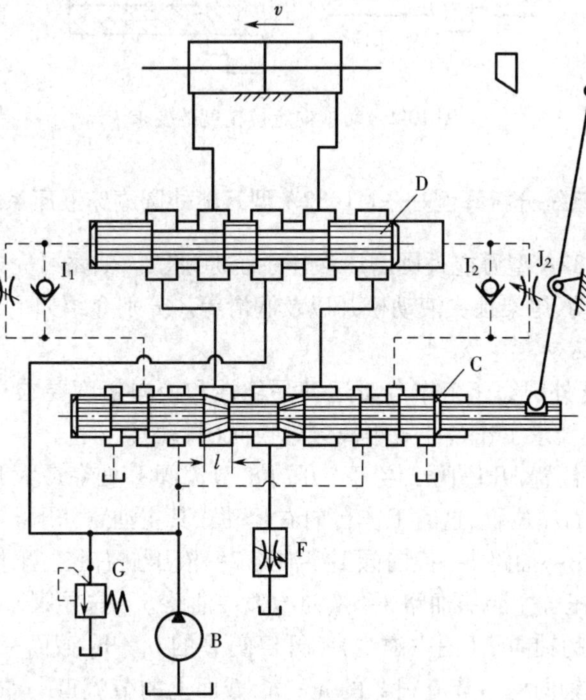

图 10-3　行程控制制动式换向回路

工作台起制动作用,使其速度逐渐减小。在此回油通路接近于封闭(还留下很小一点开口量 Δx)、工作台速度已变得很小时,控制油路才开始切换,使换向阀 D 移位并实现工作台换向。在此情况下,不论工作台原来速度快慢如何,总是先导阀 C 移动一定行程 $l-\Delta x$ 后,换向阀 D 才开始换向,至换向阀到达中间位置,液压缸两腔都通压力油,工作台停止运动。故这种换向形式的回路叫做行程控制制动式换向回路。

行程控制制动式换向回路可以提高换向精度和减小冲击量,因为先导阀总是先移过一定的行程 $l-\Delta x$,使工作台预先制动到差不多相同的很小速度后,才开始使换向阀切换。由于它使工作台的制动行程基本上保持恒定,因此,工作台速度愈高,制动时间就愈短,换向冲击也就愈大。

为了适应加工阶梯轴或阶梯孔的需要(图 10-4),万能外圆磨床对工作台的换向性能有很高的要求,即要求换向快而平稳、换向精度高。其液压系统中的这一部分往往成为整个系统的主要组成部分。因此,万能外圆磨床液压系统是一种较典型的以换向精度要求为主的液压系统。

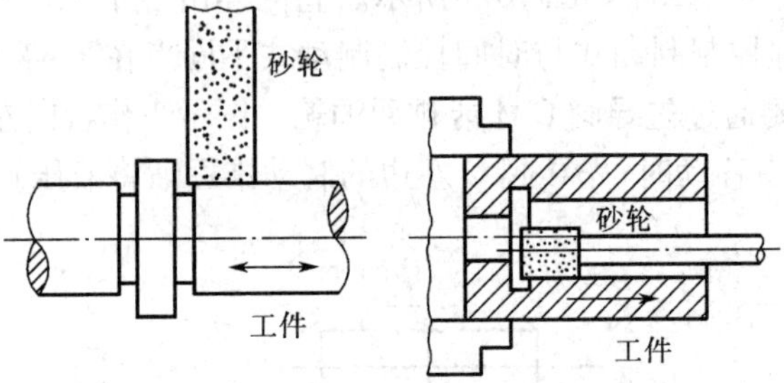

图 10-4　对换向定位精度的要求

10.2.3　典型液压系统分析举例——M1432A 型万能外圆磨床液压系统

图 10-5 为 M1432A 型万能外圆磨床液压系统原理图。油路可完成工作台往复运动、砂轮架快速进退运动、尾架顶尖液动松开以及润滑等。分别介绍如下。

1. 工作台往复运动

M1432A 型万能外圆磨床工作台对运动平稳性和换向精度要求高,加工工件应略长于砂轮宽度,此外还要求工作台能短距离频繁换向(抖动)。

在图 10-5 所示位置,开停阀 E 置于"开"位,节流阀 F 处在最大开口位置,先导阀 C 和换向阀 D 都处于右端位置,这时工作台向右运动。其主油路如下。

1)进油路　泵 B→油路 1→换向阀 D→油路 2→液压缸右腔。工作台右行。

2)回油路　液压缸左腔→油路 3→换向阀 D→油路 5→先导阀 C→开停阀 E 的 a_1—a_1 截面→开停阀 E 的轴向槽(图中虚线)→开停阀 E 的 b_1—b_1 截面→油路 14→节流阀 F 的 b_2—b_2 截面及其轴向槽→节流阀 F 的 a_2—a_2 截面上的节流口→油箱。主油路为普通节流阀出口节流调速回路。

工作台的换向过程如下。

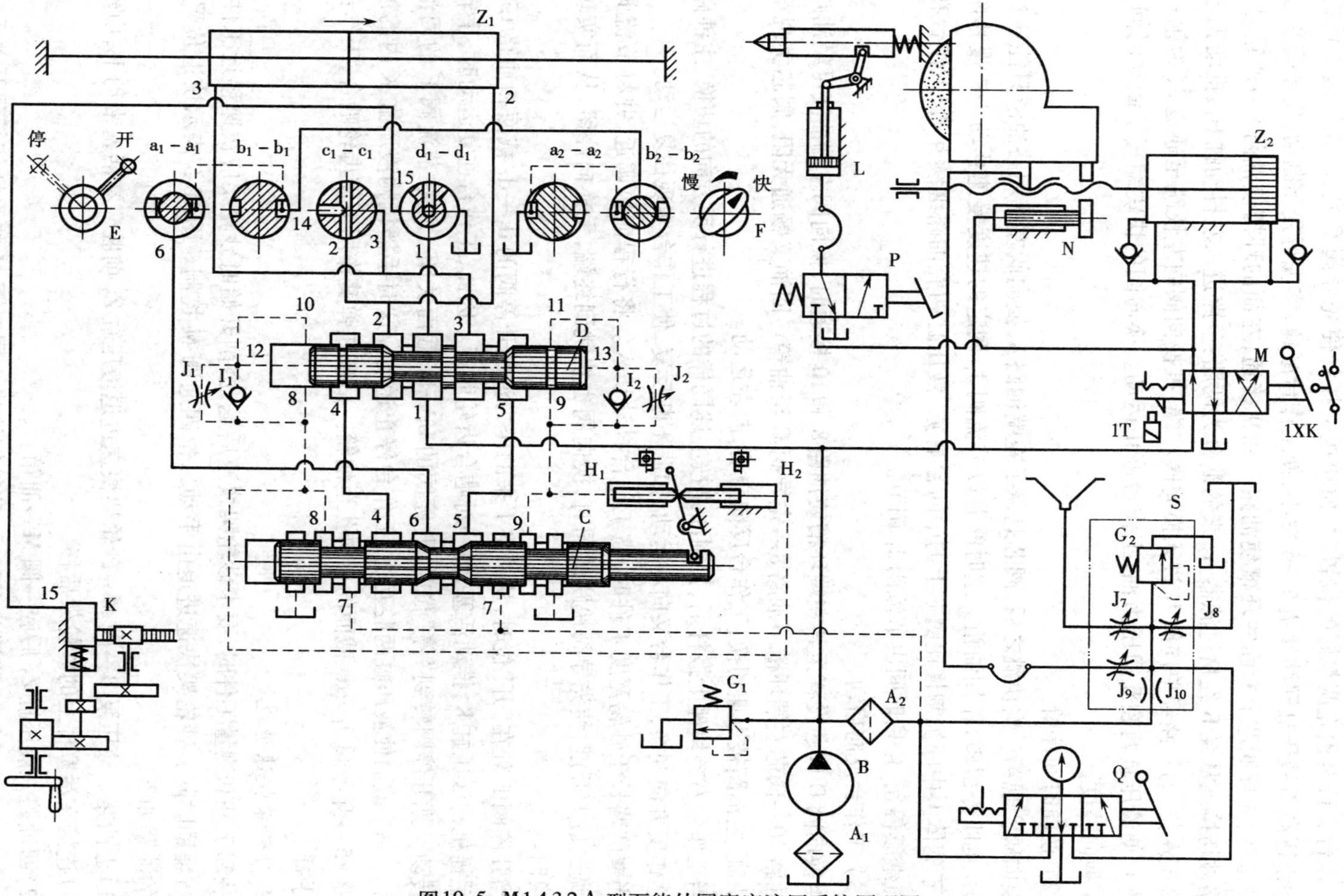

图10-5 M1432A 型万能外圆磨床液压系统原理图

1 ~ 15—油路

(1) 换向前制动

工作台右行至预先调整好的位置时，撞块拨动拨杆使先导阀 C 左移，先导阀中段的右制动锥逐渐将液压缸回油通道 5→6 关小，使工作台减速，实现行程预制动；先导阀左移越过中位后，先导阀芯上右面的环槽使油路 7 和 9 接通，左面的环槽使油路 8→油箱，控制油路被切换。从泵 B 经精过滤器 A_2 来的油分为两路：一路进入左抖动缸 H_1，推动先导阀快跳至左位；另一路经单向阀 I_2 进入换向阀右端，推换向阀向左快跳至通道 8(为第一次快跳)，使液压缸两腔互通压力油，工作台停止运动。换向阀的快跳缩短了制动时间，提高了换向精度。

(2) 换向时间停留

换向阀实现第一次快跳之后，阀芯遮盖了左端油路 8，换向阀左端回路油液只能通过节流阀(也叫停留阀)J_1 回油箱。这时阀芯以节流阀 J_1 调定的速度慢速移动。在慢移阶段，由于阀体上中间沉割槽比阀芯上的中间台肩宽，液压缸两腔油路继续互通，工作台在换向点继续停留，停留时间由节流阀 J_1 调节。

(3) 工作台反向启动

当换向阀 D 阀芯慢移至其左端环槽使油路 8 和 10 接通时，换向阀左端油液可经油路 12→油路 10→阀芯左端环槽→油路 8→先导阀 C 至油箱。回油又畅通无阻，阀芯实现第二次快跳，主油路被迅速切换，工作台反向启动，向左运动。

当工作台右挡块碰上拨杆后，控制油路按上述同样的过程进行反方向的切换，主油路也随之作反方向变换，工作台又向右运动，如此不断反复，使工作台实现往复运动。

当磨削略长于砂轮宽度工件时，需工作台抖动切入。将行程撞块调近，并将节流阀 J_1、J_2 调到最大开度，使先导阀快跳的同时，换向阀也快跳到终端，无换向停留，从而实现高速换向。

当开停阀 E 处在“开”位时，从油路 1 来的压力油经开停阀的 d_1—d_1 截面和油路 15，进入手摇机构液压缸 K，推动活塞，使一对啮合齿轮脱开。因此，工作台往复运动时，手轮不能转动。把开停阀转到“停”位时，开停阀的 b_1—b_1 截面关闭了通往节流阀 F 的回油路，而 c_1—c_1 截面使液压缸两腔互通，工作台停止运动。这时手摇机构液压缸 K 内的油经油路 15→开停阀 d_1—d_1 截面的径向孔至油箱。活塞在弹簧作用下使齿轮啮合，工作台即可手摇。

2. 砂轮架快速进退

装卸工件和测量工件时，要求砂轮架快速后退，磨削开始时砂轮架应快速移近工件，以节省辅助时间。砂轮架快速进退由手动二位四通阀 M 控制。图 10-5 表示快退位置。这时的油路如下。

1)进油路　液压泵 B→阀 M→砂轮架快速进退液压缸 Z_2 前腔。在活塞带动下，由丝杠螺母连接在活塞杆上的砂轮架后移。

2)回油路　液压缸 Z_2 后腔→阀 M→油箱。

当扳动阀 M 手柄使其阀芯左移时，砂轮架快进。同时阀 M 的手柄使行程开关 1XK 接通，头架开始旋转，冷却泵开始送冷却油。

闸缸 N 在液压泵 B 启动后即通压力油，用来消除砂轮架丝杠螺母的间隙，保证横向进给的准确性。

为了保证快进的位置重复精度，防止进退到始点时出现冲击，在快速进退液压缸 Z_2 中设有缓冲装置，再配上定位挡块，其重复位置误差可不大于 0.005 mm。

3. 尾架顶尖的液动夹紧

为了操作方便和防止发生事故，在装卸工件时，砂轮架必须在退回的位置，因此油路设计成连锁形式。当快速进退液压缸前腔的压力油使砂轮架快速退回时，尾架顶尖才能液动退回。这时脚踏板使二位三通阀 P 右位接通，压力油进入尾架液压缸 L，使尾架顶尖后退。松开脚踏板，阀 P 在弹簧的作用下复位，尾架液压缸 L 的油经阀 P 回油箱，尾架在弹簧作用下伸出。只有在砂轮架后退时，才能松开尾架顶尖，否则，即使误踩踏板，顶尖亦不松开。

4. 润滑

磨床工作压力较低，一般不另设润滑系统。液压系统的压力油可采用减压阀或细长孔阻尼后供给润滑副。本系统的润滑油路是：液压泵压力油→精过滤器 A_2→润滑油稳定器 S 上的阻尼孔 J_{10} 和节流孔 J_7、J_8、J_9 等，供手摇机构、丝杠螺母副、平导轨及 V 形导轨处润滑。润滑油压力可在 $(0.8 \sim 1.2) \times 10^5$ Pa 范围内，由背压阀 G_2 进行调节。

5. 液压系统的特点

该液压系统特点如下：

① 由于磨床的磨削力小，速度不高，故采用低压齿轮泵供油（流量为 16 L/min，压力为 2.5 MPa）；

② 为保证左、右两个方向速度一致，减小机床占地面积，工作台采用活塞杆固定的双杆液压缸驱动；

③ 由于磨削负载变化小，且要求低速稳定性好，加工精度高，故采用了普通节流阀出口节流调速；

④ 采用先导阀、换向阀和开停阀做在一个共同阀体内的液压操纵箱式结构，显著缩小液压元件的总体积，缩短阀间通道长度，减少油管及管接头数目，操纵方便并改善了液压系统的工作性能；

⑤ 换向阀具有一次快跳 — 慢移 — 二次快跳的油路结构，从而使工作台获得很高的换向精度；

⑥ 设置抖动缸，能使先导阀实现快跳，工作台能在很短距离内高频抖动，有利于保证切入式磨削和阶梯轴（孔）的加工质量。

10.3 以压力变换为主的液压系统

10.3.1 系统特点

以压力变换为主的液压系统在压力加工及塑性材料成型装备中应用极为广泛。

在该类机械工作循环中，除对速度的要求外，还需要压制、保压及卸压等压力变换。其负载特点视不同工作情况而异。加压时，要求液压系统压力能缓慢或急剧上升，产生大的压制力，直到最大负载点，并保持压力恒定或急剧下降，所需压力经常变换和调节。系统中的压力变换和调节元件成为这类装备液压系统的主要部分。

对此类液压系统要求如下：

① 液压系统的压力能经常变换和调节，并能产生较大的压制力，以满足工艺要求；

② 空程高速度运动，工作行程压制力大，系统功率大，效率高；

③ 空程与压制时，速度与压力相差甚大，系统多采用高低压泵组或恒功率变量泵作为系统的动力元件，以满足低压快速行程和高压低速行程的要求。

10.3.2 以压力变换为主的液压系统分析举例

以压力变换为主的液压系统常见于压制成型装备。现以 YA32—315 型四柱万能液压机为例，分析以压力变换为主的液压系统的组成及特点。

YA32—315 型四柱万能液压机适用于塑性材料的压制成型，如金属冷挤压、板材冲裁、弯曲、薄板拉伸、翻边等工艺；也可满足轴类零件校正、压装，砂轮、粉末、塑料制品成型等工艺要求。为适应各种工艺要求，其液压系统要实现活动横梁快速下行、低速压制、保压、卸压、快速回程及停止等控制要求。顶出液压缸要实现顶出、回程及任意位置停留等控制。YA32—315 型四柱万能液压机工作循环如图 10-6 所示。

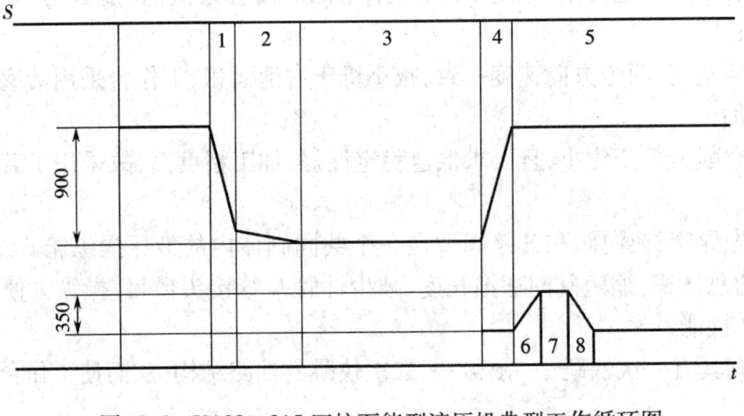

图 10-6 YA32—315 四柱万能型液压机典型工作循环图

1—充液快速下行；2—高压下行；3—保压；4—卸压回程；5—原位停止；6—顶出；7—停留；8—回程

YA32—315 型四柱万能液压机液压控制系统如图 10-7 所示。电磁铁动作顺序如表 10-2 所示。其动力系统、主液压缸系统、顶出液压缸系统分述如下。

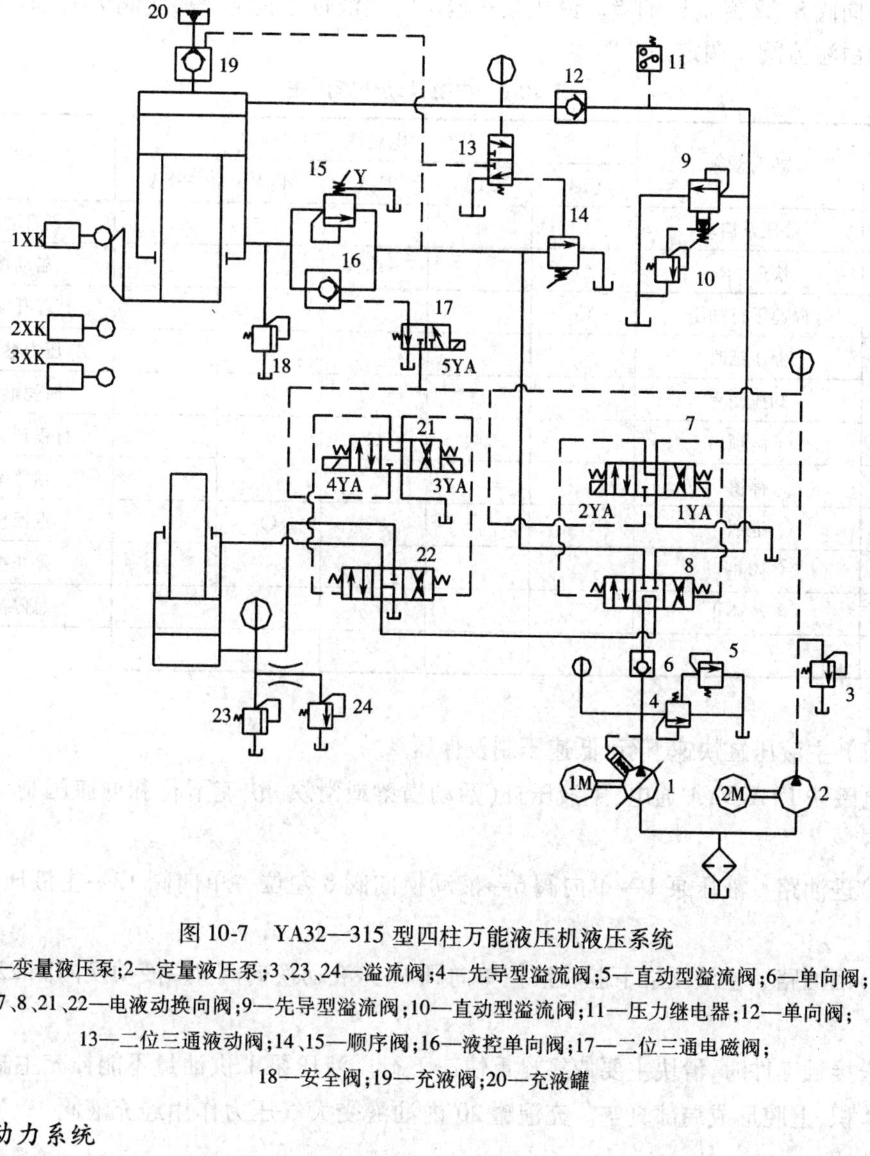

图 10-7　YA32—315 型四柱万能液压机液压系统

1—变量液压泵;2—定量液压泵;3、23、24—溢流阀;4—先导型溢流阀;5—直动型溢流阀;6—单向阀;7、8、21、22—电液动换向阀;9—先导型溢流阀;10—直动型溢流阀;11—压力继电器;12—单向阀;13—二位三通液动阀;14、15—顺序阀;16—液控单向阀;17—二位三通电磁阀;18—安全阀;19—充液阀;20—充液罐

1. 动力系统

该液压机动力系统用恒功率变量轴向柱塞泵 1 供油,溢流阀 4 为安全阀,远程溢流阀 5 调节系统工作压力;电磁换向阀 7 和液动换向阀 8 控制主液压缸升降及保压;电磁换向阀 21 和液动换向阀 22 控制顶出液压缸的顶出和回程。

恒功率变量轴向柱塞泵按负载压力自动调节排量控制主液压缸空程下行、压制及回程速度。快速下行时,柱塞泵与充液罐为主液压缸供油,提高低压快速下行速度。

定量液压泵 2 为电液动换向阀控制油源,溢流阀 3 调节、控制液压泵 2 供油压力,保证控制油路获得足够的控制压力。

2. 主液压缸系统

液压泵 1 启动时,各控制阀处于图 10-7 所示状态,液压泵 1 输出的油液经单向阀 6、液动换向阀 8、22 卸荷回油箱。液压泵 2 输出的油液输送到电磁换向阀 7、17、21 进油口，其压力由溢流阀 3 调定。

表 10-2　电磁铁动作顺序表

序　号	动作名称	电磁铁					发信元件
		1YA	2YA	3YA	4YA	5YA	
1	液压泵启动						泵启动按钮
2	快速下行	○				○	启动按钮
3	慢速下行加压	○					行程开关 2XK
4	保压延时						压力继电器
5	卸压回程		○				时间继电器
6	下缸顶出			○			行程开关 1XK
7	停留						顶停按钮
8	退回				○		退回按钮
9	停止						停止按钮
10	系统停止						总停按钮

(1) 主液压缸快速下行、低速压制及保压

电磁铁 1YA、5YA 通电，主液压缸（活动横梁或滑块）快速下行和低速压制。油路流向如下。

1) 进油路　液压泵 1→单向阀 6→液动换向阀 8 左位→单向阀 12→主液压缸 12 上腔。

2) 回油路　主液压缸下腔→液控单向阀 16→液动换向阀 8→液动换向阀 22 中位→油箱。

未接触工件时，滑块主要依靠自重快速下行。液压泵 1 供油量不能补充主缸上腔增大的体积，上腔形成局部真空。充液罐 20 内油液受大气压力作用经充液阀 19 为液压缸上腔补油。

滑块接触工件后压力升高，关闭充液阀，转换为低速压制。压制速度由液压泵流量决定。有些工件压制（如弯曲工艺）要求滑块在一段时间内停止并继续保持压制力，此时利用密封的压力管路和受压油液的弹性变形实施保压。主液压缸上腔压力升至压力继电器 11 设定的压力时，压力继电器 11 发信，电磁铁 1YA 断电，液动换向阀 8 回中位，液压泵卸荷；密闭于主液压缸上腔与单向阀 12 连接管路内的油液的弹性变形具有继续保持活塞压紧工件的压力。这种保压方式简单，但活塞及单向阀 12、液动阀 13、预卸压阀 7 的密封性要求高，否则不能实现保压。该液压机用时间继电器或电接点压力表控制保压时间。保压时间为 0 ~ 30 min。

（2）主液压缸卸压

保压至设定时间，时间继电器发出信号，电磁铁5YA断电、2YA通电，换向阀7置右位，液动换向阀8置右位，液压泵1油液经液动换向阀8→顺序阀14→油箱，主液压缸不能回程。这是因为主液压缸上腔处于高压状态，液动阀13受高压作用置上位，液压泵1的油液作用于顺序阀14，顺序阀14控制液压泵1低压运行。此时，该低压开启充液阀19的预卸压阀，液压缸上腔缓慢卸压。待液压缸上腔压力降到低于液动阀13弹簧调节压力时，液动阀13返回下位，顺序阀14关闭，液压泵1的油液经液控单向阀16进入液压缸下腔；液压泵1油压开启充液阀19的主阀，液压缸上腔排油，液压缸快速回程。这种控制方式称为预卸压—回程方式。此种方式可避免液压缸高压回程产生液压冲击和噪声。

（3）主液压缸快速回程、停止

液压缸快速回程、停止油路的流向如下。

1）进油路　液压泵1→液动换向阀8→液控单向阀16→液压缸下腔。

2）回油路　主液压缸上腔→充液阀19→充液罐20。

液压缸活塞快速回程至行程终端，活动横梁压下行程开关1XK，2YA断电，电磁换向阀7和液动换向阀8均复中位，液压泵1的油经液动阀8和液动阀22中位→油箱，液压缸活塞上位停止。

3. 顶出液压缸系统

为使主液压缸与顶出液压缸动作协调，该液压系统中两液压缸液动换向阀8、22串联。这种连接方式既保证顶出液压缸处于下端或任意停止位置时，主液压缸活塞才能工作；又能保证主液压缸处于任意停止位置时，顶出液压缸才能工作，利于反拉伸工艺。

液动换向阀22处于中位时，使3YA通电，液动换向阀22即控制顶出液压缸活塞顶出，4YA通电，液动换向阀22使顶出液压缸活塞回程。

顶出液压缸系统除实现顶出和停留便于取出压制成型的工件外，还可作“薄板反拉伸成型”的液压压边工作。压边时，3YA通电，顶出液压缸活塞顶升至预定位置，3YA断电，顶出缸活塞停于该位置；主液压缸活塞下行压制，顶出液压缸活塞随之下行，顶出液压缸下腔油液开启溢流阀24并排回油箱，形成所需的压边力；顶出液压缸活塞杆腔由液动阀22中位吸油。溢流阀23作顶出缸下腔安全阀。

4. 液压系统特点

液压系统的特点如下：

① 该液压系统采用恒功率变量柱塞泵供油，实现主液压缸活塞低压快速下行、高压低速压制，既满足工作循环要求，又使液压泵功率最小；

② 该液压系统采用预卸压—回程控制，换向平隐，减小主液压缸由高压转换为零压回程中压力剧变产生的液压冲击、振动和噪声；

③ 该液压机工作压力、压制速度、工作行程可任意调节，采用变量液压泵-液压缸容积调速，系统效率高、发热少；

④ 主液压缸与顶出液压缸液动换向阀串联连接，保证两液压缸动作协调；

⑤ 该液压机有调整（点动）、手动、半自动三种操作方式，可借助电气控制系统的转换开关及相应按钮操作。

10.4 多个执行元件配合工作的液压系统

10.4.1 多个执行元件配合工作的液压系统概述

在液压设备中，用一台液压泵（或一套高低压泵组）驱动多个执行元件可实现工作部件的特定功能。这样，可以节省液压元件和电机，合理利用功率，减少占地面积。各液压执行元件间的动作关系可分为按照一定顺序动作、同步动作或互不干扰动作等。对每一个执行元件来说，流量、压力在动作关系上难免相互影响、相互牵制。可靠地控制各执行元件间的动作关系，成为这类系统需要解决的主要问题。

多个执行元件顺序控制液压系统的控制方式可能为压力控制、行程控制或时间控制，即利用回路本身的压力变化（压力发信），使执行元件依次动作；或利用前一级执行元件到达一定位置后（行程发信），操纵下一个执行元件的动作；也可以利用前一个执行元件运动一定时间后（时间发信），再操纵下一个执行元件动作。为可靠控制各执行元件依次动作，使之做到互不影响、互不牵制，这种液压系统通常要符合如下要求：

① 系统及元件应保证各执行元件频繁换接，在压力急剧变化的条件下，有足够的可靠性，避免误动作；

② 应能实现严格的顺序控制，完成工作部件规定的工作循环；

③ 各执行元件的速度变换、压力变换及换向精度均有一定要求，应尽量做到充分利用功率，提高生产率。

该类液压系统在金属切削机床液压设备（如自动机床、机械手、工程机械、起重机械、塑料注射成型机）中得到广泛应用。

10.4.2 多个执行元件配合工作的液压系统分析举例

1. 塑料注射成型机概述

注塑成型是一种注射兼模塑的成型方法。成型过程是：将聚合物组分的粒料或粉料在料筒内加热、压缩、剪切、混合，使物料均化和熔融塑化，借助于柱塞或螺杆对塑化的聚合物熔体施加压力，使高温熔体通过料筒前端喷嘴和模具流道射入闭合模腔，经冷却定型、开启模具，得到具有一定几何形状和精度的塑料制品。注塑成型技术已普及到各个领域，尤其在电器、电子工业、仪表工业、汽车制造业中得到广泛应用。注塑机是注塑成型的主要设备。它正在向多品种、多规格、高速、高效、高精度、高级自动化、节能和低噪声方向发展。

近代注塑机具有完善的合模系统、注塑系统、液压控制系统、电气控制系统、安全保护系统、加热冷却系统、润滑系统、监测系统及供料系统。

1）合模系统　合模系统的作用是固定模具，使动模板作闭模、锁模和开模运动。四根拉杆和螺母将前、后模板连成整体框架。后模板固定合模液压缸，动模板装在前、后模板之间，注塑模动模装在动模板上，定模装在前模板上。合模液压缸驱动动模，以拉杆为导向柱进行闭模。模具闭合后，液压缸产生额定合模力锁紧模具。动模板后侧装有顶出装置。

2）注射系统　注射系统主要由注射座、塑化装置、注射装置等组成。注射座由液压缸驱动沿机身移动，使注射喷嘴与模具接触或脱离。注射座固定塑化装置、注射装置、料斗等。

3）塑化装置　塑化是把固体高分子物料在料筒中加热、压实、混合，成为温度均化、黏度均化、密度均化、组分均化的熔融流态。螺杆式注塑机塑化是在加热料筒中旋转螺杆，依靠摩擦、剪切作用使物料塑化。

4）注射装置　注射装置由注射液压缸及喷嘴组成。液压缸产生注射推力，推动螺杆向塑化熔体施压，将其由喷嘴射入模腔，并在此压力下保压，使模腔中的熔体冷却、补缩、增密。

2. 注塑机对液压控制系统的要求

注塑机液压控制系统是注塑机的重要组成部分。液压控制系统的稳定性、可靠性、重复精度、灵敏性及节能性直接影响制品的尺寸精度和质量。注塑机液压控制系统必须满足下列要求。

① 液压控制系统必须严格按控制程序工作。液压系统与电气系统、自动仪表系统按注塑工艺要求组成完善的工作程序和循环周期。各液压元件必须按规定程序控制执行元件完成规定动作。

② 每一个循环周期中，液压系统应按各工序要求调节压力和流量，以满足执行每一程序时执行元件对压力、速度的具体要求。

③ 注塑机液压系统的输出功率是定值，但执行每一个程序时所需实际功率不同。注射时所需功率最大，其次是保压、塑化和启闭模。注射功率都超过平均功率，但该程序时间很短，因此系统必须具有瞬时超载功能。

④ 合模机构能对人身和模具进行安全保护。合模前，安全门处于开启状态，不允许合模操作。保护装置和系统动作灵活、安全可靠，并有机—电—液—光多路连锁，防止误动作。

3. SZ—250A 型塑料注射成型机液压系统分析

SZ—250A 型塑料注射成型机液压系统原理图如图 10-8 所示，电磁铁动作顺序见表 10-3。

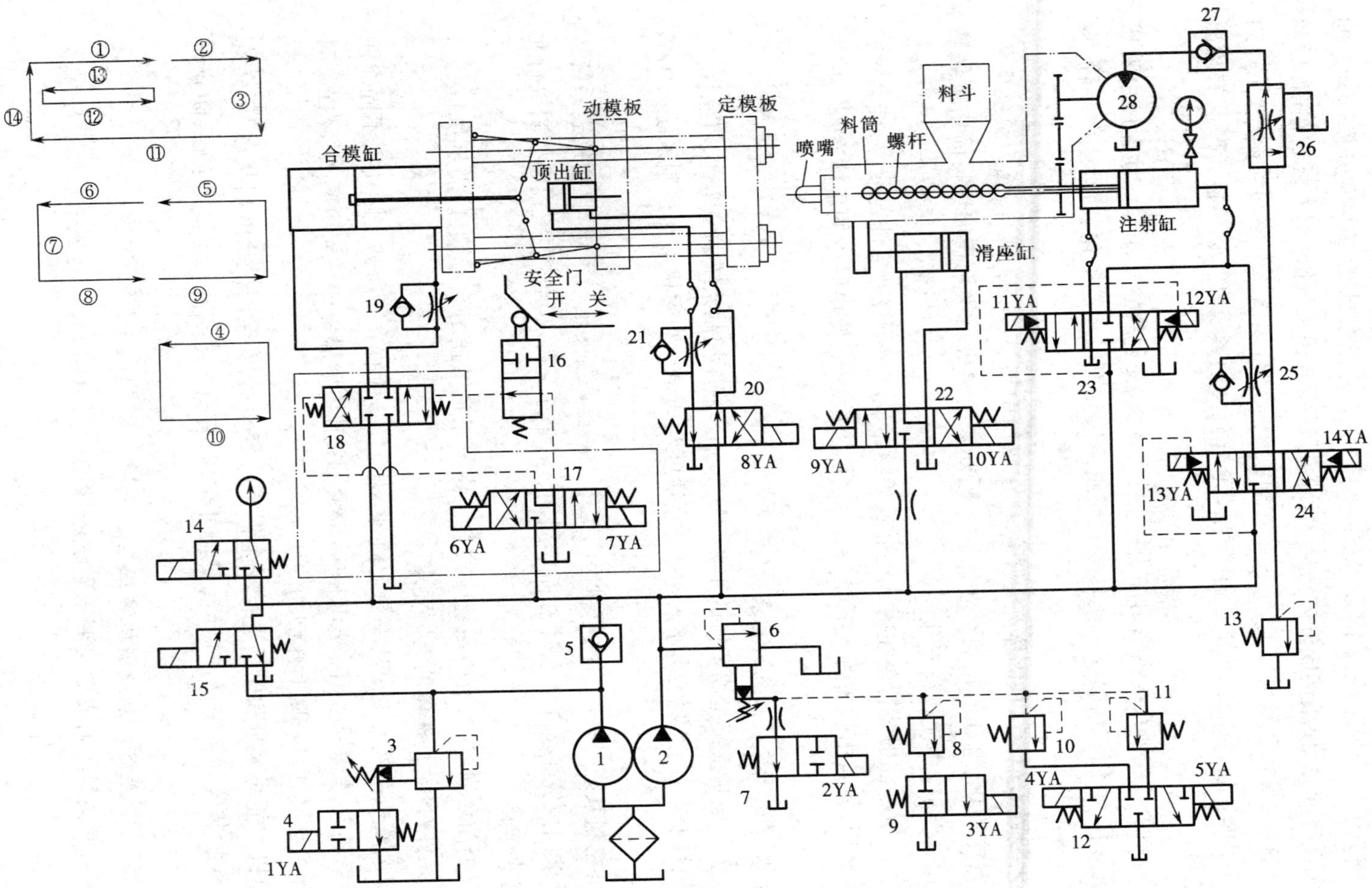

图10-8 SZ—250A型塑料注射成型机液压系统原理图

1、2—双联叶片泵；3、4—电磁溢流阀；5—单向阀；6—先导型溢流阀；7、9、12—电磁阀；8、10、11—远程调压阀；13—背压阀；14、15—电磁阀；16—行程阀；17、22、23—电磁换向阀；18—液动阀；19、21、25—单向节流阀；20—电磁换向阀；24—电液动换向阀；26—溢流节流阀；27—单向阀；28—液压马达

表 10-3　SZ-250A 型塑料注射成型机电磁铁动作顺序表

动作名称	电磁阀工作状态														系统工作状态			
	1YA	2YA	3YA	4YA	5YA	6YA	7YA	8YA	9YA	10YA	11YA	12YA	13YA	14YA	泵 1	泵 2	压力控制元件	速度控制元件
①快速合模	+	+				+									供油	供油	溢流阀 6	q_1+q_2
②慢速合模		+		+		+									卸荷		远程调压阀 11	q_2
③保压、锁模		+				+											溢流阀 6	q_2
④滑座前进		+								+								q_2
⑤快速注射	+	+	+							+	+		+		供油		远程调压阀 8	q_1+q_2
⑥慢速注射	+	+	+							+			+					单向节流阀 25
⑦注射缸保压		+			+					+			+		卸荷		远程调压阀 10	q_2
⑧液压马达送料、塑化	+	+								+				+	供油		溢流阀 6	溢流节流阀 25
⑨注射缸退回		+								+		+			卸荷			q_2
⑩滑座后退		+							+									
⑪模具开启		+					+											单向节流阀 19
⑫顶出制品		+						+										单向节流阀 21
⑬顶出后退		+																q_2
⑭原位停止																卸荷		

该系统采用双联叶片泵作动力源。大流量泵 1 的流量为 q_1，压力由溢流阀 3 调节；小流量泵 2 的流量为 q_2，压力由溢流阀 6 以及远程调压阀 8、10、11 调节。两泵有各自的卸荷回路。该机一个工作循环含 14 个工作程序。具体工作情况如下。

关闭安全门：行程换向阀 16 复位如图示位置，接通电磁先导换向阀 17 出口与液动换向阀 18 的控制回路；安全门到位，行程开关发出信号，电气控制系统接通电源。

启动液压泵：启动双联叶片泵运转后，1YA、2YA 处于断电状态，先导型溢流阀 3、6 的远程控制口与油箱连通，泵 1、泵 2 空负荷运转。

1）快速合模　启动合模按钮，1YA、2YA、6YA 通电，泵 1、泵 2 为系统供油，换向阀 17 换至左位，并使液动阀 18 换至右位，压力油经阀 18 至合模缸无杆腔，活塞向右快速移动，使动模合模。此时，两泵共同供油，系统压力由溢流阀 6 控制。

2）慢速合模　动模快速移动到位，压下行程开关，1YA 断电，2YA、4YA、6YA 得电，泵 1 经溢流阀 3 卸荷，泵 2 向系统供油，变为慢速合模，压力由远程调压阀 11 控制。

3）保压、锁模　合模后，4YA 断电，系统压力由溢流阀 6 控制保压、锁模，泵 2 向系统供油保压，过剩流量经溢流阀 6 溢流。

4）滑座前进　合模、锁模后，6YA 断电，2YA、10YA 通电，泵 2 供油。经阀 22 右位通路向滑座缸无杆腔供油，滑座前进，驱动注射喷嘴与定模注射孔贴紧。

5）快速注射　1YA、2YA、3YA、10YA、11YA、13YA 通电，阀 22、23、24 换向，泵 1、泵 2

共同向系统供油，滑座缸保持喷嘴与模具注射孔贴紧，注射缸右腔进油，推动螺杆快速移动。压力由远程调压阀8控制。

6）慢速注射　1YA、2YA、3YA、10YA、13YA保持通电，11YA断电，泵1、泵2向系统注射缸供油，单向节流阀25调节注射速度，远程调压阀8控制系统压力。此时注射缸推动螺杆，将料筒前端的熔融体注入模腔。

7）注射缸保压　注射完毕，1YA、3YA断电，5YA通电，10YA、13YA保持通电，泵1卸荷，泵2供油经阀24、25向注射缸补油、保压，由注射缸对模腔内熔料保持一定压力，以进行补缩、增密并固化。保压压力由远程调压阀10控制。

8）液压马达送料、塑化　保压完毕，13YA断电，模腔内制品冷却，1YA、2YA、10YA、14YA通电，泵1、泵2供油经阀24右位通道和溢流节流阀26、单向阀27进入液压马达。螺杆在液压马达驱动下转动，将料斗加入的物料塑化并推向螺杆前端室内。螺杆旋转推进物料塑化时，在物料反力作用下同时后退，注射缸活塞后退，无杆腔在背压阀13调整压力下排油，有杆腔经阀23中位补油。待螺杆后退达到预定容积时，螺杆停止转动，待下一次注射。与此同时模腔内制品已冷却成型。

9）注射缸退回　2YA、10YA、12YA通电。此时泵2供油，滑座缸仍使喷嘴与模具贴紧，注射缸有杆腔进油，注射缸活塞后退，直至原位。

10）滑座后退　注射缸退回原位，行程开关发出信号，10YA、11YA断电，9YA通电，泵2经阀22左位通路向滑座缸有杆腔供油，滑座后退到原位，喷嘴与模具注射口脱离。

11）开启模具　2YA、7YA通电，9YA断电，泵1卸荷，泵2经阀18左位通路经单向节流阀19至合模缸有杆腔供油，动模开启至左端终位。

12）顶出缸活塞杆顶出　2YA、8YA通电，泵2工作供油经阀20右位、单向节流阀21至顶出缸无杆腔，顶出制品。

13）顶出缸活塞杆退回　2YA通电，8YA断电，泵2供油经阀20左位至顶出缸无杆腔，活塞杆退回原位。

14）原位停止　顶出缸活塞杆退回原位后，所有电磁铁断电。此时系统空载运转，等待下一工作循环工作指令。

4. 本系统特点

① 系统动力源采用双联叶片泵组，两泵压力各由溢流阀调整，各自有卸荷回路。

② 溢流阀3和6以远程压力控制方式，分别控制合模和注射压力，并保持压力。

③ 液压系统采用流量不等的两泵供油，按不同工序配以节流阀或调速阀调节速度，如快速合模及慢速合模的调节、快速注射及慢速注射速度的调节、塑化时液压马达的速度调节等，调速范围大，换接平稳。

④ 安全门装置实现电-液压系统连锁。安全门关闭后，配以行程开关电气保护，实现机—电—液连锁保护。

第 11 章　电液比例控制

液压传动与控制技术在工业自动化中发挥着重要作用。工业控制系统对电液控制技术提出了更高的要求,希望它稳定可靠、价格低廉,具有多个参数控制,控制精度和响应特性均能满足工程需要。于是电液比例控制技术应运而生。

电液比例控制技术经历三十余年的发展,从比例元件设计原理,到微电子技术、传感器技术与计算机控制集成的控制技术日臻完善,得到了广泛的应用。

11.1　电液比例控制系统的组成及分类

第 6 章、第 7 章、第 8 章介绍的方向控制阀、压力控制阀和流量控制阀属于传统开关型或定值控制型控制阀。压力、流量控制阀都是手动调节,若液压设备(如注塑机)有多级压力和多级速度设置,必须有足够数量的元件,势必造成系统庞大而繁杂,调节、维修不便。电液比例系统能够接受模拟或数字式信号,系统输出压力、流量、方向可连续地和按比例地接受远程控制及自动控制,使控制系统简化,并提高了控制精度。

11.1.1　电液比例控制系统的组成

电液比例控制系统多应用于开环控制系统。其控制系统原理框图如图 11-1 所示。

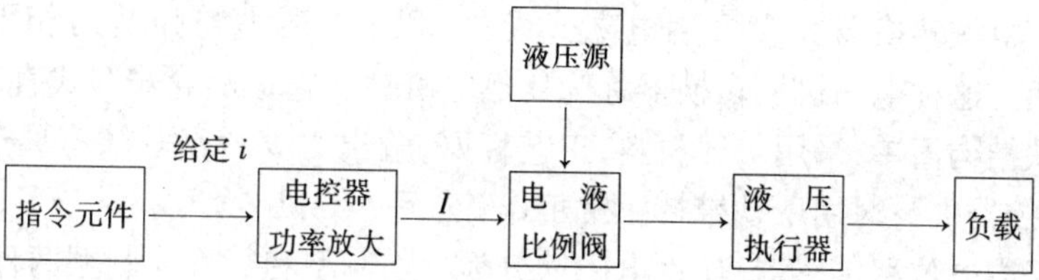

图 11-1　开环电液比例控制系统原理框图

组成电液比例控制系统的基本元件如下。

1. 指令元件

指令元件是控制信号发生与输入的元件,也称编程器或输入电路,如电位器、信号发生器或程序控制器。指令信号可手动或程序设定。

2. 电控器

电控器也称比例放大器。它主要对控制信号进行加工、整形和功率放大,达到电—机械转换装置的控制要求。

3. 比例阀

它是电液比例控制系统的关键元件。比例阀由电—机械转换器—比例电磁铁和液压阀本体组成。比例电磁铁是电液的接口元件,它将电控器放大后的电信号转换成与电信号成比例的力或位移。输出力或位移经液压阀放大输出驱动负载。比例阀是整个系统的功率放大部分。

4. 执行元件

执行元件通常指液压缸和液压马达，是系统的输出装置。

5. 检测反馈元件

检测元件用来检测被控量或中间变量的实际值，得出系统的反馈信号。检测元件有位移传感器、压力传感器和速度传感器。检测反馈元件多用于闭环控制系统，以提高整个系统的性能和控制精度。

11.1.2 电液比例控制系统的分类

电液比例控制系统可以按多种方式从不同角度进行分类。最常用的分类方式是按被控对象（量或参数）分类。开环控制系统有比例压力控制系统、比例流量控制系统、比例流量压力控制系统。

11.2 电液比例阀的组成及分类

电液比例阀由电—机械转换器及液压放大元件——液压阀本体组成。电—机械转换器是电液的接口元件。它把放大后的电信号转换成与电信号成比例的机械量——力或位移输出，经液压阀放大驱动负载。液压阀本体是系统的功率放大级。

11.2.1 电—机械转换器结构及控制形式

目前电—机械转换器大多采用电磁式设计，利用电磁力与弹簧力相平衡原理实现电—机械转换。这种电—机械转换器称为比例电磁铁。它是螺管式湿式直流电磁铁。这种比例电磁铁结构简单，采用一般材料，工艺性好，输出力大，行程长，有些还增设应急操作装置，在电控器失灵时用手动维持正常工作。

根据是否内置位移传感器，比例电磁铁分为力控制型和行程控制型两种。

1. 力控制型比例电磁铁

改变输入比例电磁铁的电流，可获得按线性变化的力，输出力与输入电流为线性关系。这种线性关系在 1.5 mm 的行程内有效。这种关系称为力—行程特性曲线，如图 11-2 所示。

力控制型比例电磁铁弹簧刚度大，动态特性好，仅工作在一个相当小的行程范围（1.5 mm）内，适于控制先导阀芯。力控制型比例电磁铁如图 11-3 所示。

2. 行程控制型比例电磁铁

在行程控制型比例电磁铁中，线性位移传感器（差动变压器式）与衔铁相连，组成内部闭环控制回路，使电磁铁的行程得到更准确的控制；同时其弹簧刚度小，电磁铁的行程大，典型行程范围为 3 ~ 5 mm。行程控制型比例电磁铁可直接与方向阀、流量阀的滑阀相连，也可与压力阀锥阀相连，如图 11-4、11-6 所示。

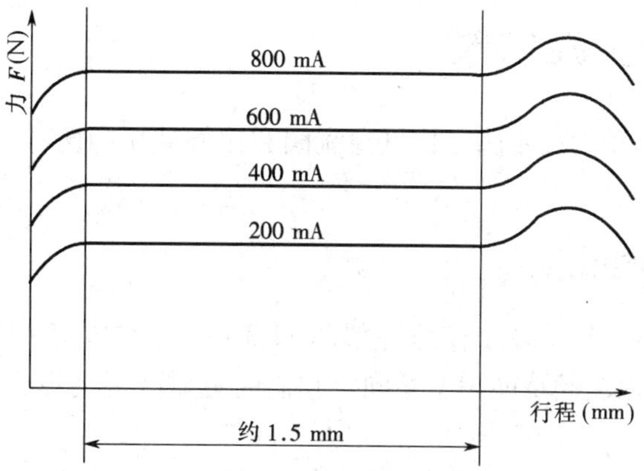

图 11-2　力—行程特性曲线

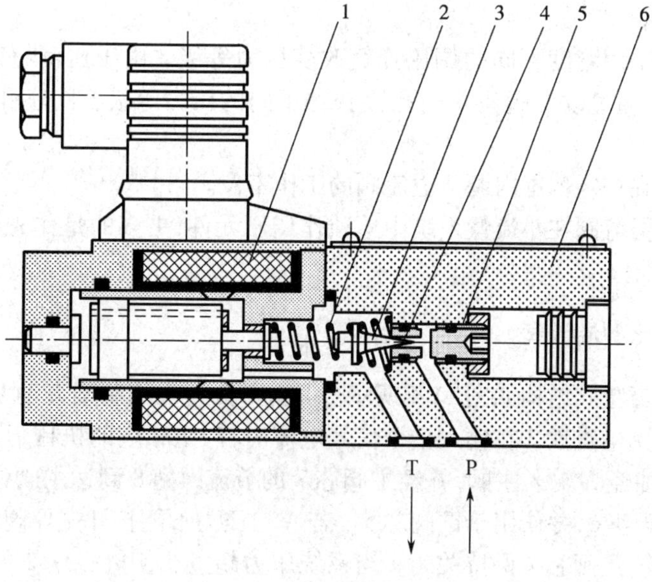

图 11-3　直动型比例溢流阀

1—比例电磁铁;2—弹簧;3—阀芯;4—阀座;5—调节螺塞;6—阀体

比例电磁铁最大直流电压为 24 V,最大电流为 800 mA,最大输出力为 65 ~ 80 N。

11.2.2　电液比例阀的类型

液压系统的压力和流量是两个主要被控参数。常见比例阀有比例压力控制阀、比例流量控制阀、比例方向阀和比例复合阀。比例压力控制阀、比例流量控制阀为单参数控制阀;比例方向阀同时控制液流方向和流量,是两参数控制阀;比例复合阀为多参数控制阀。

11.3 比例压力控制阀

应用最多的比例压力控制阀有比例溢流阀和比例减压阀两种,分为直动型和先导型两种。

11.3.1 直动型比例溢流阀

直动型比例溢流阀结构及工作原理如图 11-3 所示。它是双弹簧结构的直动型溢流阀,与手调式直动型溢流阀功能完全相同。它们的主要区别是用比例电磁铁取代手动弹簧调节组件。

直动型比例溢流阀包括由力控制型比例电磁铁 1 以及由阀体 6、阀座 4、锥阀芯 3、弹簧 2 等组成的液压阀本体。电信号输入时,比例电磁铁 1 产生电磁力,通过弹簧 2 作用于阀芯 3。电磁力压缩弹簧,压缩量决定溢流压力。压缩量和溢流压力正比于输入电信号,实现压力比例控制。

普通溢流阀采用刚度不同的调压弹簧改变压力等级。由于比例电磁铁的推力是定值,比例溢流阀则通过改变阀座 4 的孔径获得不同的压力等级。阀座孔径小,控制压力高,流量小。

调节螺塞 5 在一定范围内调节溢流阀的工作零位。

直动型比例溢流阀在小流量系统中单独作调压元件,更多的是作先导型溢流阀或减压阀的先导阀。

11.3.2 先导型比例溢流阀

先导型比例溢流阀结构如图 11-4 所示。其上部为行程控制型直动型比例溢流阀,下部为主阀级。比例电磁铁 2 在输入指令信号电流时,产生相应的机械力压缩弹簧 4 作用于锥阀 5。压力油经 A 输入主阀,并经主阀芯 7 的节流螺塞 8 到达主阀弹簧 9 腔,经通路 a、b 到达先导阀阀座 6,并作用于锥阀芯 5。若 A 口压力不能打开先导阀芯 5,主阀芯 7 的左、右腔压力相等,主阀芯 7 保持关闭。当系统压力超过比例电磁铁 2 的设定值,先导阀芯 5 开启,先导油经 c 从 B 口流回油箱。主阀芯右腔(弹簧腔)的压力由于节流螺塞 8 的作用而下降,导致主阀芯 7 开启,则 A 口与 B 口接通回油箱,实现溢流。

主阀芯 7 是锥阀,它小而轻,行程也小,响应快。阀套(座)10 上均布径向孔,阀开启时油液分散流走,减小噪声。X 口为远程控制口,可接一手调直动式安全阀,防止系统过载。先导油也可经 Y 口泄回油箱,以免回油背压引起阀的误动作。

11.3.3 先导型比例减压阀

先导型比例减压阀与先导型比例溢流阀工作原理基本相同。它们的先导阀完全相同,不同的只是主阀级。溢流阀采用常闭式锥阀,减压阀采用常开式滑阀,如图 11-5 所示。

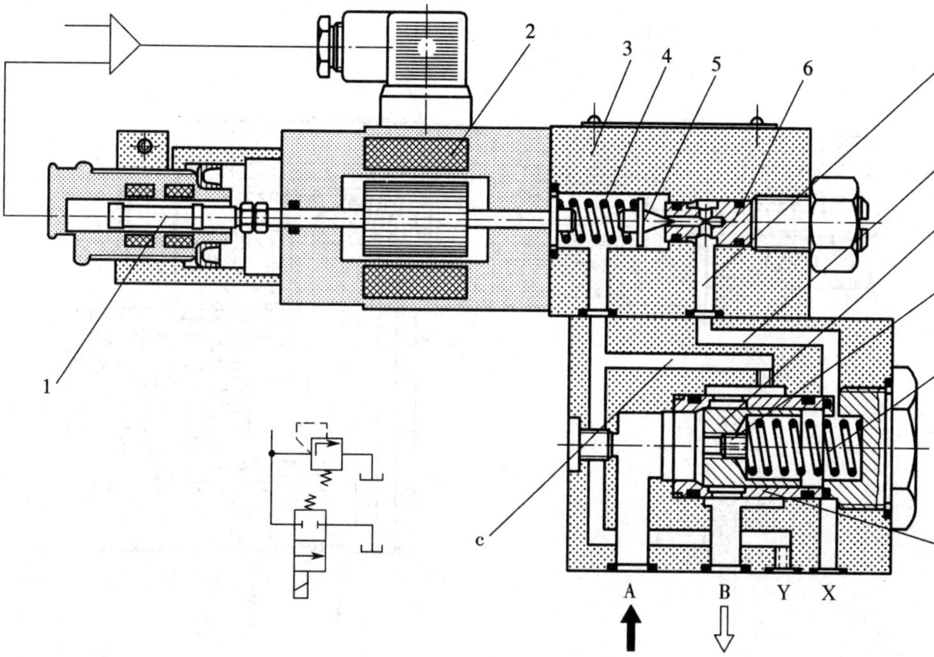

图 11-4　先导型比例溢流阀及图形符号

1—位移传感器;2—行程控制型比例电磁铁;3—阀体;4—弹簧;5—锥阀芯;
6—阀座;7—主阀芯;8—节流螺塞;9—主阀弹簧;10—主阀座(阀套)

比例电磁铁接受指令电信号,输出相应电磁力,经弹簧 4 将先导锥阀芯 5 压在阀座 6 上。一次压力油由 B 进入主阀,减压节流口 11 后的二次压力油经主阀芯 7 的径向孔由 A 口输出;二次压力油同时经阀芯 7 上的节流螺塞 10 至主阀芯弹簧腔(右腔)、通路 a、先导阀座 6 作用于先导阀芯 5。若二次压力不能使先导锥阀芯 5 开启,则主阀芯左、右两腔压力相等。在弹簧 9 的作用下,减压节流口 11 为全开状态,B→A 流向不受限制。二次压力超过比例电磁铁设定值时,先导阀芯 5 开启,液流经 c、Y 口泄回油箱。由于节流螺塞 10 的作用,主阀芯弹簧腔压力下降,主阀芯左、右两腔的压差使主阀芯克服弹簧 9 之作用,使减压节流口 11 关小,二次压力降至设定值。

为防止二次压力过高,可在 X 口接一手动式直动型溢流阀起保护作用。

11.3.4　三通比例减压阀

三通比例减压阀简图如图 11-6 所示。

无信号电流时,弹簧 2 使阀芯 3 处于中位,P、T、A 互不相通。比例电磁铁接受信号电流,电磁力推动阀芯 3 右移,P、A 接通,A 输出的二次压力油输入执行元件;二次压力油又经阀体通道 a 反馈到阀芯右端,作用于阀芯右端的油液压力油的压力与电磁力方向相反。二次压力油的压力与电磁力平衡时,A 口压力 p_A 保持不变,并与电磁力成正比例。若 p_A 对阀芯的作用力大于电磁力,阀芯将移至左端,A 口与 T 接通,压力下降,直至新的平衡。

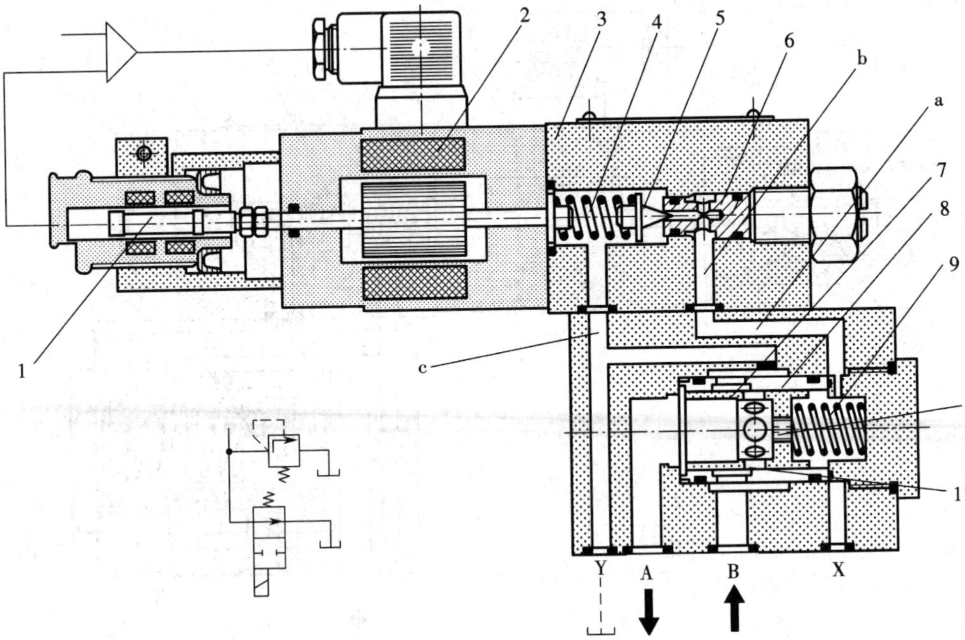

图 11-5　先导型比例减压阀及图形符号

1—位移传感器;2—行程控制型比例电磁铁;3—阀体;4—弹簧;5—先导锥阀芯;6—先导阀座;7—主阀芯;8—阀套;9—主阀弹簧;10—节流螺塞;11—减压节流口

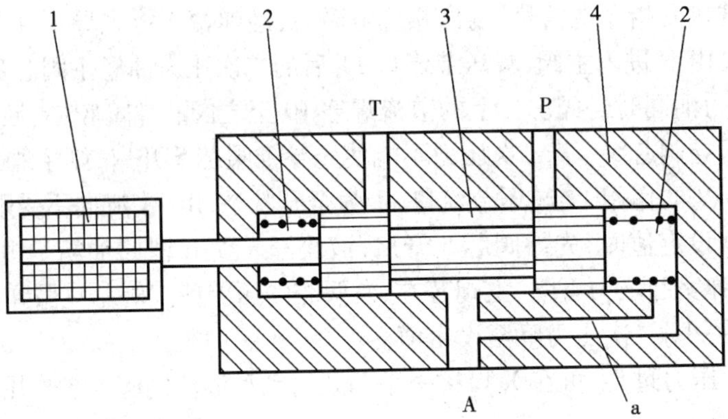

图 11-6　三通比例减压阀简图

1—比例电磁铁;2—对中弹簧;3—阀芯;4—阀体

三通比例减压阀可以控制二次压力油的压力和方向。成对使用时,可作比例方向阀的先导阀,如图 11-7 所示。

11.3.5　双向三通比例减压阀

直动型双向三通比例减压阀由比例电磁铁 5、6 驱动,将输入的电信号转化为压力信

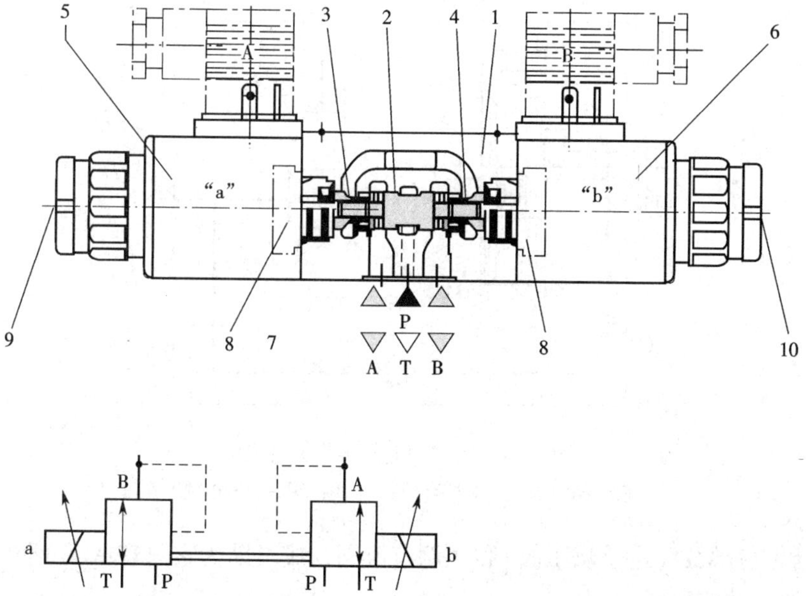

图 11-7　直动型双向三通比例减压阀及图形符号

1—阀体;2—阀芯;3、4—压力检测阀芯;5、6—比例电磁铁;

8—对中弹簧;9、10—手动控制钮

号输出。它主要由阀体 1,控制阀芯 2,对中弹簧 8,比例电磁铁 5、6 和手动控制钮 9、10 组成。控制阀芯 2 带有压力检测阀芯 3、4;比例电磁铁是带中心螺纹和可更换的湿式直流可控电磁铁。电磁铁由外部电控器或集成电控器精细控制。其工作原理如下。

比例电磁铁 5、6 均断电时,对中弹簧 8 使控制阀芯 2 处于中位,呈"Y"型机能,即 P 口封闭;A、B、T 口连通,A、B 两腔压力油直接回油箱。

若电磁铁 5 得电,控制阀芯 2 和压力检测阀芯 3、4 根据输入电信号按比例向右移动;P、B 口和 A、T 口由阀芯 2 与阀体 1 构成的节流口相连通,形成渐进式流量特性。电磁铁 5 断电,对中弹簧 8 使控制阀芯 2 返回中位。电磁铁断电时,用手动控制钮 9、10 移动阀芯 2。

直动型双向三通比例减压阀常用作先导控制型比例方向阀的先导控制阀。

11.4　比例流量控制阀

比例流量控制阀的流量调节作用在于改变节流口的开度。它是用电-机械转换器取代普通节流阀的手调机构,调节节流口的通流面积使输出流量与输入信号成比例。

比例流量阀分为比例节流阀和比例调速阀。直动型比例节流阀较少见。由于比例方向阀具有节流功能,实际使用中则以四通比例方向阀代替比例节流阀。

比例调速阀工作原理简图如图 11-8 所示。

比例调速阀是在前述传统调速阀的基础上,将其手调机构改用比例电磁铁而成。它

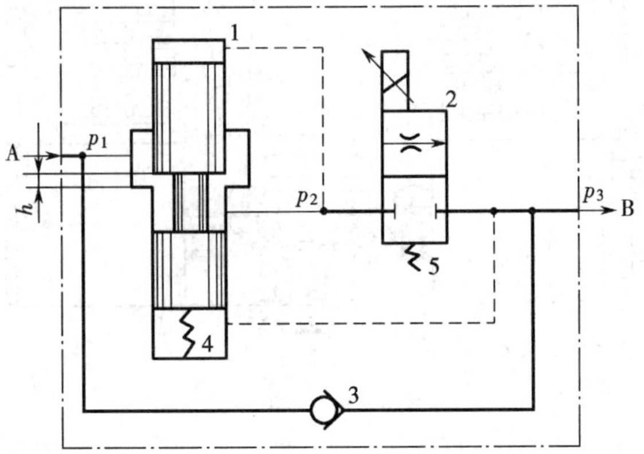

图 11-8　比例调速阀工作原理简图

1—定差减压阀；2—比例节流阀；3—单向阀；4、5—小刚度弹簧

仍然是由压力补偿器（定差减压阀）和比例节流阀构成。因为它只有 A、B 两个主油口，故又称做二通比例调速阀。

图中，压力补偿器的减压阀 1 位于节流阀 2 的主节流口的上游，与主节流口串联，减压阀阀芯由小刚度弹簧 4 保持在开启位置，开口量为 h；节流阀 2 的阀芯也由一小刚度弹簧 5 保持关闭。比例电磁铁接受输入电信号后，产生的电磁力作用于阀芯，阀芯下移压缩弹簧 5，阀口打开，液流自 A 口流向 B 口。阀的开口量与控制电信号对应。用行程控制型比例电磁铁提供位置反馈，可使其开口量更为准确。

压力补偿器的工作原理同前。其功能是保持节流阀进出口压差 $\Delta p = p_2 - p_3$ 不变，保证流经节流阀的流量 q 稳定。

11.5　比例方向控制阀

比例方向控制阀是具有方向控制功能和流量控制功能的两参数控制复合阀，外观与传统方向控制阀相同。为了对进、出口同时准确节流，比例方向阀滑阀阀芯台肩圆柱面上有轴向节流（控制）槽。节流槽几何形状为三角形、矩形、圆形或其组合形状。节流槽在台肩圆周上均匀分布、左右对称分布或成某一比例分布。节流槽轴向长度大于阀芯行程，使控制口总有节流功能。节流槽与阀套以不同的配合长度得到 O 型、P 型、Y 型机能。比例方向阀有直动型和先导控制型两种。

11.5.1　直动型比例方向阀

直动型比例方向阀结构如图 11-9 所示。阀体左、右两端都有比例电磁铁，阀体中阀芯 4 由对中复位弹簧 2、5 对中定位。阀芯 4 台肩上开有左右对称的圆形节流槽。两电磁铁均不通电时，阀芯 4 在对中弹簧作用下处于中位。当电磁铁 1 有信号电流输入时，电磁力直接作用在阀芯上，比例电磁铁推力与相应的对中弹簧5的弹簧力平衡而定位在与输入信号成正比的位置上，从而使P、B连通，A、T连通，并经相应节流槽节流。节流槽开口量取决于输入电流信号的强弱。液流方向取决于接受信号的电磁铁。

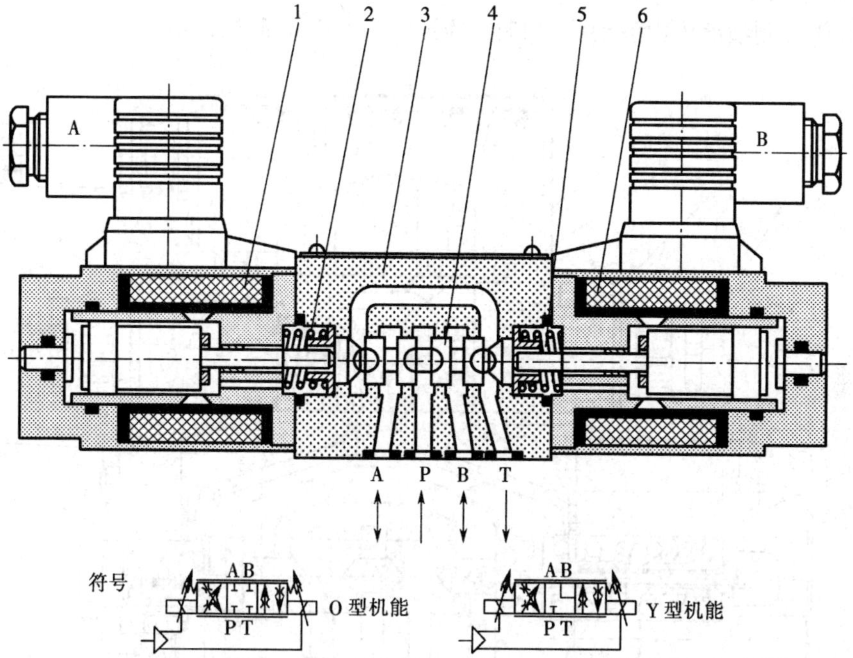

图11-9　直动型比例方向阀及图形符号

1、6—比例电磁铁；2、5—对中、复位弹簧；3—阀体；4—阀芯

11.5.2　先导型比例方向阀

直动型比例方向阀因受比例电磁铁电磁力的限制，只能用于小流量系统。在大流量系统中，液动力使阀不能开启或不能完全开启时，应使用先导型比例方向阀。

先导型比例方向阀有两种：一是以传统电液动方向阀为基础发展而成的，其先导阀是双向三通比例减压阀，主阀为液动式比例方向阀；二是在伺服阀简化基础上发展而成的，称为伺服比例方向阀或廉价伺服阀。

1. 双向三通比例减压阀作先导阀的比例方向阀

双向三通比例减压阀作先导阀的比例方向阀如图11-10所示。其先导阀为双向三通比例减压阀。该阀工作原理及结构见图11-7。如图11-10所示，液动主阀由阀体10、主阀芯11、对中弹簧12组成。液动主阀芯11由先导阀9控制；间接受比例电磁铁5、6驱动。

若电磁铁6通电，控制阀芯2右移，控制油由先导阀9进入液动阀控制腔13，并与输入信号成比例地推动主阀11向左移动，主阀P、A口及B、T口通过主阀芯11与阀体10形成的节流口接通，流量特性为渐进式。若电磁铁6断电，控制阀芯2的主阀芯11返回中位。

随主阀芯 11 的位置不同,P、A 接通,B、T 接通;或 P、B 接通,A、T 接通。

主阀芯对中弹簧 12 为拉、压式弹簧,性能稳定,优于双弹簧对中结构。滑阀右端设防转机构,以提高重复控制精度。

先导阀控制油液可由液动阀 P 口内部供给或 X 口外部供给。

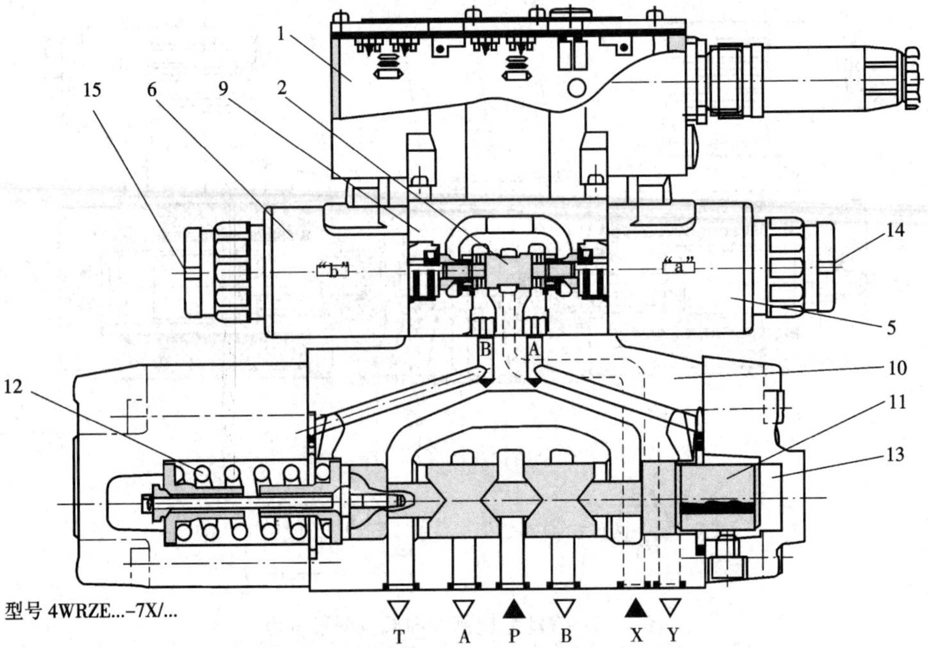

图 11-10 双向三通比例减压阀作先导阀的比例方向阀

1—电控器;2—先导控制阀芯;5、6—比例电磁铁;9—先导阀;10—液动主阀阀体;11—液动主阀芯;12—对中弹簧;13—控制腔;14、15—手动控制钮

2. 直动型比例方向阀作先导阀的比例方向阀

直动型比例方向阀作先导阀的比例方向阀结构及图形符号如图 11-11 所示。它是由直动型比例方向阀作先导控制阀,液动方向阀为主阀叠加而成。其工作原理与传统的电液动方向控制阀相同。先导控制阀、液动主阀特点如下。

先导控制阀是行程型比例电磁铁控制的直动型四位四通比例方向阀。有四个工作位置,左端位置(如图形符号所示)是机械零位,Y 型机能。先导阀处于机械零位时,确保液动主阀回复中位。先导阀右端是复位弹簧,比例电磁铁电磁力直接作用于先导阀芯和复位弹簧。比例电磁铁得电,先导阀芯在其另三个位置换位工作;比例电磁铁失电,复位弹簧将先导阀芯定于机械零位(紧急停止时的故障保护位置)。

液动主阀芯为滑阀,滑阀带位移传感器,滑阀两端用压缩弹簧对中,滑阀圆柱台肩轴向有圆形和矩形组合节流槽。滑阀右端设防转机构,以提高重复控制精度。

该先导型比例方向阀可用于闭环控制系统。

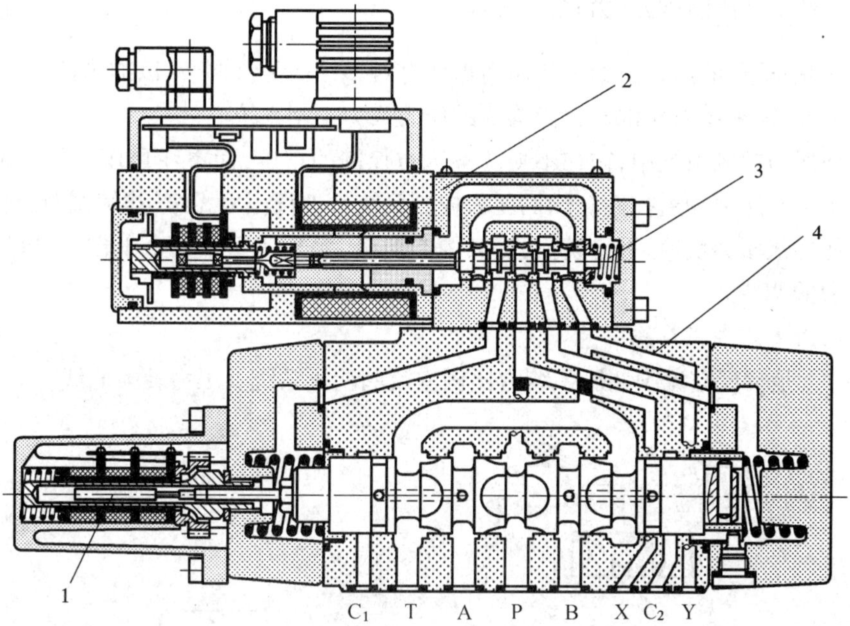

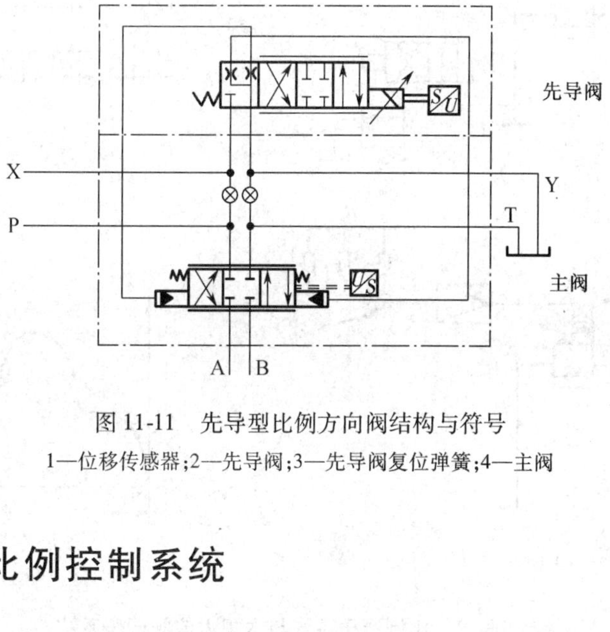

图 11-11　先导型比例方向阀结构与符号

1—位移传感器;2—先导阀;3—先导阀复位弹簧;4—主阀

11.6　电液比例控制系统

电液比例控制系统是由电气信号处理部分与液压功率放大和输出部分构成。电液比例控制系统可以从不同的角度进行分类。按被控量的物理名称可分为比例压力控制系统、比例流量(速度)控制系统、比例位置控制系统、比例压力(力)控制系统等。电液比例压力(力)控制系统与电液比例速度(流量)控制系统是最常用的比例控制系统。

11.6.1　开环电液比例压力(力)控制系统

在工作状态下,液压系统的工作压力需要进行多级或无级调节,以准确控制压力及反复加载。为此,需采用由比例压力阀构成的压力或力控制系统。

在开环压力控制系统中,往往不太注重压力控制的精度,而更注重压力的转换、压力转换的平稳性及压力的遥控性。比例压力控制系统可进行压力无级、连续调节,且可通过电气控制使各级压力快速、平稳转换,提高控制质量,尤其适用于一个工作循环内需要多级工作压力的调节。

1. 比例溢流阀调压系统

图 11-12 是常规溢流阀调压系统与比例溢流阀调压系统及压力转换曲线。

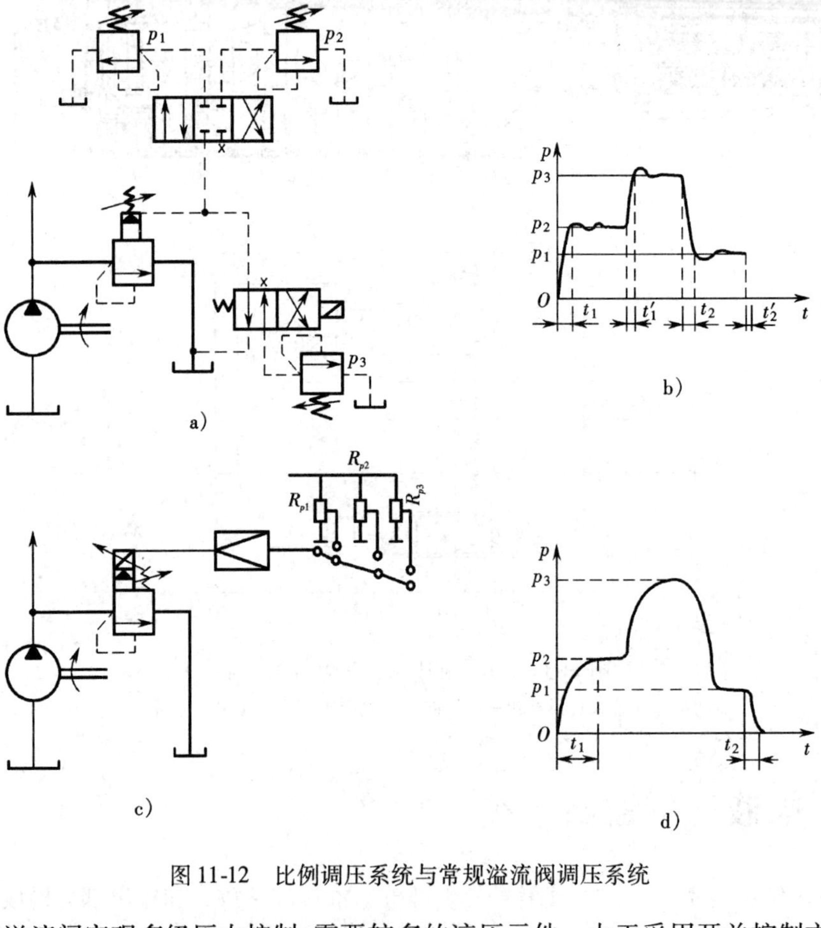

图 11-12　比例调压系统与常规溢流阀调压系统

常规溢流阀实现多级压力控制,需要较多的液压元件。由于采用开关控制方式,在压力转换时不可能做到无冲击的平滑过渡(见图 11-12 b) 所示系统和压力转换曲线)。图 11-12 d) 比例调压系统的压力转换曲线过渡平稳,无冲击,压力上升时间 t_1 和下降时间 t_2 可在 0 ~ 5 s 内任意设定,压力转换快速平稳。

采用比例溢流阀控制压力，只需输入相应的模拟量，即获得特定的压力及控制规律。模拟量由电位器组、函数发生器、程序器等产生。

2. 比例减压阀的调压系统

用一台液压泵供油，系统各支路需要不同等级的压力时，为获得较高的稳压精度，需采用比例减压阀调压和稳压。比例减压阀调压系统如图 11-13 所示。

二通型减压阀在控制压力上升时，动态响应快；控制压力下降时，因结构原因，二次压力油只能经阀芯中心小孔和先导阀座小孔泄回油箱，动态响应慢。二通型减压阀无反向流动通路。正、反向负载系统中都需减压时不能用二通型减压阀，应该选用三通型比例减压阀。

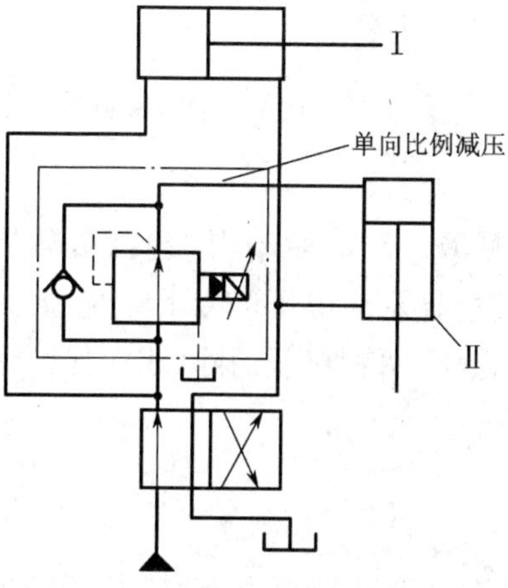

图 11-13　二通比例减压阀减压系统

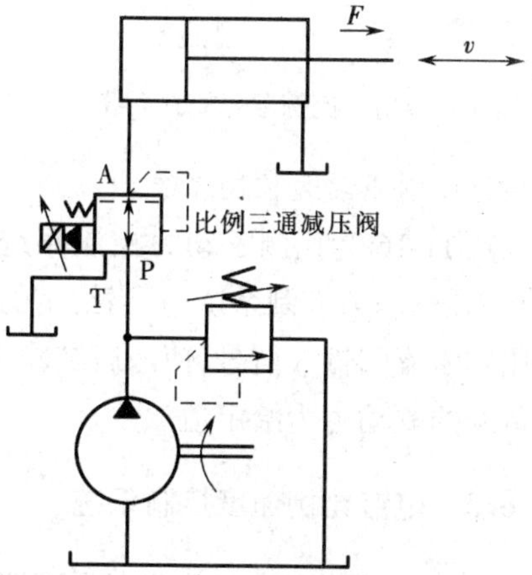

图 11-14　三通型比例减压阀的调压系统

3. 三通型比例减压阀的调压系统

三通型比例减压阀(结构见图 11-6)调压系统如图 11-14 所示。正向加载，活塞向右运动，系统压力由三通型比例减压阀调节；反向加载，活塞向左运动，A 点压力升高，使 P 口与 A 口关闭，A、T 接通，无杆腔排油，直至压力达到设定值。故该系统可实现被动恒力加载。升压与降压响应快，A 口保持的调压精度高。系统中溢流阀设定的压力应高于减压阀设定的压力。

11.6.2　闭环电液比例压力(力)控制系统

以开环压力控制为基础，增加系统输出量检测和反馈环节，便构成闭环压力(力)控制系统。检测元件是压力传感器或力传感器。

1. 闭环压力控制系统

在图 11-15 所示系统中，压力传感器检测液压缸的压力。当液压缸压力与比例溢流阀设定值出现偏差时，放大器将误差信号放大，并对溢流阀实行控制，使压力偏差变小。该系统控制驱动力或负载力时，因受各种因素的影响，会使控制精度降低。

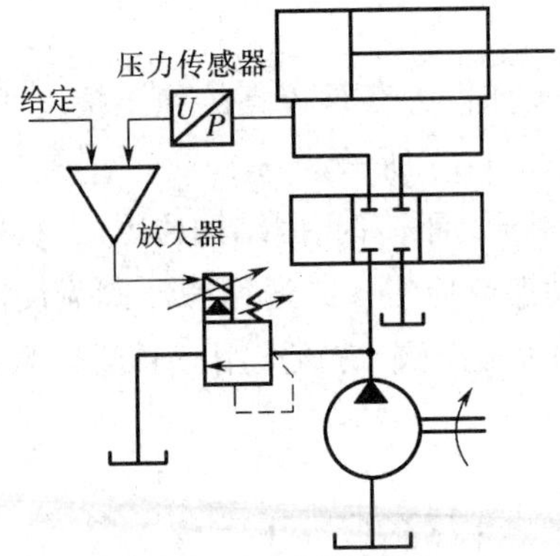

图 11-15　比例压力控制系统

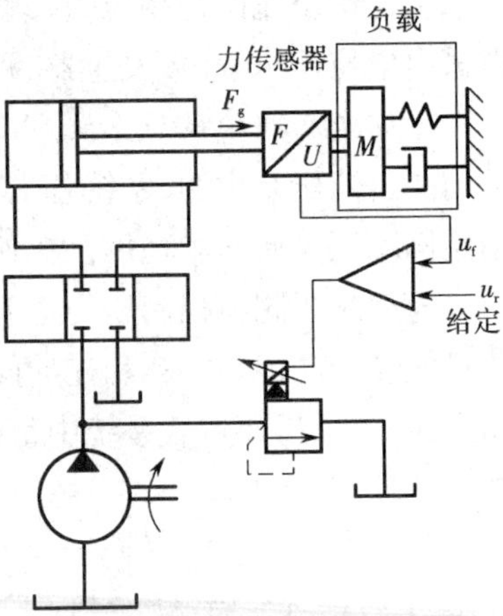

图 11-16　比例驱动力控制系统

2. 比例驱动力控制系统

图 11-16 为比例驱动力控制系统。力传感器检测液压缸的驱动力（包括负载惯性力）。在驱动力控制系统中，当给定的电压信号与力传感器反馈电压信号不等时，放大器向比例溢流阀输入信号，使液压缸输出力增加或减少，直至两者误差消除，才能保证作用于负载的驱动力为给定值。

11.6.3　电液比例速度控制系统

电液比例速度控制系统有开环控制和闭环控制之分。开环控制系统主要用于速度快而平稳转换；闭环控制系统用于精确控制工作速度的场合。最常见的是开环速度控制系统。

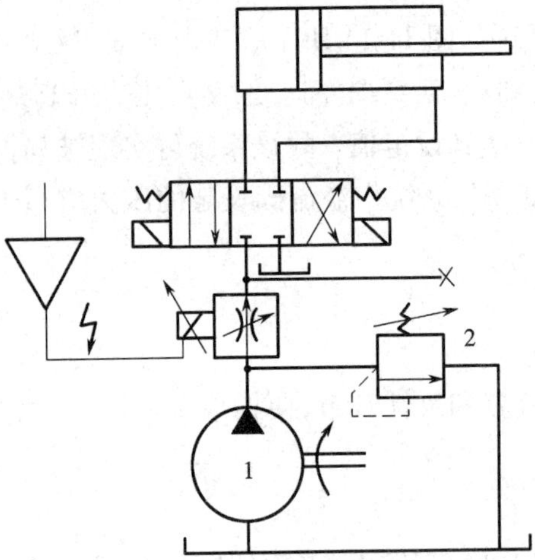

图 11-17　比例调速阀控制系统

1—液压泵；2—溢流阀

图 11-17 为比例调速阀控制系统。系统由定量泵 1、溢流阀 2 组成恒压油源供油，比例调速阀、换向阀和液压缸组成进口节流调速回路。比例调速阀控制输入液压缸的流量，实现调速。

11.6.4　压力和速度综合控制系统

图 11-18 为压力与速度综合控制系统。系统由变量泵、带位置反馈的比例方向阀和液压缸组成。比例方向阀兼有节流阀功能。

1. 压力控制

压力传感器检测液压缸压力，并以此值作实际值传送给压力控制器。此值与设定

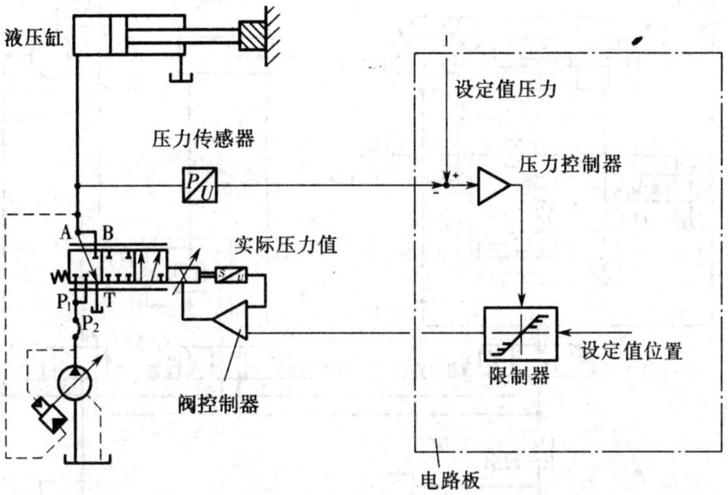

图 11-18　压力和速度综合控制系统

压力值比较，若实际值与设定值在某一压力差之下，则电子控制器的信号传输给比例方向阀控制器，使比例方向阀换位，A、T 接通，泵出口关闭，不再向系统供油，泵输出流量也随之减小，如图示状态。

2. 速度控制

比例方向阀阀芯开口量由设定位置决定。可以选 P_1—A 通路或 P_2—B 通路的流量（由管路连接决定）。比例方向阀与变量泵及其变量控制机构共同工作，实现液压缸的速度控制。此时系统工作状况实际为一种容积节流调速，实现泵输出流量的负载补偿和能量低损失控制。

11.7　电液比例控制系统应用举例

电液比例控制元件及系统以其对工作条件要求低和控制质量高、易于操作、廉价且具有远程自动控制的优势，受到各工业部门的欢迎，获得广泛应用。

11.7.1　塑料注射成型机电液比例控制系统

如前所述，塑料注射成型机系统是典型的多级压力、多级速度控制系统。该机在工作循环中按工艺过程规定不断转换压力和速度。前例注射机液压系统采用传统开关阀，元件多，电气控制系统也复杂。如果采用电液比例控制系统，就可使系统简化，控制性能更好，被控参数平稳转换。塑料注射成型机电液比例控制系统如图 11-19 所示。其多级压力用比例溢流阀 1 控制，多级速度用比例调速阀 2 控制，比例溢流阀 1 内带有安全限压阀，保证系统安全。系统主要动作程序如下。

合模液压缸快速运动合模，合模液压缸慢速运动合模、锁模；注射液压缸注射、保压；

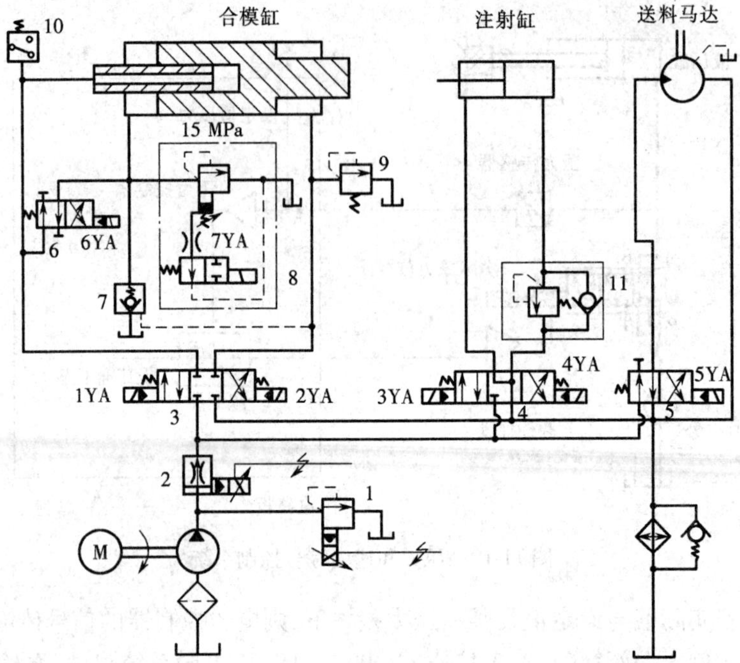

图 11-19　塑料注射成型机电液比例控制系统

1—比例溢流阀;2—比例调速阀;3～6—电液动换向阀;

7—充液阀;8—电磁溢流阀;9—溢流阀;10—压力继电器;11—单向顺序阀

泄压、合模液压缸快速退回;螺杆送料。

合模液压缸采用复合液压缸实现多级力和速度输出。

动作程序及电磁铁动作顺序见表 11-1。

表 11-1　动作程序及电磁铁动作顺序

序号	电磁铁 / 动作名称	1YA	2YA	3YA	4YA	5YA	6YA	7YA	发信元件
1	合模液压缸快速前进	+							
2	合模液压缸慢速前进	+					+	+	行程开关
3	合模液压缸保压、锁模						+	+	压力继电器 10
4	注射液压缸注射、保压、固化				+		+	+	
5	注射液压缸退回			+			+	+	时间继电器
6	泄压、合模液压缸退回		+						
7	螺杆送料					+			

11.7.2 液压电梯电液比例控制系统

液压电梯的轿厢用液压缸顶升，轿厢及负载重力、惯性力由液压缸传给地基。这种电梯无牵引机房，对建筑设计有利，近年来得到迅速发展。

电梯运行具有特定的启动加速和制动减速，为乘客提供快捷、舒适、安全的服务。电梯运行加速度、速度曲线如图 11-20 所示。电液比例速度控制系统如图 11-21 所示。

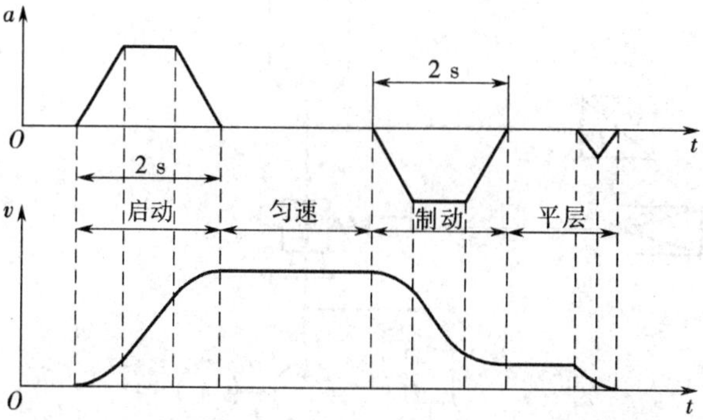

图 11-20 电梯运行速度与加速度曲线

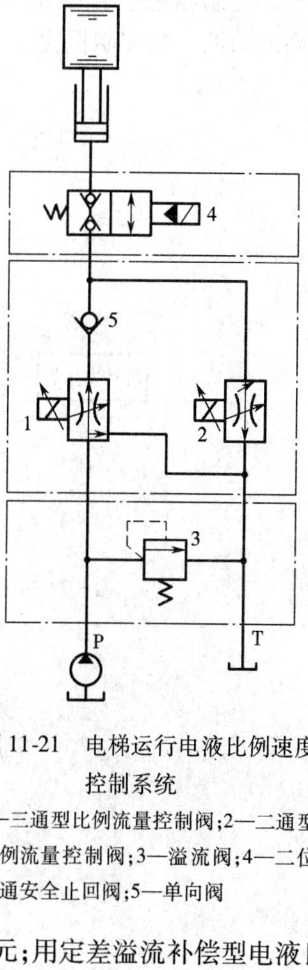

图 11-21 电梯运行电液比例速度控制系统

1—三通型比例流量控制阀；2—二通型比例流量控制阀；3—溢流阀；4—二位二通安全止回阀；5—单向阀

图中，液压系统采用定量泵和溢流阀 3 组成定压供油单元；用定差溢流补偿型电液比例调速阀 1 在液压缸进油路上组成进油节流调速回路，控制电梯升程速度，实现负载压力匹配，系统效率高。控制阀 2 控制电梯降程速度。电液控制安全止回阀 4 安装在液压缸底部，防止阀 2 失控或油路意外事故而使轿厢自由下滑。

采用电液比例控制系统，控制阀具有压力补偿功能，电梯升降过程中速度、加速度不受负载影响。

11.7.3 电液比例加载系统

液压系统中力和转矩的控制通过压力控制实现。压力控制是基础。在工业生产中，各种加载装置都可以采用比例压力控制系统，如材料试验机、压力容器疲劳寿命试验系统、压力传感器老化稳定系统等。

图 11-22 为压力容器疲劳寿命试验系统。该系统用定压供油单元供油；用三通比例减压阀控制容器内压力，能得到很低的压力波波谷；用压力传感器检测压力，经反馈校正，提高压力波形的控制精度。

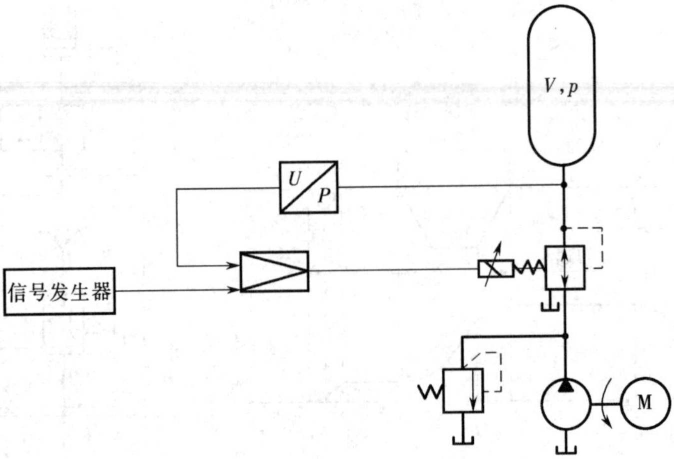

图 11-22　压力容器疲劳寿命试验系统

第 12 章　液压伺服控制

伺服系统(又称随动系统或跟踪系统)是一种自动控制系统。在这种系统中,输出量(机械位移、速度、加速度或力)以一定的精度自动、快速而准确地复现输入量的变化规律。根据液压传动原理,凡是采用液压控制元件和液压执行元件建立起来的伺服系统,都称为液压伺服系统。

液压伺服系统除具有液压传动的各种优点外,还有响应快、系统刚性大、伺服精度高等特点。由于电子技术的迅速发展,电液伺服系统得到更广泛的应用。目前,液压伺服系统,特别是电液伺服系统已广泛应用于国防、航空、船舶、冶金、电力和机械制造业。

12.1　液压伺服控制概述

12.1.1　液压伺服系统的工作原理

图 12-1 是一个简单的液压伺服系统原理图。图中液压泵 4 是系统的能源,以恒定的压力向系统供油,供油压力由溢流阀 3 调定。液压拖动装置由四通滑阀 1 和液压缸 2 组成。作为转换放大元件,四通滑阀将输入的机械信号转换成液压信号(流量、压力)输出并进行功率放大。液压缸是执行元件,输入的是压力油的流量,输出的是运动速度(或位移)。在这个系统中,滑阀与液压缸制成一体,构成反馈连接。

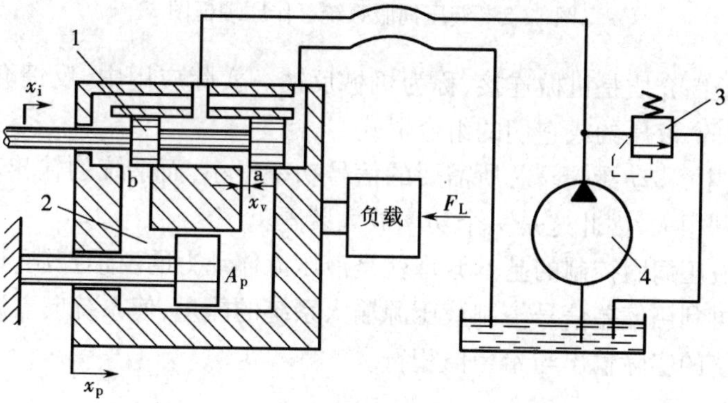

图 12-1　液压伺服系统原理图

1—四通滑阀;2—液压缸;3—溢流阀;4—液压泵

滑阀处于中间位置(零位)时,阀的四个窗口均关闭,阀无流量输出,液压缸不动,系统处于静止状态。给滑阀一个输入位移,如阀芯向右移动距离 x_i,则窗口 a、b 便有相应的

开口量 $x_v = x_i$，压力油经窗口 a 进入液压缸右腔，推动缸体右移，液压缸左腔经窗口 b 排油。因为阀体与缸体刚性连接，所以阀体也跟随缸体一起右移，使阀的开口量减小。当缸体位移 x_p 等于滑阀输入位移 x_i 时，阀开口量 $x_v = 0$，阀的输出流量等于零，液压缸体将停止运动，处在一个新的平衡位置上，从而完成了液压缸输出位移对滑阀输入位移的跟随运动。如果滑阀阀芯反向运动，则液压缸也反向跟随运动。

在该系统中，滑阀不动，液压缸也不动；滑阀向哪个方向移动，液压缸也向哪个方向移动；滑阀移动速度多快，液压缸移动速度也就多快；滑阀移动多大距离，液压缸也移动多大距离。可见执行元件的动作（系统的输出）能够自动、准确地复现滑阀的动作（系统的输入），所以这个系统是一个自动跟踪系统。

在这个系统中，输出之所以能够复现输入的变化，是因为阀体与液压缸刚性连接，构成反馈控制。在控制过程中，液压缸的输出位移能够连续不断地回输到阀体上，并与滑阀的输入位移比较，得出两者之间的位置偏差。这个位置偏差就是滑阀的开口量。因为滑阀有开口量，油源的压力油就要进入液压缸，驱动液压缸运动，使阀的开口量（偏差）减小，直至输出位移与输入位移一致时为止。可见，这个系统是靠偏差信号工作的，即以偏差来消除偏差，这就是反馈控制原理。系统工作原理可以用图 12-2 表示。

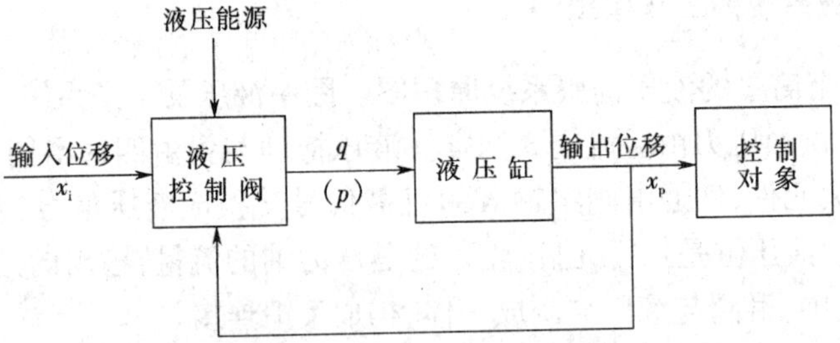

图 12-2　液压伺服系统工作原理框图

该系统中，反馈介质是机械连接，称为机械反馈。实际应用中，反馈介质可以是机械的、电气的、气动的、液压的或它们的组合形式。

在这个系统中，移动滑阀阀芯所需要的信号功率很小，而系统的输出功率（液压缸输出的速度和力）却很大，因此这是一个功率放大装置。

综上所述，液压伺服控制的基本原理就是液压流体动力的反馈控制，即利用反馈连接得到偏差信号，再利用偏差信号控制液压源输入系统的能量，使系统向着减小偏差的方向变化，从而使系统的实际输出与希望值相符。

12.1.2　液压伺服系统的构成

无论实际液压伺服系统多么复杂，都是由一些基本元件组成的，如图 12-3 所示。图中，输入元件的输出信号加于系统的输入端。反馈测量元件用来检测系统的输出量，并将其转换成反馈信号，反馈于系统输入端并与输入信号进行比较，得到控制信号后再将其输入到转换放大装置。输入元件和反馈测量元件可以是机械的、电气的、气动的、液压的或它们的组合形式。输入元件、反馈测量元件和比较元件经常组合在一起,称为误差(或偏差)检测器。

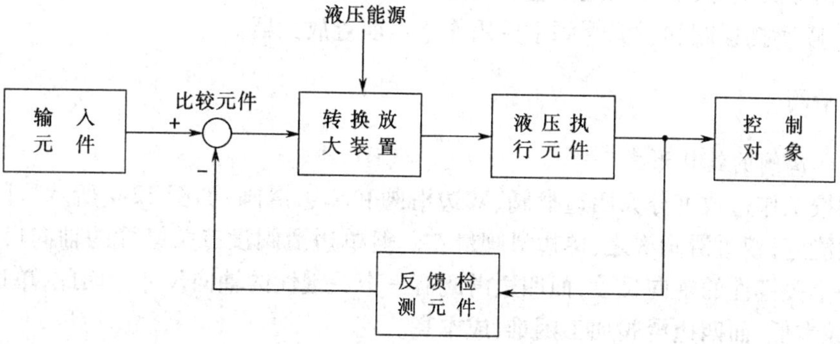

图 12-3　液压伺服系统的构成

转换放大装置的功能是将偏差信号的能量形式转换并加以放大,输入执行机构。转换放大装置的输出级是液压的,前置级可以是电气的、液压的、气动的、机械的或它们的组合形式。

液压执行机构产生的调节动作加于控制对象,实现调节任务。在液压伺服系统中,执行机构可以是液压缸、摆动液压缸或液压马达。

概括起来,液压伺服系统由以下四个最基本部分构成,即偏差检测器、转换放大装置(包括液压能源)、执行机构和控制对象。

12.1.3　液压伺服系统的分类

液压伺服系统的种类很多,可以从不同的角度分类。

1. 按系统输出量的名称分类

按液压伺服系统输出量的名称可分为位置控制、速度控制、加速度控制和力(或压力)控制等。

2. 按系统中信号传递介质的形式分类

按系统中信号传递介质的形式可分为机械液压伺服系统、电气液压伺服系统和气动液压伺服系统。

3. 按拖动装置的控制方式和控制元件的类型分类

按液压伺服系统拖动装置的控制方式和控制元件的类型可分为节流式(阀控制式)和容积式(变量泵控制或变量马达控制)两大类。在节流式液压伺服系统中,主要的控制元件是伺服阀,通常称为阀控伺服系统。在容积式液压伺服系统中,主要的控制元件是变量泵,通常称为泵控伺服系统,但变量泵的排量改变还要利用伺服阀控制。

12.2　液压伺服阀

液压伺服阀在液压伺服系统中起着信号转换和功率放大作用。它控制着输送到执行元件中去的油液的流量和压力，对系统的工作性能影响很大，所以必须对伺服阀的结构和性能有所了解，才能更好地分析整个液压伺服系统。

从结构形式上分，液压伺服阀主要有滑阀、喷嘴挡板阀和射流管阀。其中以滑阀应用最为普遍，喷嘴挡板阀和射流管阀主要用作液压前置放大器。

12.2.1 滑阀

12.2.1.1 滑阀的结构形式

滑阀按工作边数可分为四边滑阀、双边滑阀和单边滑阀，如图 12-4 所示。四边滑阀的控制性能好，双边滑阀次之，单边滑阀最差。但单边滑阀没有关键性的轴向尺寸，双边滑阀有一个关键性的轴向尺寸，而四边滑阀有三个关键性的轴向尺寸。因此，单边滑阀容易加工，成本低，而四边滑阀加工困难，成本高。

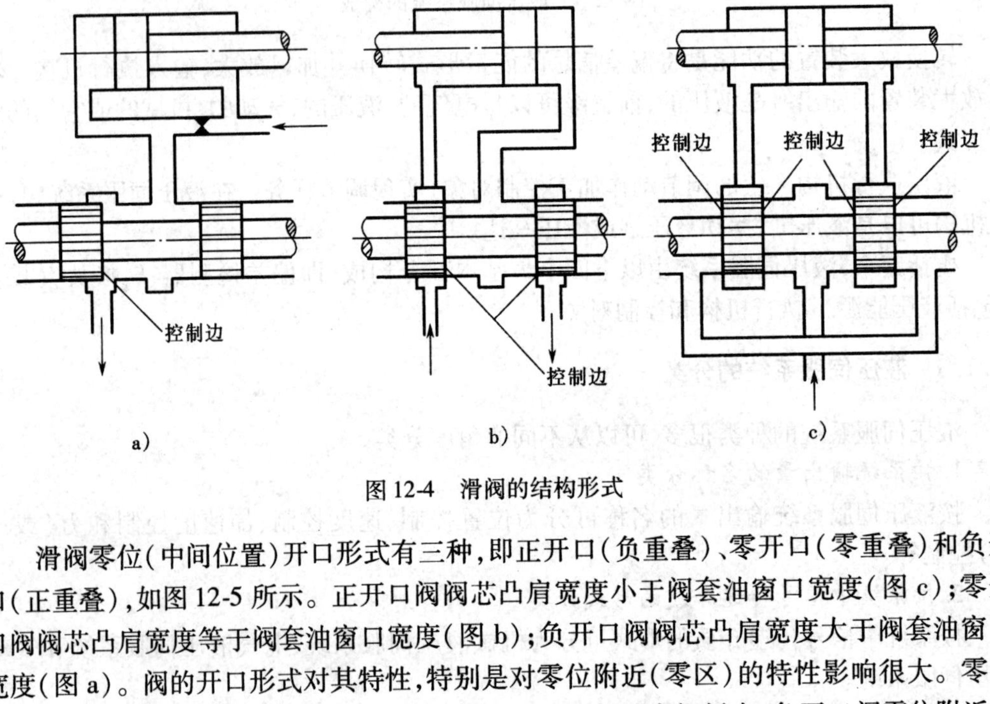

图 12-4　滑阀的结构形式

滑阀零位（中间位置）开口形式有三种，即正开口（负重叠）、零开口（零重叠）和负开口（正重叠），如图 12-5 所示。正开口阀阀芯凸肩宽度小于阀套油窗口宽度（图 c）；零开口阀阀芯凸肩宽度等于阀套油窗口宽度（图 b）；负开口阀阀芯凸肩宽度大于阀套油窗口宽度（图 a）。阀的开口形式对其特性，特别是对零位附近（零区）的特性影响很大。零开口阀的特性较好，应用最多，但加工比较困难；正开口阀功率损耗大；负开口阀零位附近有死区，将导致稳态误差且失真，故很少采用。

按通路数滑阀可分为四通滑阀、三通滑阀和二通滑阀，如图 12-4 所示。四通滑阀有两个控制口，故能控制各种液压执行元件。三通滑阀只有一个控制口，故只能用来控制差动液压缸。二通滑阀（单边阀）只有一个可变节流口，必须和一个固定节流口配合使用，才能控制一腔的油压，用来控制差动液压缸。

12.2.1.2 滑阀的静特性

滑阀的静特性（即压力—流量特性）是指在稳态情况下负载流量 q_L、负载压力 p_L 和

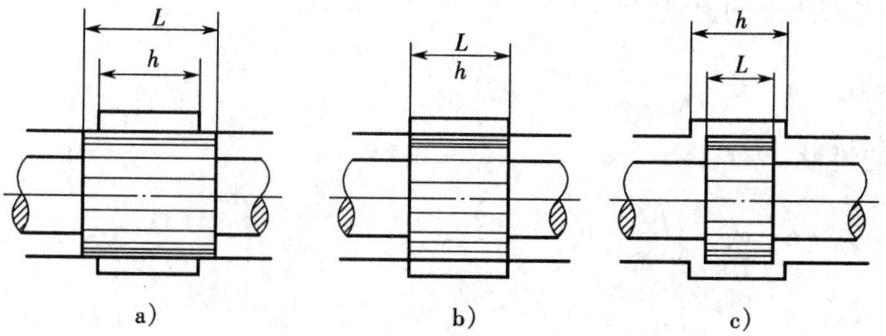

图 12-5　滑阀的开口形式

滑阀位移 x_v 之间的函数关系，即 $q_L = q_L(p_L, x_v)$。它表示滑阀本身的工作能力和性能。滑阀的压力—流量特性可以用实验和解析方法求得。压力—流量特性可以用方程、曲线或特性参数（阀系数）表示。现以理想的零开口四边滑阀为例简述压力—流量特性。

1. 零开口四边滑阀的流量—压力方程和曲线

如图 12-6 a）所示为理想的零开口四边滑阀。在这里，假定阀口槽边锋利，油源压力 p_S 稳定，油液是理想液体。当阀芯从零位向右位移 x_v 时，因为各控制口是配做且对称的，所以进油控制口与回油控制口的开口量都是 x_v，滑阀在进油、回油路上各形成一个节流开口，两控制口的面积均为 wx_v，w 为面积梯度。对于圆柱形滑阀，$w=\pi D$，D 为滑阀阀芯直径。

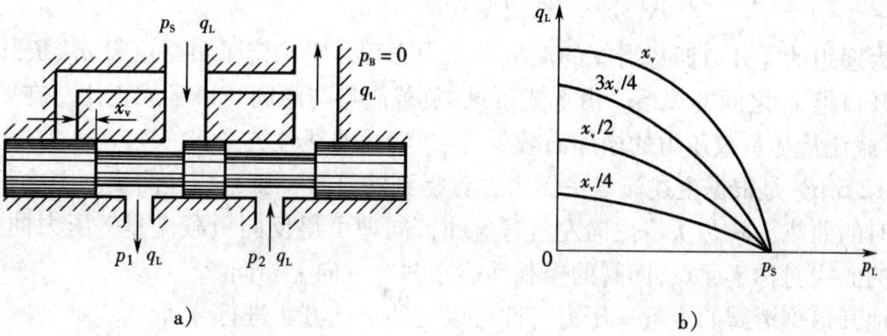

图 12-6　零开口四边滑阀流量—压力曲线

通过阀口的流量可由伯努利方程求得

$$q = C_d \cdot w \cdot x_v \cdot \sqrt{\frac{2}{\rho} \cdot \Delta p} \tag{12-1}$$

式中　q——通过阀口的流量，m^3/s；

C_d——流量系数，无因次；

ρ——油液密度，kg/m^3；

Δp——阀口压力降，Pa。

若负载液压缸是双杆活塞缸，两腔有效工作面积相等，不考虑泄漏，则稳态时 $q_1=q_2$

$= q_L$，其中流进液压缸的流量

$$q_1 = C_d \cdot w \cdot x_v \cdot \sqrt{\frac{2}{\rho} \cdot (p_S - p_1)} \tag{12-2}$$

流出液压缸的流量

$$q_2 = C_d \cdot w \cdot x_v \cdot \sqrt{\frac{2}{\rho} \cdot p_2} \tag{12-3}$$

因而可得

$$p_S - p_1 = p_2$$

即

$$p_S = p_1 + p_2 \tag{12-4}$$

负载压力

$$p_L = p_1 - p_2 \tag{12-5}$$

则可求得

$$p_1 = \frac{1}{2} \cdot (p_S + p_L) \tag{12-6}$$

$$p_2 = \frac{1}{2} \cdot (p_S - p_L) \tag{12-7}$$

将 p_1 或 p_2 代入流量公式，得

$$q_L = C_d \cdot w \cdot x_v \cdot \sqrt{\frac{1}{\rho} \cdot (p_S - p_L)} \tag{12-8}$$

上式即为理想的零开口四边滑阀的流量—压力方程。它确定了负载流量 q_L、负载压力 p_L 和滑阀开口量 x_v 之间的关系。由上式可见，负载流量与滑阀开口量成正比。在一定开口量下，负载流量随负载压力的增加而减少，但二者是非线性关系。

图 12-6 b）是根据上述流量—压力方程得到的流量—压力特性曲线。图中只绘出阀芯右移时的曲线。阀芯从零位向左位移 x_v 时，同理可得反向负载流量—压力曲线，与第一象限的曲线对称于原点，即阀的控制性能在两个方向上相同。

其他开口型滑阀的流量—压力特性可以比照上述方法进行分析。

2. 阀系数

滑阀的流量—压力特性也可以用特性参数——阀系数表示。阀系数在分析伺服系统的稳定性、频率响应及其他动态特性时非常重要。

（1）流量放大系数（流量增益）K_q

流量放大系数

$$K_q = \left.\frac{\partial q_L}{\partial x_v}\right|_{p_L = \text{const}}$$

它表示负载压降一定时，阀单位输入位移引起的负载流量变化的大小。流量放大系数越大，表示阀对负载流量的控制就越灵敏。

(2) 压力放大系数(压力增益)K_p

压力放大系数

$$K_p = \left.\frac{\partial p_L}{\partial x_v}\right|_{q_L = \text{const}}$$

它表示负载流量一定时,阀单位输入位移引起的负载压降变化的大小。压力放大系数越大,表示阀对负载压降的控制就越灵敏。

(3) 流量—压力系数 K_c

流量—压力系数

$$K_c = -\left.\frac{\partial q_L}{\partial p_L}\right|_{x_v = \text{const}}$$

它表示阀开口量一定时,负载单位压降变化所引起的负载流量变化的大小。由于这两种变动的方向总是相反的(即负载压差加大时通过流量减小,负载压差减小时通过流量加大),所以在它们的比值前加负号以使 K_c 总为正值。流量—压力系数大,说明很小的负载压降变化就能引起较大的流量变化,即阀的刚性差。

三个阀系数之间存在如下关系:

$$K_q = K_c \cdot K_p \tag{12-9}$$

阀系数的数值是随着工作点的变化而变化的。阀的最重要的工作点是流量—压力曲线的原点(即 $q_L = 0, p_L = 0, x_v = 0$ 处),因为伺服系统总是在原点附近工作。原点的阀系数称为伺服阀的零位阀系数,以 K_{q0}、K_{p0}、K_{c0} 表示。

对于理想零开口四边滑阀来说,零位阀系数可由式(12-8)求偏导数,得

$$\left.\begin{aligned} K_{q0} &= C_d \cdot w \cdot \sqrt{\frac{p_S}{\rho}} \\ K_{p0} &= \infty \\ K_{c0} &= 0 \end{aligned}\right\} \tag{12-10}$$

可见,理想零开口阀的零位流量增益 K_{q0} 只与供油压力 p_S 及阀口周向长度(即面积梯度)w 有关,而且是随着它们的加大而加大的。零位压力增益 $K_{p0} = \infty$,说明阀的位移刚性好,即阀只需稍一移动就能克服很大的负载。零位流量—压力系数 $K_{c0} = 0$,即无论负载压降如何变化,流量均不发生变化。

实际上由于存在泄漏,零位时 $K_{p0} \neq \infty$,$K_{c0} \neq 0$。

12.2.2 喷嘴挡板阀

喷嘴挡板阀有单喷嘴和双喷嘴两种形式,结构原理如图 12-7 所示。图 a) 为单喷嘴挡板阀,图 b) 为双喷嘴挡板阀。

喷嘴挡板阀由固定节流口 a、中间油室 b、喷嘴 1 及挡板 2 组成。喷嘴与挡板组成可变节流截面。中间油室与执行元件的油腔相通。给挡板一输入信号,挡板偏离零位,喷嘴与挡板间的节流口的通流面积发生变化,节流阻力也随之改变。若输出的流量不变,会使中间油室的压力 p_1 发生变化;若中间油室的压力不变,会使输出的流量发生变化,从而使

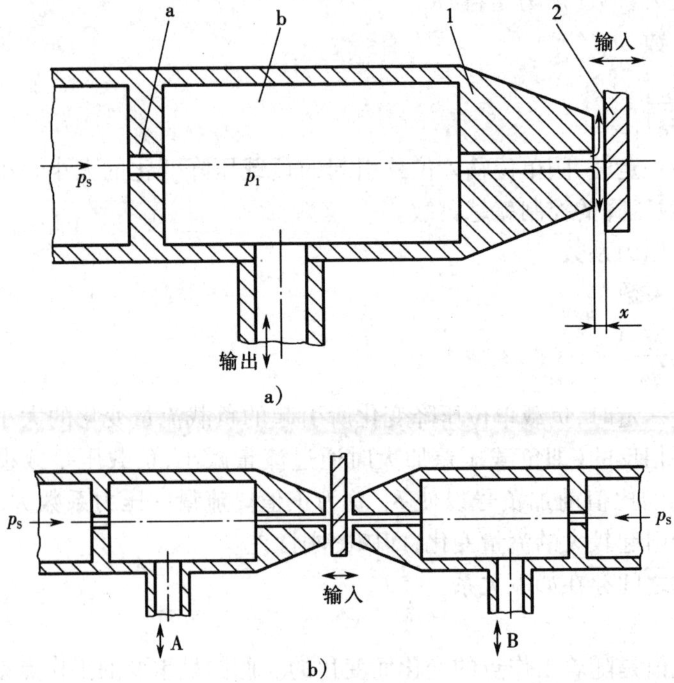

图 12-7　喷嘴挡板阀

1—喷嘴;2—挡板

执行元件产生相应的运动。

双喷嘴挡板阀有两个对称的可变节流截面,可控制执行元件 A、B 两油腔。双喷嘴挡板阀在挡板偏离零位时,一个喷嘴腔的压力升高,另一个喷嘴腔的压力降低。其压力放大倍数是单喷嘴挡板阀的两倍。

喷嘴挡板阀的优点是运动部件惯量小、位移小、反应快、精度及灵敏度高,且对油液污染不太敏感。缺点是泄漏损失较大、流量增益小。所以喷嘴挡板阀一般只能用在小功率系统中。目前,两级电液伺服阀的第一级多采用喷嘴挡板阀。

12.2.3　射流管阀

射流管阀的工作原理如图 12-8 所示。它由射流管 3、接收器 2 组成。射流管在输入信号的作用下可绕垂直于图面的轴线向左右摆动一个不大的角度。接收器上有两个并列的接收孔道 a 和 b,把射流管端部锥形喷嘴中射出的压力油分别通向液压缸左右两腔,使之产生向左或向右的运动。当射流管的喷嘴处于两接收孔的中间位置时,两接收孔道内油液的压力相等,液压缸不动;当有信号输入使射流管偏离中间位置时,两接收孔道内的压力不相等,液压缸便向着射流管偏转的方向移动,直到射流管端部锥形喷嘴又处于 a、b 两孔道中间对称位置时停止。在这种系统中,液压缸运动的方向取决于输入信号的方向,运动的速度取决于输入信号的大小。

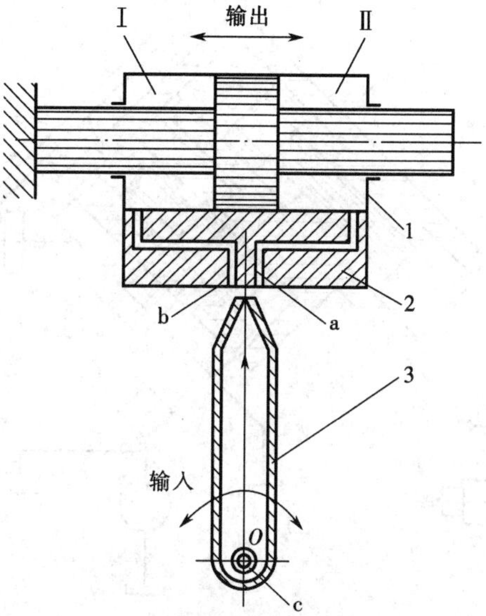

图 12-8　射流管阀

1—液压缸;2—接收器;3—射流管

射流管阀的优点是结构简单、元件加工精度要求低和抗污染能力强;缺点是射流管运动部分惯量较大、工作性能较差、射流能量损失大、零位处无功损耗亦大,而且效率较低。所以,它只适用于低压、功率较小的场合。

12.3　液压伺服系统

12.3.1　机液伺服系统

机液伺服系统以机械位移作为输入、以液压能作为动力自动控制系统工作。这种伺服系统大都有机械式的反馈装置,而且几乎都是用来进行位置控制的。

现以图 12-9 所示车床液压仿形刀架为例,对这类系统的工作原理进行简要分析。

仿形刀架装在车床刀架横溜板的后方,这样可以保留车床上原来的方刀架,不影响车床原有的性能。样件(或样板)支持在床身的后侧面。仿形刀架在工作中随车床溜板作纵向进给。液压缸活塞杆固定在刀架的底座上,液压缸体连同刀架 6 可在刀架底座的导轨上沿液压缸轴向移动。

仿形刀架由控制滑阀(伺服阀)、液压缸和反馈机构三部分组成。控制滑阀是一个三通(双边)阀,阀体与液压缸体刚性连接,与杠杆一起构成反馈机构。滑阀一端有弹簧 3,经杆 4 使触头 2 压紧在样件 1 上。位置指令由样件 1 给出,经杠杆 5 和杆 4 作用在滑阀的阀芯上。液压缸体跟随滑阀运动,使刀架在液压缸轴线方向产生仿形运动。

液压缸前腔 I 与供油路相连,其压力等于液压泵的供油压力 p_S。供油压力 p_S 由溢流

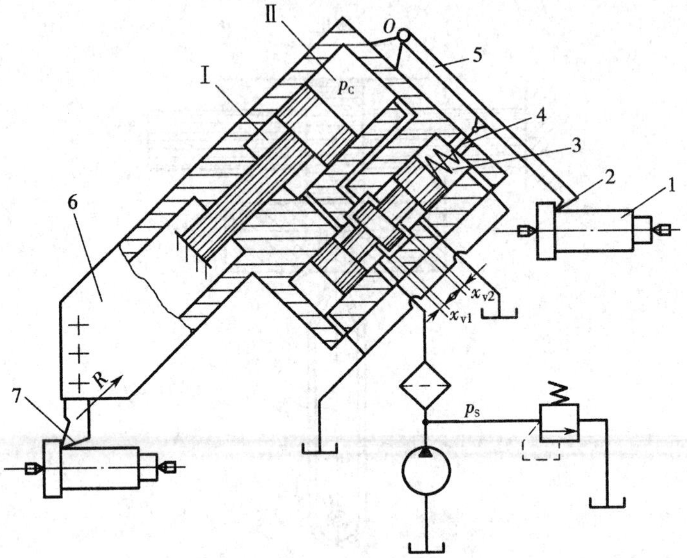

图 12-9 液压仿形刀架原理

1—样件;2—触头;3—弹簧;4—杆;5—杠杆;6—刀架;7—车刀

阀调定,在工作过程中是不变的。液压缸后腔Ⅱ经滑阀开口 x_{v1}、x_{v2} 分别与供油路和回油路相通,所以液压缸后腔Ⅱ中的压力 p_c 由滑阀开口 x_{v1} 和 x_{v2} 的比例关系决定。假定液压缸前腔Ⅰ的有效工作面积为 A,液压缸后腔Ⅱ的有效工作面积为 $2A$。当滑阀处在中间位(即 $x_{v1}=x_{v2}$)时,$p_c=\frac{1}{2}\cdot p_S$,液压缸处于相对平衡状态。

车削圆柱面时,触头 2 沿样件 1 的圆柱表面滑动,这时滑阀不动。但液压缸体在沿液压缸轴向的切削分力 R 的作用下,要产生一个退让,使滑阀开口 x_{v1} 减小,x_{v2} 增大,从而使 p_c 减小,则 $A\cdot p_s>2A\cdot p_c$,以便和切削分力 R 相平衡,即有

$$A\cdot p_S=2A\cdot p_c+R$$

这时仿形刀架又重新处于平衡状态,由溜板带动仿形刀架纵向进给车削出圆柱面(图 12-10 中的 a 点)。

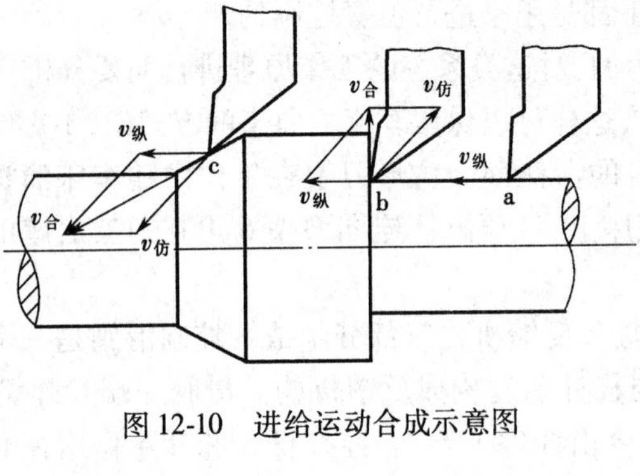

图 12-10 进给运动合成示意图

车削台肩时,触头碰到样件上的台肩,触头就绕支点 O 抬起,经杆 4 向右上方拉动阀芯,使开口 x_{v1} 增大,x_{v2} 减小,于是液压缸后腔Ⅱ中的压力 p_c 增大,$2A\cdot p_c>A\cdot p_S$,液压缸体带动车刀 7 后退。这时溜板的纵向运动 $v_纵$ 和仿形刀架液压缸体的仿形运动 $v_仿$ 所形成的合成进给运动 $v_合$ 就使车刀车出工件的台肩部分(图 12-10 中的 b 点)。所以,一般作为

附件的仿形刀架的液压缸轴线多与主轴中心线安装成45°~60°的斜角,目的就是为了车削直角的台肩。

液压缸体后退时,一方面带动阀体后退,另一方面通过触头的支点和杆4拉动阀芯也作较小的后退,综合作用结果使开口 x_{v1} 减小,x_{v2} 增大,这就是负反馈过程。当开口 x_{v1} 和 x_{v2} 恢复到原来的大小时,仿形刀架又处于平衡状态。

在车削台肩时,由于样件台肩不断将触头抬起,即不断地发出指令信号,使开口 x_{v1} 不断增大,x_{v2} 不断减小,偏差增大,连续使平衡状态受到破坏,因此液压缸体也就带动车刀不断后退,使开口 x_{v1} 减小,x_{v2} 增大,偏差减小,从而实现刀具对触头的跟随运动。但是,车刀上的切削力要比触头上的靠模力大得多,所以说仿形刀架又是一个力放大器。

12.3.2 电液伺服系统

电液伺服系统是由电气信号处理部分与液压功率输出部分组成的闭环控制系统。电液伺服系统综合了电气和液压两方面的优点,具有控制精度高、响应速度快、信号处理灵活、输出功率大等优点,因此应用极为广泛。

1. 电液伺服阀

电液伺服阀既是电液转换元件,也是功率放大元件。它能够将小功率的电信号输入转换为大功率的液压能(流量与压力)输出,是电液伺服系统的核心。

现以QDY系列电液伺服阀为例,说明电液伺服阀的工作原理及其构成。图12-11是该系列电液伺服阀的原理图。它由电磁和液压两部分组成。电磁部分是永磁式力矩马达,由永久磁铁1、导磁体2、衔铁3、控制线圈4和弹簧管5组成。液压部分是结构对称的两级液压放大器,前置级是双喷嘴挡板阀6,功率级是四通滑阀7。滑阀通过反馈杆与衔铁挡板组件相连。

力矩马达把输入的电信号(电流)转换为力矩输出。无信号电流时,衔铁由弹簧管5支承在上下导磁体的中间位置,永久磁铁在四个气隙中产生的极化磁通 ϕ_g 相同,力矩马达无力矩输出。此时,挡板处于两个喷嘴的中间位置,喷嘴挡板阀输出的控制压力 $p_{1p}=p_{2p}$,滑阀在反馈杆小球的约束下也处于中间位置,滑阀无液压信号输出。当有信号电流输入时,控制线圈产生控制磁通 ϕ_c,其大小与方向由信号电流决定,如图12-11所示。气隙b、c中,ϕ_c 与 ϕ_g 方向相同;而在气隙d中,ϕ_c 与 ϕ_g 方向相反。因此,气隙b、c中的合成磁通大于a、d中的合成磁通。于是,在衔铁上产生逆时针方向的磁力矩,使衔铁弹簧管中心逆时针方向偏转。同时,使挡板向右偏移,喷嘴挡板的右间隙减小而左间隙增大,控制压力 p_{2p} 增大而 p_{1p} 减小,推动滑阀左移,使反馈杆产生弹性变形,对衔铁挡板组件产生一个顺时针方向的反力矩。当作用在衔铁挡板组件上的磁力矩、弹簧管5的反力矩、反馈杆的反力矩等诸力矩达到平衡时,滑阀停止运动,取得一个平衡位置,并有相应的流量输出。

滑阀位移、挡板位移、力矩马达输出力矩都依次与输入信号电流成比例变化。在负载压差一定时,阀的输出流量也与信号电流成比例。当输入信号电流反向时,阀的输出流量也反向。所以,这是一种流量控制电液伺服阀。

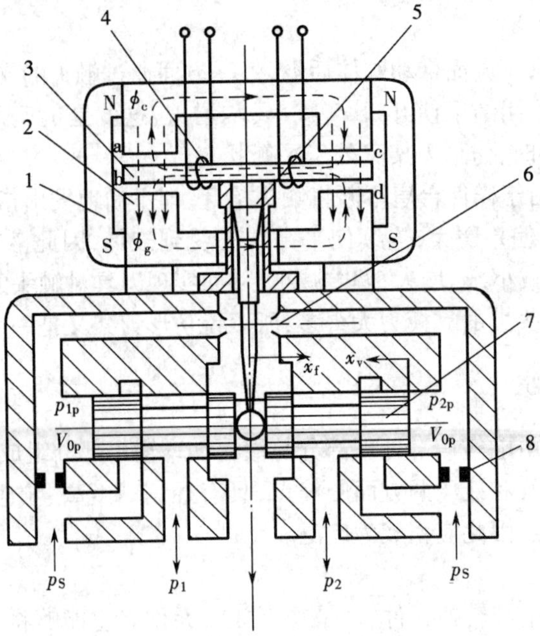

图 12-11　QDY 电液伺服阀原理图

1—永久磁铁;2—导磁体;3—衔铁;4—线圈;

5—弹簧管;6—双喷嘴挡板阀;7—滑阀;8—固定节流孔

电液伺服阀的类型和结构形式很多,但都是由电气机械转换器和液压放大器所组成,如图 12-12 所示。电气和机械转换器将小功率的电信号转变为阀的运动,然后通过阀的运动又去控制液压流体动力(流量与压力)。电气机械转换器输出力或力矩很小,在流量较大的情况下,无法用它直接驱动功率阀。此时,需要增加液压前置放大级,将电气机械转换器的输出放大,再来控制功率阀,这就构成了多级电液伺服阀。前置级可以采用滑阀、喷嘴挡板阀或射流管阀,功率级几乎都采用滑阀。

电液伺服阀与普通电磁阀或电磁比例阀不同。它的输入信号功率很小,一般只有几十毫瓦,但能够对输出的流量和压力进行连续双向控制,具有极快的响应速度和很高的控制精度。所以,它可以用来构成快速高精度的闭环控制系统。

2. 电液伺服系统应用举例

电液伺服控制应用很广,现以带材跑偏控制系统为例,简略介绍其工作原理及组成。

在带材机械卷取生产中均存在跑偏现象,即边缘位置偏移。如造纸厂在纸张卷取过程中的跑偏,轧钢厂在钢带卷取生产过程中的跑偏等。为了使带材自动卷齐,就需要进行跑偏控制,即边缘位置控制。引起跑偏的主要原因有:张力不适应或张力波动较大,辊系的不平行和存在不水平度,辊子偏心或有锥度,带材厚度不均、浪形及横向弯曲等。跑偏控制的作用在于避免带边跑偏过大,使带边实现自动卷齐,可减少带边的剪切量而提高成品率,使成品钢(纸)卷整齐,包装、运输及使用方便。

常用的有气液伺服跑偏控制和光电液伺服跑偏控制两种不同系统。两者工作原理相

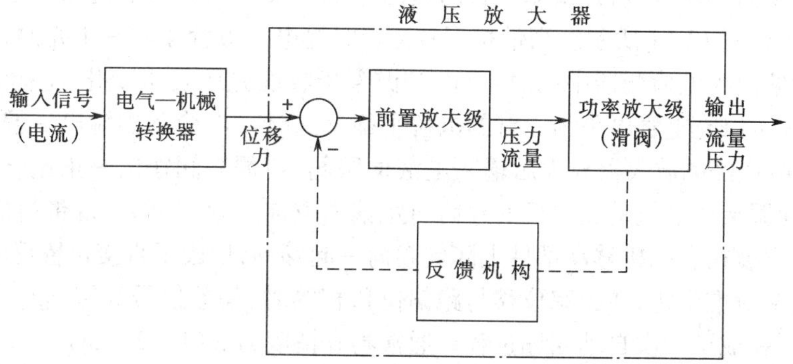

图 12-12 电液伺服阀的基本构成

同，区别仅在于检测器和伺服阀不同。前者为气动检测器和气液伺服阀；后者为光电检测器和电液伺服阀。图 12-13 a）是光电液压伺服跑偏控制系统的原理图；图 b）是液压系统图；图 c）是职能方框图。

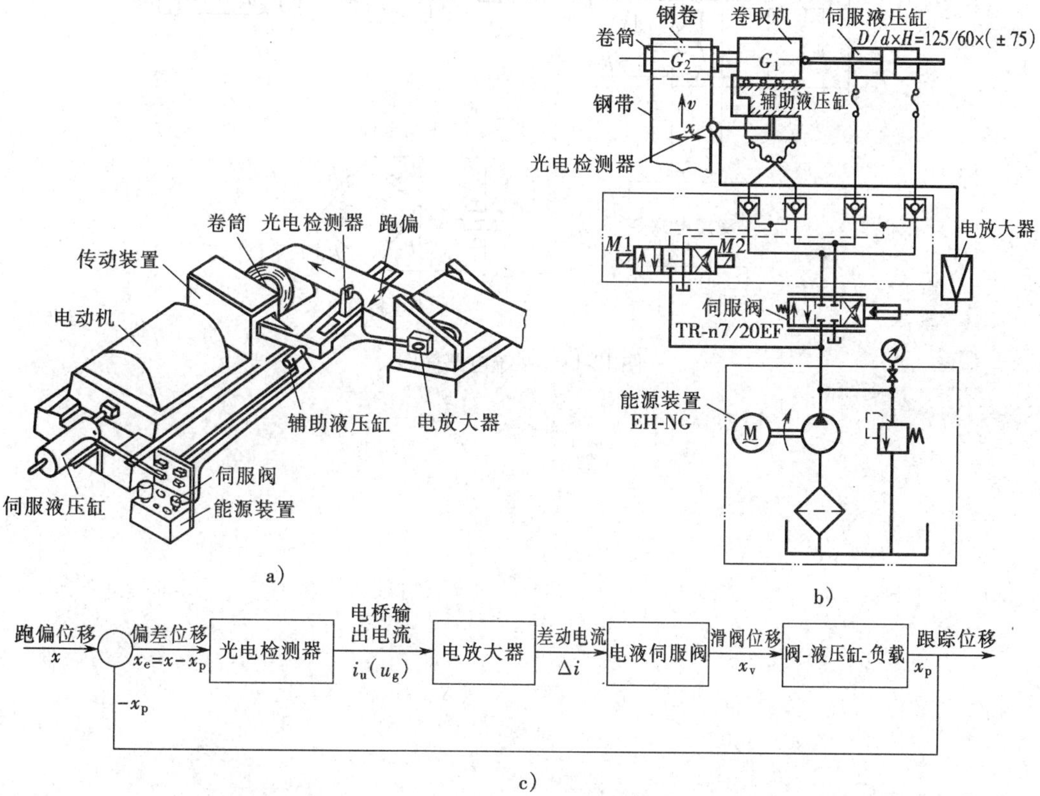

图 12-13 电液伺服跑偏控制系统

系统由光电检测器、电放大器、电液伺服阀、液压缸、卷取机和液压能源装置组成。光电检测器与卷筒刚性连接，以检测带材的横向跑偏量及方向。光电检测器由光源与光电二极管组成，如图 12-14 所示。当带材正常运行时光电二极管接收一半光照，其电阻值为 R_1。当带边偏离光电检测器中央时，光电二极管接收的光照发生变化，电阻值 R 随之变化，因而破坏了以光电管电阻为一臂的电桥平衡。这时光电检测器输出一偏差信号电压 u_g。此信号电压经电放大器放大后输入电液伺服阀，使伺服阀输出一正比于输入信号的流量，推动伺服液压缸拖动卷取机的卷筒向跑偏的方向跟踪，从而实现带材的自动卷齐。由于检测器安装在卷取机移动部件上随同卷筒一起移动，形成了直接位置反馈，很快就使检测器中央又对准带边，在跟踪位移与跑偏位移相等时，偏差信号为零，卷筒在新的平衡状态下卷取，完成了一次自动纠偏过程。通常卷齐精度为 ±（1 ~2） mm。

另设一辅助液压缸拖动检测器，以便在卷完一卷切断带材前检测器能自动退出，而在卷取下一卷前又能使检测器自动复位对准带边。

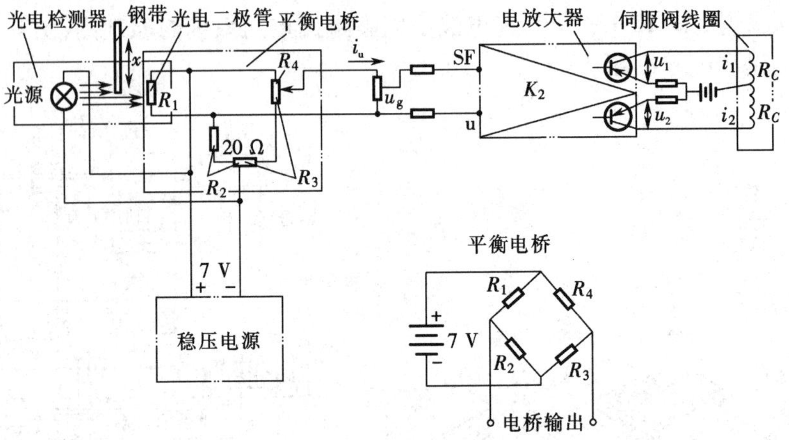

图 12-14　系统电路简图

第 13 章　液压系统设计

13.1　液压系统的设计步骤

液压系统的设计是整机设计的一部分,设计步骤如下。

13.1.1　确定对液压系统的要求

设计液压系统之前,首先要详细分析机器的工作情况,通常要考虑以下问题。

1)确定需要用液压传动完成的工作　在制定机器总体方案的过程中,必须进行充分的调查研究,根据机器的工作对象、技术要求及工作环境,将液压、机械和电力传动的各种方案从使用性能、生产条件和成本等方面进行比较,确定哪些运动需要用液压传动完成。

2)确定各运动的工作顺序或自动工作循环　对自动化程度不高的机器,根据液压执行元件的运动方式(移动、转动或摆动)及运动间的关系,确定各运动同时动作或依次动作的顺序;对自动化程度高的机器,要确定它的自动工作循环状况;对于工作循环较复杂的单个液压执行元件或相互动作关系复杂的多个液压执行元件,应绘出动作循环图(图13-1a))或整机工作循环图(图10-6),以表示出各运动部件间的动作顺序、转换方式和连锁关系。然后根据工作循环阶段中的行程 S 与时间 T,计算出各阶段的速度,并绘出速度循环图(图13-1 b)),为确定系统方案、选择液压元件提供依据。

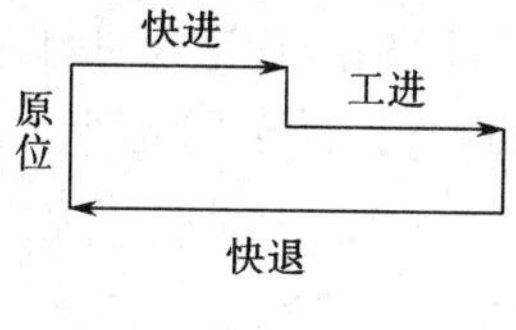

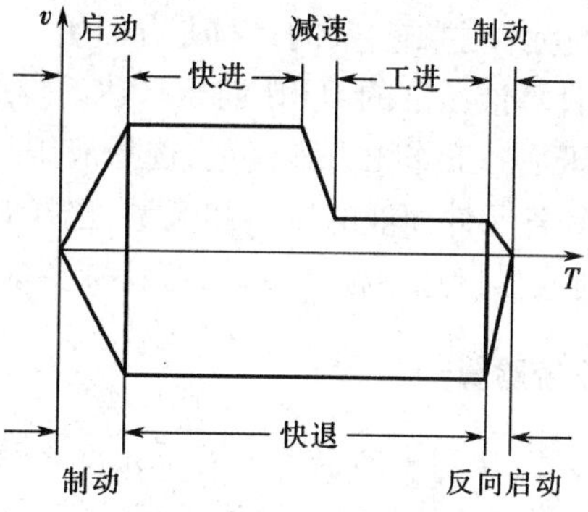

图 13-1　组合机床动作循环图

3)确定液压系统的主要性能　根据上述运动分析绘制的速度循环图,确定液压执行部件的空行程速度、工作行程速度及调速范围。通过计算或试验,对工作部件进行动力分析,确定液压执行元件所要求的最大进给力。对于某些设备,若负载变化较复杂,在条件许可时,应绘出负载循环图,为确定液压执行元件的工作压力、拟定液压系统提供依据。液压系统的工作性能还包括工作平稳性、可靠性、转换精度、停留时间、冲击量等方面的要求。

13.1.2 拟定液压系统原理图

拟定液压系统原理图,通常可以根据各个运动的要求首先选择和拟定各基本回路,然后将各个回路组成液压系统。

1. 选择基本回路

选择基本回路的依据是机器工作时对液压系统提出的运动、力及性能要求。这一步工作中常常会出现多种方案。因此,可参考同类型产品液压系统进行全面分析和比较,从而确定调速方式、液流方向的控制方式以及顺序动作控制方式等基本回路。

2. 液压系统的组成

液压基本回路确定之后,再配置辅助性回路或元件(如控制油路、润滑油路、过滤器、压力表及其测压点布置等),即可组成液压系统原理图。进行这步工作时,尚需注意以下几点:

① 组合成的液压系统应保证循环中的每一个动作安全可靠,相互间没有干扰;

② 系统中各元件的安放位置应正确,以便充分发挥其工作性能;

③ 作用相同或相近的元件,力求系统结构简单;

④ 组合成的系统应经济合理,尽量选用标准元件;

⑤ 绘制液压系统工作原理图,应考虑液压元件集成及配置形式,便于集成块设计、制造、安装、维修。

13.1.3 计算和选择液压元件

计算和选择液压元件大致包括下列内容:

① 一般执行元件主要参数的计算是从计算工作载荷开始,再根据工作载荷和执行元件的运动速度,计算液压缸的面积(液压马达的排量)、所需要的油液压力和流量;

② 计算液压泵的工作压力和流量,选择液压泵的规格,确定驱动电机的功率;

③ 根据流经各元件油液的压力和流量,选择阀类元件,确定管道尺寸和油箱容量。

选择元件时应尽量选用标准元件,有特殊要求时才自行设计专用元件。

13.1.4 液压系统验算

按照上述步骤,在初步确定各个液压元件之后,为了判断液压系统工作性能的好坏,需要对整个液压系统的某些技术性能进行验算。验算内容包括以下方面。

1) 系统的压力损失验算　液压元件的规格和管道尺寸确定之后,应估算回路的压力损失,以便确定系统的供油压力。而系统的压力损失的验算工作往往在绘出液压系统和元件的装配草图后进行。如果验算结果大于粗略计算的估算值,应修改设计。这要另选液压泵型号和规格,增大电机功率,或者增大液压缸、液压马达的结构尺寸,以降低系统工作压力。在循环中的不同动作阶段,液压回路中的压力损失不同,必须分开计算。

2）系统的发热温升验算　在液压传动中，压力损失和溢流、泄漏的能量损失绝大部分变为热能，致使系统油温升高。为了保证系统正常工作，油温升高的允许值不应超过规定范围，因而必须验算发热和散热量。由于发热和散热的因素复杂，一般仅对油箱的散热进行计算，将发热与散热相比较，以决定采取何种热平衡方式（如增大油箱容积、增加散热设施等）。

3）其他　对精度要求较高的系统，还需要验算液压冲击、换向性能等方面的问题。

13.1.5　绘制正式工作图和编制技术文件

液压系统正式工作图一般包括正式的液压系统原理图、机器管路装配图、各种非标准液压元件的装配图和零件图。

正式的液压系统原理图就是在初步拟定的液压系统原理图上标明各液压元件的型号规格，必要时附加简要说明。对于自动化程度较高的机器还应包括运动部件的动作循环图和电磁铁（或压力继电器、行程开关）动作程序表，以便使读图者确切理解系统的工作原理。

机器管路装配图是正式的安装施工图。应按实际尺寸比例绘出系统所用全部液压元件、辅件、电机、油箱等的形状，在机器上的相对位置和固定方式，相互间连接油管的规格和分布位置，各种管接头的形状和规格等。设计管路装配图，应认真考虑系统元件的连接安装形式和系统的布置方式，尽量做到安装、使用、调整、检修方便，安全可靠，外形美观，占地面积小。

自行设计的非标准液压件（如液压缸、液压泵装置、操纵板等）必须绘出部件装配图和零件图。

编制的技术文件一般包括零、部件目录表，标准件、通用件和外购件总表，试运转要求和技术说明书等。

上面所列的液压系统的设计步骤只说明了一般的设计过程和内容。在实际设计工作中，这些步骤并不是固定不变的，往往需要进行多次修改，才能初步完成一台机器液压系统的设计。

13.2　液压元件的计算和选择

13.2.1　执行元件主要参数的计算

1. 计算液压缸的工作面积、工作压力和流量

图 13-2 表示液压缸为执行元件的液压系统各部分的压力和作用力，并已经考虑了系统的压力损失。进油腔的压力 $p_{进}$ 比液压泵的调整压力 $p_{泵}$ 降低了一个数值，即主进油路中的总压力损失为 $\sum \Delta p_{进}$，而回油腔的压力 $p_{回}$ 等于主回油路中的总压力损失 $\sum \Delta p_{回}$。活塞上的总机械载荷 F 包括两部分，即活塞杆上的外部载荷 $F_{外载}$ 和活塞、活塞杆密封处的摩擦力 $F_{封1}$ 和 $F_{封2}$。

为了简化液压系统的计算，计算液压缸时可以先不考虑压力损失的影响，这时可利用

图 13-3 所示的简图。

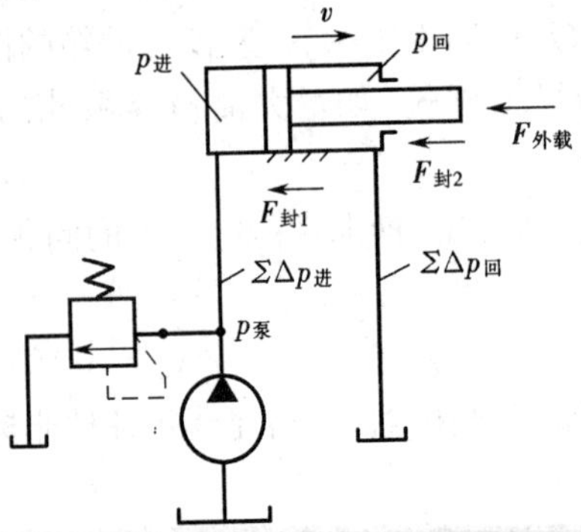

图 13-2　液压系统中各部分的压力和作用力

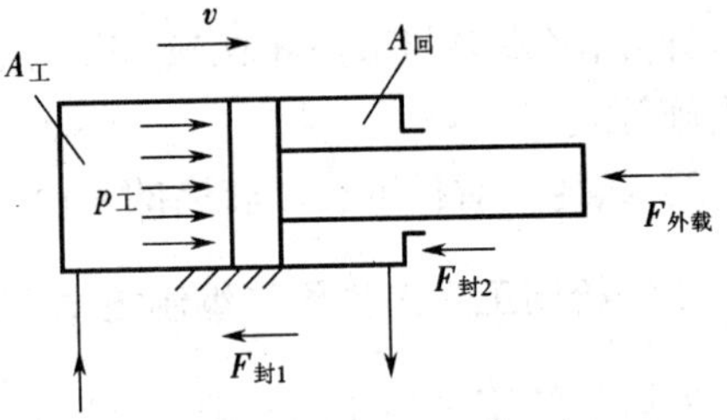

图 13-3　液压缸计算简图

(1) 计算作用在活塞上的总机械载荷 F

作用在活塞上的总机械载荷 F 包括两部分。

① 第一部分是活塞杆上所受的外部载荷 $F_{外载}$。它主要包括沿液压缸活塞运动方向的工作阻力 $F_{工}$、导轨摩擦力 $F_{摩}$ 和运动部件在启动、制动过程中的惯性力 $F_{惯}$，即

$$F_{外载} = F_{工} + F_{摩} + F_{惯} \tag{13-1}$$

② 活塞和活塞杆密封处的摩擦力 $F_{封1}$ 和 $F_{封2}$ 的总和为 $F_{封}$，即

$$F_{封} = F_{封1} + F_{封2} \tag{13-2}$$

所以作用在活塞上的总机械载荷

$$F = F_{外载} + F_{封} = F_{工} + F_{摩} + F_{惯} + F_{封} \tag{13-3}$$

上述各项内容应根据液压缸各工作阶段中实际工作情况决定其有无和大小。活塞运动方向的工作阻力 $F_{工}$ 可根据实际工作情况实测或根据有关公式计算确定。对于平导轨(图 13-4 a))，摩擦力

$$F_{摩} = \mu \cdot (G + R_N) \tag{13-4}$$

对于 V 形导轨(图 13-4 b))，摩擦力

$$F_{摩} = \mu \cdot \frac{G + R_N}{\sin \dfrac{\alpha}{2}} \tag{13-5}$$

式中　G——移动部件的重量；

R_N——工作阻力垂直于导轨上的正压力；

μ——导轨摩擦因数，参考表 13-1；

α——V 形导轨的夹角。

工作部件倾斜 β 角放置时(图 13-5)，将 $(G + R_N)$ 变为 $(G \cdot \cos\beta + R_N)$ 后代入式(13-4)、式(13-5)中。

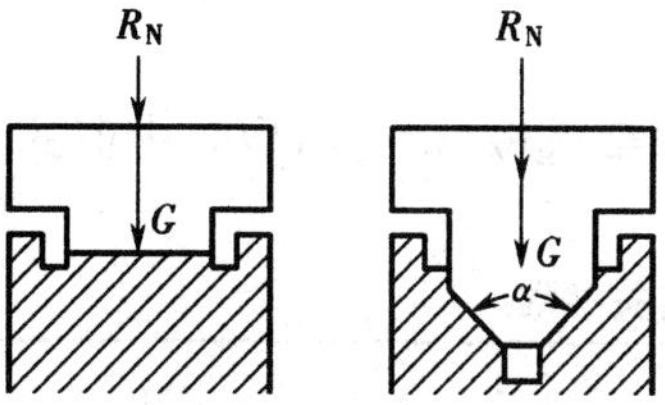

a)　　　　b)

图 13-4　导轨形式

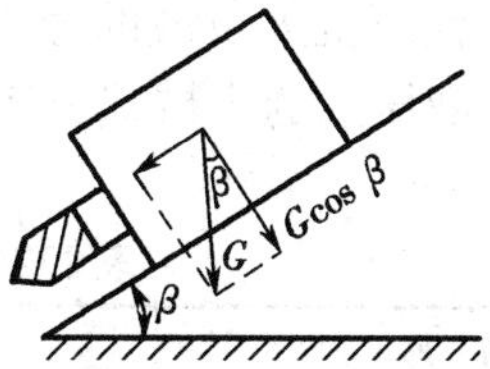

图 13-5　倾斜导轨

表 13-1　导轨摩擦因数

导轨种类	导 轨 材 料	工 作 状 态	摩 擦 因 数 μ
滑动导轨	铸铁对铸铁	启动时	0.16～0.2
		低速时（$v<10$ m/min）	0.1～0.12
		高速时（$v>10$ m/min）	0.05～0.08
滚动导轨	铸铁导轨对滚柱（滚珠）		0.005～0.02（一般取 0.01）
	淬火钢导轨对滚柱（滚珠）		0.003～0.006
静压导轨	铸 铁 对 铸 铁		0.000 5 左右

工作部件启动、制动或换向过程中，活塞所受的平均惯性力

$$F_{惯}=\frac{G\cdot\Delta v}{g\cdot\Delta t}\tag{13-6}$$

式中　$F_{惯}$——平均惯性力，N；

g——重力加速度，9.81 m/s^2；

G——运动部件的重量，N；

Δv——Δt 时间内的速度变化值，m/s；

Δt——启动、制动的时间，可取 $\Delta t=0.01\sim0.5$ s，轻载、低速运动部件取较小值，重载、高速部件取较大值。

惯性力可正可负，分析时需要注意。

密封装置引起的摩擦力的计算方法与密封装置的类型有关。当工作压力 $p<16$ MPa 时，密封装置的摩擦力

$$F_{封}=\Delta p_{摩}\cdot A_{工}\tag{13-7}$$

式中　$F_{封}$——密封装置的摩擦力，N；

$\Delta p_{摩}$——克服液压缸密封件的阻力所需空载压力，Pa（启动时按表 13-2 选取，运动时取表中值的 50%）；

$A_{工}$——进油工作腔的有效面积，m^2。

当液压缸工作压力 $p>16$ MPa 时，有

$$F_{封} = F_{外载} \times \Delta\eta_m \tag{13-8}$$

式中　$F_{外载}$——液压缸外负载的最大值,N;

$\Delta\eta_m$——液压缸的机械损失率(启动时按表13-2选取,运动时取表中值的50%)。

表13-2　密封圈形式及有关参数

密　封　圈　形　式	$\Delta p_{摩}$(MPa)	$\Delta\eta_m$
O、U、Y	<0.3	<0.04
V	<0.5	<0.06

注:活塞杆采用V形密封圈时,表中数值增大50%。

(2) 确定液压缸的工作面积和工作压力

活塞有效工作面积

$$A_{工} = \frac{F}{p_{工}} \tag{13-9}$$

式中　F——作用在活塞上的总机械载荷,N;

$p_{工}$——液压缸的有效工作压力,Pa;

$A_{工}$——有效工作面积,m^2。

应当注意,液压缸的有效工作压力 $p_{工}$ 是指作用在活塞上克服总机械载荷 F 所需压力。液压缸进油腔中的实际压力 $p_{进}$ 则还要加上回油腔背压力 $p_{回}$ 的影响,即

$$p_{进} = p_{工} + p_{回} \cdot \frac{A_{回}}{A_{工}} \tag{13-10}$$

式中　$A_{回}$、$A_{工}$——液压缸回油腔和进油腔的有效工作面积,m^2;

$p_{进}$——进油腔中的实际压力,Pa。

回油腔背压力 $p_{回}$ 可按下述选取:中、低压系统或轻载的节流调速系统,$p_{回}$ 取0.2~0.5 MPa;回油路带有背压阀的系统,背压阀的调整压力一般为0.5~1.5 MPa;带调速阀或复杂的回油路系统,$p_{回} \geqslant 0.5$ MPa;对于拉床、龙门刨床、导轨磨床,$p_{回}$ 取0.8~1.5 MPa;对于高压系统,$p_{回}$ 一般可忽略不计。

选择适当的液压缸工作压力 $p_{工}$ 是一个很重要的问题,应从结构尺寸、经济性等方面全面考虑。一般说来,液压缸工作压力选高些,可减小液压缸内径及液压系统其他元件的尺寸,使整个系统紧凑。若使用高压泵,则密封复杂,而且会导致换向冲击大等缺点;若压力选低些,就会增大液压缸内径及其他液压元件尺寸,导致整个液压系统庞大,但可简化密封。选取液压缸工作压力时可参考表13-3。

表13-3　目前我国各类机器常用的系统压力

设备类型	机床				农业机械 小型工程机械 工程机械的辅助机械	液压机 中、大型挖掘机 重型机械 起重运输机械等
	磨　床	组合机床	龙门刨床	拉　床		
系统压力(MPa)	0.8~2.0	3.0~5.0	2.0~8.0	8.0~10.0	10.0~16.0	20.0~32.0

初步计算活塞的工作面积 $A_{工}$，可以只计算活塞杆上的外部载荷 $F_{外载}$，而在机械效率中考虑密封处的摩擦力，即

$$A_{工}=\frac{F_{外载}}{p_{工}\cdot\eta_{缸}} \tag{13-11}$$

式中 $A_{工}$——活塞的工作面积，m^2；

$F_{外载}$——活塞上的最大外部载荷，N；

$p_{工}$——液压缸的有效工作压力，Pa；

$\eta_{缸}$——液压缸的机械效率（主要考虑密封处摩擦损失，初步计算可假定 $\eta_{缸}=0.85\sim0.99$，平均值约为 0.95）。

求出活塞的工作面积 $A_{工}$ 后，确定液压缸直径 D 和活塞杆直径 d。活塞杆受拉时，$\frac{d}{D}=0.3\sim0.5$；活塞杆受压时，$\frac{d}{D}=0.5\sim0.7$。

对于机床液压系统，活塞和活塞杆直径可按液压缸工作压力选取，如表 13-4 所示。

活塞杆直径可按活塞的往返速度比 φ 选取。如在组合机床中，为获得相同的往返速度，液压缸要差动连接，取 $\varphi=1$（即 $d=0.7D$）。

求得活塞、活塞杆直径后，按有关液压设计手册尺寸系列选取标准值。

表 13-4　活塞杆直径

液压缸工作压力 $p_{工}$(MPa)	≤5.0	$5.0\leqslant p\leqslant7.0$	>7.0
活塞杆直径 d(mm)	$(0.5\sim0.55)D$	$(0.62\sim0.7)D$	$\geqslant0.7D$

对于低速进给运动的机床，确定液压缸活塞工作面积 $A_{工}$ 后，还必须按最低速度验算液压缸尺寸，即应保证液压缸有效工作面积 $A_{工}$。其公式为

$$A_{工}\geqslant\frac{q_{min}}{v_{min}} \tag{13-12}$$

式中 $A_{工}$——液压缸有效工作面积，m^2；

q_{min}——流量阀的最小稳定流量，m^3/min（可在产品样本上查得）；

v_{min}——主机要求的最低工作速度，m/min。

如果液压缸有效面积 $A_{工}$ 不能满足式（13-12）要求，即说明主机不能达到所要求的最低工作速度，这时必须相应加大活塞的工作面积 $A_{工}$。

因受结构尺寸等条件的限制，液压缸内径、活塞杆直径已事先确定，可按液压缸最大负载和液压缸内径、活塞杆直径确定工作压力。

（3）确定液压缸所需流量

通常按液压缸在工作循环中最大运动速度计算所需流量：

$$q_{缸}=v_{max}\cdot A_{工}\times10^3 \tag{13-13}$$

式中 $q_{缸}$——液压缸最大运动速度时的流量，L/min；

$A_{工}$——液压缸活塞的有效工作面积，m^2；

v_{max}——液压缸活塞最大移动速度，m/min。

2. 计算液压马达的排量及所需流量

以液压马达为执行元件的液压系统的主要计算内容如下。

(1) 计算液压马达所需排量 V_M

根据主机确定的转速、转矩要求，计算液压马达所需的排量：

$$V_M = \frac{2\pi \cdot M}{\Delta p \cdot \eta_m} \times 10^6 \tag{13-14}$$

式中 V_M——液压马达所需的排量，mL/r；

M——液压马达实际输出转矩，N·m；

Δp——液压马达进、出口压力差，Pa；

η_m——液压马达的机械效率(按产品样本中指标选取，一般为0.90～0.97)。

必要时，应验算主机转速，即液压马达排量 V_M 应满足

$$V_M > \frac{q_{min}}{n_{min}} \times 10^{-3} \tag{13-15}$$

式中 q_{min}——液压马达的最小稳定流量，L/min；

n_{min}——主机要求的最低转速，r/min。

求得 V_M 值后，按产品系列规格取标准值。

(2) 计算液压马达所需流量 q_M

按液压马达在工作循环中的最高转速计算液压马达所需的最大流量 q_M，其值为

$$q_M = \frac{V_M \cdot n_{max}}{1\,000} \tag{13-16}$$

式中 q_M——液压马达的最大流量；L/min；

V_M——液压马达的排量，mL/r；

n_{max}——液压马达的最高转速，r/min。

13.2.2 选定液压泵和确定电机功率

选择液压泵时，首先应根据对液压泵的性能要求确定液压泵的形式，然后根据液压泵应保证的压力和流量确定它的具体规格。选定液压泵后，就可以计算驱动液压泵的电机的功率。

13.2.2.1 计算液压泵最高工作压力 $p_{泵}$

$$p_{泵} \geqslant p_{进} + \sum \Delta p_{进} \tag{13-17}$$

式中 $p_{泵}$——泵的最高工作压力，对定量泵来说，是溢流阀的调整压力值；

$p_{进}$——执行元件在稳态工作状况下的最高工作压力；

$\sum \Delta p_{进}$——进油管路沿程和局部压力损失。

需要说明的是，对液压机、夹紧机构等，应以行程终点时的压力作为最高工作压力。这时，$p_{泵} \approx p_{工}$。如果是在行进过程中，需考虑油液流动的压力损失。

初算时，对节流调速及管路简单的系统，进油管路沿程和局部压力损失 $\sum \Delta p_{进}$ 取 0.2～0.5 MPa；对管路复杂、进油路采用调速阀的系统，$\sum \Delta p_{进}$ 可取 0.5～1.5 MPa。详细的验算要在主机管路装配图初步画出后进行。

13.2.2.2　确定液压泵的最大流量 $q_{泵}$

液压泵的流量 $q_{泵}$ 可按下式计算：

$$q_{泵} \geqslant K \cdot \left(\sum q\right)_{max} \tag{13-18}$$

式中　$q_{泵}$——液压泵的流量，L/min；

K——系统泄漏系数（考虑到系统漏油，在节流调速系统中为保持系统压力稳定，必须有一定的溢流量，一般 K 取 1.1～1.3）；

$\left(\sum q\right)_{max}$——执行元件同时工作时系统所需最大流量，L/min。（对动作较复杂的系统，可将同时工作的执行元件作流量循环图的合成，从中求得 $\left(\sum q\right)_{max}$（图 13-6），图中 Δq 为系统总的泄漏量）。

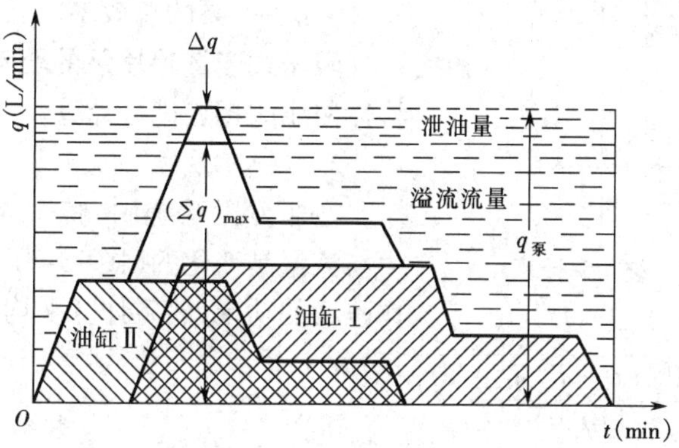

图 13-6　液压缸Ⅰ和Ⅱ总流量循环图

采用差动回路时，$q_{泵}$ 的计算公式为

$$q_{泵} \geqslant K(A_1 - A_2) v_{max} \cdot 10^3 \tag{13-19}$$

式中　K——系统泄漏系数，一般取 1.2；

A_1、A_2——液压缸无杆腔、有杆腔的有效工作面积，m^2；

v_{max}——活塞的最大移动速度，m/min。

采用蓄能器储存压力油时，$q_{泵}$ 按系统一个工作周期的平均工作流量计算，即

$$q_{泵} \geqslant \frac{K}{T} \cdot \sum_{i=1}^{n} V_i \times 60 \tag{13-20}$$

式中　K——系统泄漏系数，一般取 1.2；

T——主机整个工作循环的周期，s；

V_i——每个执行元件在工作周期中的总耗油量，L；

n——执行元件的个数。

13.2.2.3 选择液压泵规格

前面计算的$p_泵$仅是系统的静态压力。考虑系统在过渡过程中的压力超调量或周期性的压力脉动而存在着压力波动,选取液压泵额定压力应比$p_泵$高25%~60%,流量应与系统所需$q_泵$相当。选择液压泵规格、型号可参照产品样本。

13.2.2.4 确定液压泵电机功率

1. 恒压系统

在恒压系统中,液压泵驱动功率

$$P=\frac{p_泵 \cdot q_泵}{60 \cdot \eta} \tag{13-21}$$

式中 P——泵的驱动功率,kW;

$p_泵$——泵的最高工作压力,MPa;

$q_泵$——在$p_泵$压力下,泵的最大实际流量,L/min;

η——泵的总效率。

限压式变量叶片泵的驱动功率按实际流量特性曲线的拐点进行计算。

2. 非恒压系统

在非恒压系统中,整个工作循环中泵的压力与流量是变化的(图13-7)。可分别计算各工作阶段的功率,然后计算平均功率$P_{平均}$,即

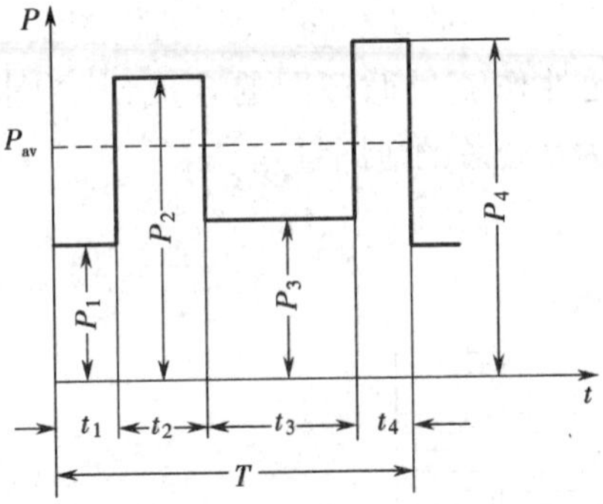

图13-7 非恒压系统功率计算

$$P_{av}=\sqrt{\frac{t_1 \cdot P_1^2+t_2 \cdot P_2^2+\cdots+t_n \cdot P_n^2}{t_1+t_2+\cdots+t_n}} \tag{13-22}$$

式中 P_{av}——平均功率,kW;

$t_1,t_2,\cdots,t_n$——整个工作循环中每一动作阶段所占用的时间,s;

$P_1,P_2,\cdots,P_n$——整个工作循环中每一动作阶段内所需的功率,kW。

选取驱动泵的电机时,应将平均功率值与各工作阶段的最大功率值进行比较。当最大功率符合电机短时超载25%的范围时,电机按平均功率选取;否则,电机应按最大功率选取。

13.2.2.5 选择控制元件

控制元件的规格是根据系统最高工作压力和通过该控制元件的最大流量在标准元件的产品样本中选取。溢流阀应按液压泵的最大流量选取。流量阀应按回路控制的流量范围选取,阀的公称流量应大于控制调速范围所要求的最大通过流量,最小稳定流量应小于调速范围所要求的最小稳定流量。其他阀类元件按所接回路的流量选取。必要时,通过的流量允许超过该阀的公称流量的20%,但不宜过大,以防止压力损失过大,引起发热、噪声,使阀的性能变坏。

13.2.2.6　油管和其他辅助装置的选择

1. 选择油管和管接头

(1) 油管类型

根据使用场合和液压系统的最大工作压力选择油管的类型。液压系统中使用的油管有钢管、铜管、尼龙管、塑料管、橡胶软管等多种。

钢管能承受高压(最高压力可达 32 MPa),价格便宜,耐油、抗腐蚀和刚性较好,但装配时不能任意弯曲,常用于装配方便的压力管道。中、高压系统可用无缝钢管。

紫铜管装配时易弯曲成各种形状,但承压能力较低,为 6.3 ~ 10 MPa,且价贵,抗震能力弱,又易使油氧化,一般只用于液压装置内部配接不便之处。黄铜管可承受较高压力,可达 25 MPa,但不如紫铜管易弯曲。

尼龙管是一种新型的乳白色半透明管,承压能力因材料而异,为 2.5 ~ 8 MPa,加热后可随意弯曲成形和扩口。目前尼龙管还限于低压管道中使用,但有着广泛的前途。

耐油塑料管价格便宜,装配方便,但承压能力低,一般只用作回油管。

橡胶软管分高压、低压两种。其承受压力随油管内径与钢丝编织层数而异,最高压力可达 32 MPa,用于两个相对运动部件之间的连接。

(2) 油管尺寸的确定

油管内径 d 可根据通过的流量和允许的流速确定,即

$$d = 4.6\sqrt{\frac{q}{v}} \tag{13-23}$$

式中　d——油管内径,mm;

q——通过油管的流量,L/min;

v——油管中的允许流速,m/s(吸油管可取 0.6 ~ 1.5 m/s,流量大时取较大值;压油管取 2.5 ~ 5 m/s,压力高时取较大值,回油管取 1.5 ~ 2 m/s)。

油管壁厚 δ 按下式计算:

$$\delta \geqslant \frac{p \cdot d}{2[\sigma]} \tag{13-24}$$

式中　δ——油管壁厚,mm;

p——管内最高工作压力,MPa;

d——油管内径,mm;

$[\sigma]$——油管材料许用应力,MPa。

对于钢管,$[\sigma] = \frac{\sigma_b}{n}$($\sigma$ 为抗拉强度,n 为安全系数)。当 $p < 7$ MPa 时,$n = 8$;当 $p < 17.5$ MPa 时,$n = 6$;当 $p > 17.5$ MPa 时,$n = 4$。对紫铜管,$[\sigma] = 25$ MPa。

计算出油管内径和壁厚之后,查阅有关手册,选用标准规格。

(3) 管接头

管接头是油管与油管、油管与液压元件间可拆式的连接件。它应满足装拆方便、连接牢固、密封可靠和外形尺寸小、通油能力大、压降小、工艺性好等要求。

管接头的种类很多，按接头的通路分为直通、三通、变径、直角等形式；按油管和管接头的连接方式分为焊接式、卡套式、管端扩口式、扣压式等；按管接头与机体的连接方式分为螺纹式、法兰式等。此外，还有种种满足特殊用途的结构。

图 13-8 a）为焊接式管接头，用于钢管连接。这种管接头连接牢固，利用球面进行密封，简单可靠。它的工作压力小于（或等于）32 MPa，缺点是装配时球形头应与钢管焊接，因而必须采用厚壁钢管。

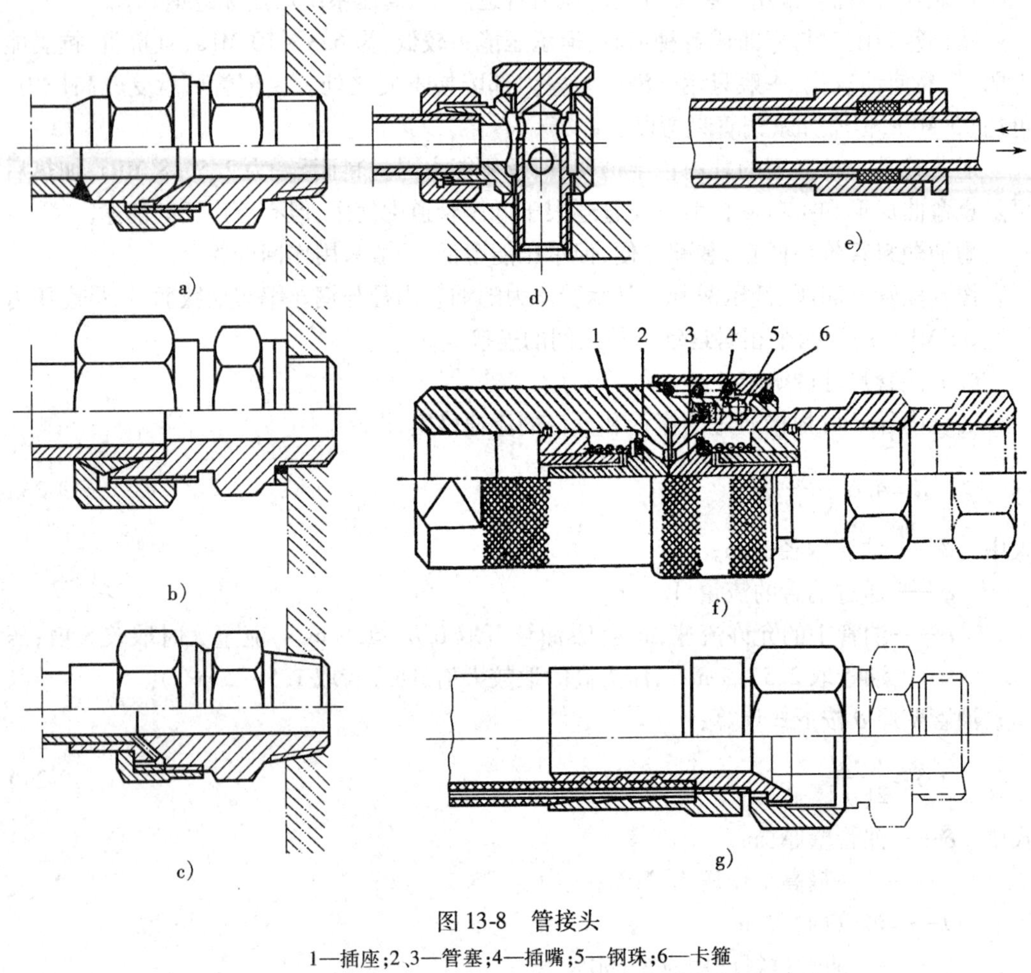

图 13-8　管接头

1—插座；2、3—管塞；4—插嘴；5—钢珠；6—卡箍

图 13-8 b）为卡套式管接头，用于钢管连接。这种管接头利用卡套卡住油管进行密封，工作压力为 32 MPa，装拆简单，无需事先焊接或扩口，但对油管的径向尺寸精度要求较高，应用精度高的冷拔钢管作油管。

图 13-8 c）为扩口式管接头，适用于铜管和薄壁钢管，也可用来连接尼龙管和塑料管。这种管接头利用油管管端的扩口在管套的紧压下进行密封。工作压力小于或等于 8 MPa。它结构简单，装拆方便。

图 13-8 d）为一种直角接头。卡套式管接头连接钢管，另一端通过螺纹与液压元件相连。这种管接头在连接管道时不受方向性限制，但结构比较复杂，工作压力同卡套式管接头。

图 13-8 e）为一种伸缩管接头，适用于两个元件有相对直线运动要求时的管道连接场合。这种管接头的结构类似一个柱塞缸。移动管的外径需精加工，固定管的管径需加大，并设置导向和密封。

图 13-8 f）为一种快速管接头，能快速装拆。将卡箍 6 向左移动时，钢珠 5 从插嘴 4 的环形槽中向外退出，插嘴不再被卡住，就可以迅速从插座 1 中拔出来。这时管塞 2 和 3 在各自的弹簧作用下将两个管口都关闭，使拆开后管道内的油液不会流失。这种管接头适用于经常需要装拆的地方。它的结构复杂，压力损失大。

图 13-8 g）为扣压式管接头，用来连接高压软管。

由于机床液压系统中的油管管径不大，它和机体间一般都采用螺纹连接。中、低压系统中采用英制锥管螺纹管接头，螺纹拧入时一般须加填料防漏；高压系统则推荐采用公制细牙螺纹加端面垫圈来与机体连接。

2. 其他辅助装置

其他辅助装置包括过滤器、蓄能器和油箱等。其选择原则和计算方法可参阅前面有关章节。

13.3 液压系统性能的验算

为判断液压系统性能，正确调整系统的工作压力，需验算管路的压力损失和温升。对动态特性有要求的系统，还需验算液压冲击或换向性能。

13.3.1 液压系统压力损失验算

系统的元件、油管和管接头选定之后，应先画出油管装配草图，然后对管路系统的总压力损失进行验算。

系统的总压力损失主要包括油液流经管道的直管沿程压力损失、局部压力损失和流经阀类元件的压力损失。油液流经管道的压力损失由第 3 章有关压力损失的公式计算。流经标准阀类元件的压力损失可由液压元件技术规格中查出。但要注意，液压元件技术规格中列出的压力损失是指通过额定流量时的压力损失，而当通过的流量小于额定流量时，实际压力损失

$$\Delta p' = \Delta p \left(\frac{q'}{q} \right)^2 \tag{13-25}$$

式中 $\Delta p'$——实际压力损失，MPa；

Δp——阀在额定流量下的压力损失，MPa；

q'——通过该阀的实际流量，L/min；

q——阀的额定流量，L/min。

管路系统的总压力损失

$$\Delta p = \sum \Delta p_{沿} + \sum \Delta p_{局} \tag{13-26}$$

式中　Δp——总压力损失,MPa;

$\sum \Delta p_{沿}$——管路系统沿程压力损失之和,MPa;

$\sum \Delta p_{局}$——管路系统局部压力损失之和,MPa。

当液压缸活塞工作面积不等时,应分别计算液压缸进油路和回油路的压力损失。这时液压泵的总压力损失

$$\Delta p = \Delta p_{进} + \Delta p_{回} \cdot \frac{A_{回}}{A_{进}} \tag{13-27}$$

式中　$\Delta p_{进}$、$\Delta p_{回}$——进油路、回油路的总压力损失,MPa;

$A_{进}$、$A_{回}$——液压缸进、回油腔的有效工作面积,m^2。

如果计算所得的管路总压力损失与初步设计假定的压力损失相差较大,应对设计进行修改,重新选择管道尺寸、阀规格,以降低压力损失。

13.3.2　液压系统的温升计算

液压系统工作中的各种压力损失、容积损失和机械损失组成系统总的能量损失。其中绝大部分变为热能,使油液温度升高。油液温度过高对系统产生不利影响:加速油液变质;油液黏度降低,系统泄漏增大;机器产生热变形,精度降低,使液压元件中热膨胀系数不同的相对运动零件间隙变小甚至卡死而失效。为保证系统正常工作,油液温度必须控制在规定范围之内,见表13-5。

表13-5　各种机械允许油温　(℃)

液压设备名称	正常工作温度	最高允许温度	油及油箱的温升
机　床	30~55	55~70	≤30~35
工程机械、矿山机械	50~80	70~90	≤35~40
数控机床	30~50	55~70	≤25
金属粗加工机械 无屑加工机械	40~70	60~90	
机车车辆	40~60	70~80	
船　舶	30~60	80~90	

油液温升验算是计算系统发热量和散热量,使热平衡后的温度满足表13-5中的允许值。由于发热和散热的因素复杂,仅以系统效率为主要因素概略计算发热量,以油箱为对象作散热计算。

13.3.2.1　液压系统发热计算

1. 热流量计算

$$q_{H} = P_{电} \cdot (1 - \eta) \tag{13-28}$$

式中　q_H——热流量，kW；

$P_{电}$——液压泵电机的实际输出功率，kW；

η——液压系统的总效率。

总效率 η 按下式计算：

$$\eta = \frac{p_{工} \cdot q_{缸} \cdot \eta_{缸}}{60 \times P_{电}} \tag{13-29}$$

式中　$p_{工}$——液压缸有效工作压力，MPa；

$q_{缸}$——液压缸实际流量，L/min；

$\eta_{缸}$——液压缸效率。

2. 系统总发热量 Q_H 计算

如果一个工作循环中有几个工序，因各工序的功率不同，根据各个工序的热流量求出系统平均发热功率：

$$Q_H = \frac{1}{T} \sum_{i=1}^{i=n} P_{电i} \cdot (1 - \eta_i) \cdot t_i \tag{13-30}$$

式中　Q_H——系统平均发热功，kW · h；

T——工作循环周期，h；

$P_{电i}$——电机在每个工序中的输入功率，kW；

t_i——各工序的工作时间，h；

i——工序的次序号；

η_i——各工序的效率。

热量 Q_H 用焦耳(J)和千卡(kcal)表示时有以下关系：

$$1\ kW \cdot h = 3.60 \times 10^6\ J$$

$$1\ kW \cdot h = 860\ kcal$$

液压系统产生的热量一部分使油液和液压系统发热，一部分经过冷却表面散发到空气中。经过一定时间后，系统产生的热量 Q_H 全部被冷却表面所散发，系统达到热平衡状态。

13.3.2.2　油箱散热功 Q'_H 的近似计算

$$Q'_H = K \cdot A \cdot (T_1 - T_2) = K \cdot A \cdot \Delta T \tag{13-31}$$

式中　Q'_H——油箱散热功，J；

K——油箱的散热系数，J/(m^2 · ℃)，见表 13-6；

A——油箱散热面积，m^2；

T_1——允许的最高油温(一般选 55 ℃)，℃；

T_2——环境温度，℃；

ΔT——油与环境的温度之差，即液压系统的温升，℃。

由上式得

$$\Delta T = \frac{Q'_H}{K \cdot A}$$

计算出的 ΔT 与环境温度之和应不超过油液的最高允许温度。

表 13-6　油箱的散热系数 K

冷　却　条　件	$K[J/(m^2 \cdot ℃)]$
通　风　很　差	7~8
通　风　良　好	13
风　扇　冷　却	20
循环水强制冷却	90~150

13.4　液压装置的结构设计

液压系统原理图确定之后,应根据所选择的液压元件、辅助元件进行液压装置的设计。其内容包括液压装置的结构形式、元件的配置形式及管路连接方式的选择。

13.4.1　液压装置的结构形式

液压装置的结构形式有集中式和分散式两种。

集中式结构是将液压系统的油源、控制调节装置独立于机器之外,单独设置一个液压泵站。其优点是安装维修方便,油源的振动、发热都与机器隔开;缺点是泵站增加了占地面积。

分散式结构是将液压系统的油源、控制调节装置分散在机器各处。例如,以机床床身或底座作油箱,安放油源;把控制调节装置设置在便于操作的地方等等。其优点是结构紧凑,节省占地面积,易于回收泄漏油液;缺点是安装维修较复杂,油源的振动、发热都对机器的工作精度产生不利的影响。

13.4.2　液压元件的配置形式

液压系统中元件的配置形式有板式配置与集成式配置两种。

板式配置是把标准元件与其底板用螺钉固定在竖立着的平板上。底板上的油路用油管接通。优点是元件集中、整齐、更换方便;缺点是配管工作量和安装空间仍然较大。图 13-9 为板式配置情况。

集成式配置是以某种专用或通用的辅助元件把标准液压元件组合在一起。这种配置方式按其所用辅助件形式的不同,又可分成箱体式、集成块式和叠加阀式三种。

1. 箱体式集成配置

箱体式集成配置是按系统需要设计出专用的箱体,将标准元件用螺钉固定在箱体上,元件之间的油路由做在箱体上的孔道接通(图 13-10)。

2. 集成块式集成配置

集成块式集成配置是根据典型液压系统的各种基本回路做成通用化的集成块,用它

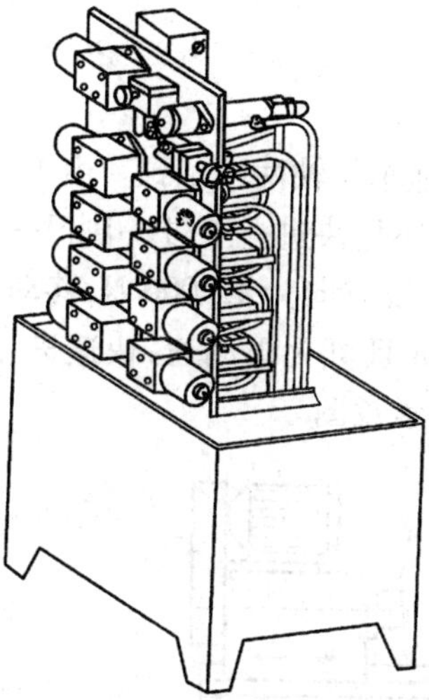

图 13-9　液压元件的板式配置

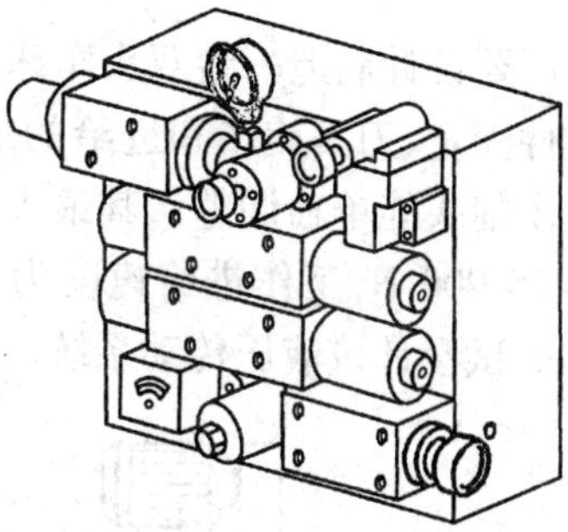

图 13-10　液压元件的箱体式集成配置

们来拼接出各种液压系统。集成块的上下两面为块与块之间的连接面，其余四面除一面安装管接头通向执行部件外，其余都供固定标准元件使用，一个系统所需集成块的数目视其复杂程度而定。集成块式集成配置如图 13-11 所示。

3. 叠加阀式集成配置

叠加阀式集成配置是采用标准化的液压元件或零件（阀体都做成标准尺寸的长方体）通过螺栓将阀体叠接在一起，组成一个系统，如图 13-12 所示。

集成式配置节省大量油管和管接头，结构紧凑，体积小，可根据需要配置。因此，这种形式获得广泛的应用。

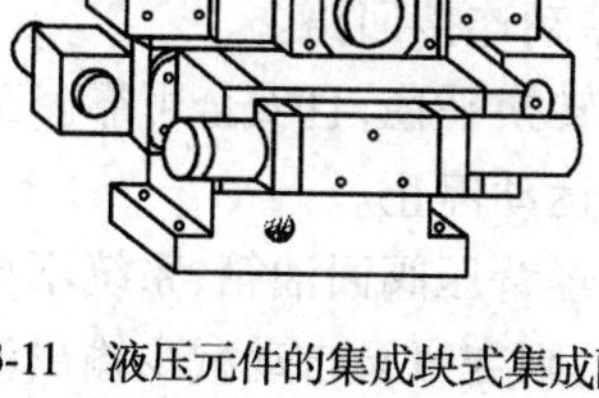

图 13-11　液压元件的集成块式集成配置

图 13-12　液压元件的叠加阀式集成配置

13.5 液压传动系统设计示例

某厂要设计制造一台双头车床，用于加工压缩机拖车长轴两端轴颈。由于零件较长，采用零件固定、刀具旋转和进给的加工方式。动作循环是快进—工进—快退—停止。要求各个车削头能单独调整。其最大切削力在导轨中心线方向为 12 000 N，移动部件的总重力为 15 000 N，工作进给速度为 20 ~ 1 200 mm/min 且可无级调速，快速进、退速度为 4 m/min，试设计该液压传动系统。图 13-13 为该机床示意图。

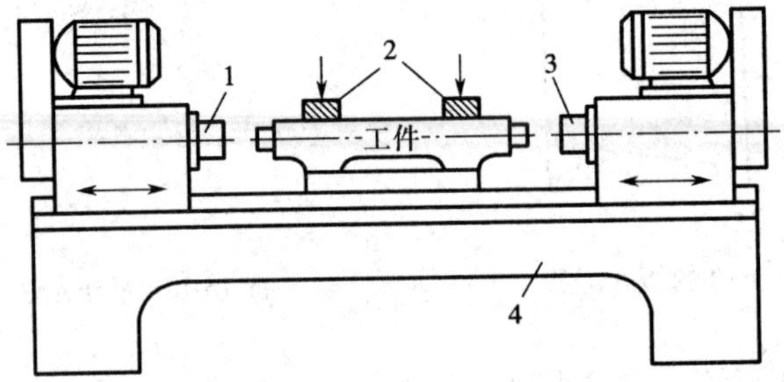

图 13-13 双头车床示意图

1—左主轴头；2—夹具；3—右主轴头；4—床身

13.5.1 确定液压系统工作要求

根据加工要求，刀具旋转采用机械传动，主轴头沿导轨中心线方向的“快进—工进—快退—停止”工作循环采用液压传动方式，选用液压缸作执行机构。

考虑到车削进给系统传动功率不大，且要求低速稳定性好，粗加工时负载有较大变化，故拟选用调速阀、变量泵组成的容积节流调速方式。

为自动实现上述工作循环，并保证零件的加工长度（该长度并无过高的精度要求），拟采用行程开关及电磁换向阀组成行程控制顺序动作回路，实现顺序动作。

13.5.2 拟定液压系统原理图

该系统同时驱动两个车削头，其动作循环完全相同。

为保证快速进退速度相等，并减小液压泵流量，选用差动连接回路。

在行程控制中，由快进转工进时，采用机动滑阀，速度转换平稳，且安全可靠。工进终端，压下行程开关返回。快退到终点，压下电气行程开关，运动停止。

快进转工进后，系统压力升高，遥控顺序阀打开，回油经背压阀回油箱，系统不再差动连接。此处设置背压阀使工进运动平稳，若系统压力升高，则变量泵自动减少输出流量。

两车削头可分别进行调节。调整一端时，另一端应停止。分别调节两个调速阀得到不同的进给速度；同时，还可使两车削头具有较高的同步精度。

双头车床液压系统如图 13-14 所示，电磁铁动作顺序表见表 13-7。

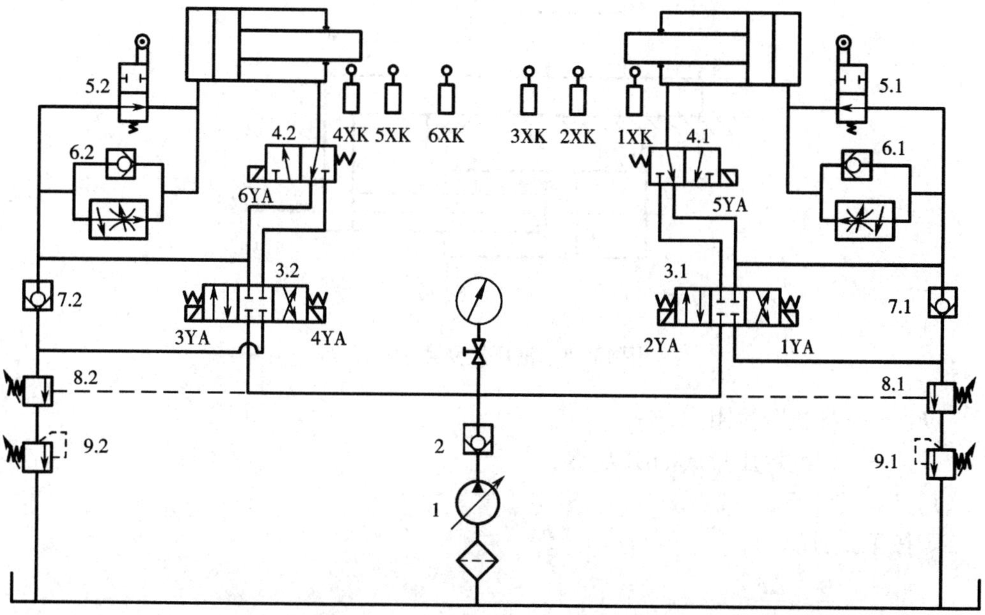

图 13-14　双头车床液压系统工作原理

1—变量泵;2、7—单向阀;3、4—电磁阀;5—行程阀;6—单向调速阀;8—顺序阀;9—背压阀

表 13-7　电磁铁动作顺序表

序　号	动作名称	电磁铁			行程阀	发信元件
		1(3)YA	2(4)YA	5(6)YA		
1	液压泵启动					泵启动按钮
2	差动快进	○			开	启动按钮
3	工作进给	○		○	关	
4	快速退回		○	○		行程开关 2XK
5	原位停止					行程开关 1XK
6	液压泵停					泵停止按钮

13.5.3　计算和选择液压元件

13.5.3.1　液压缸的计算

1. 计算液压缸的总机械载荷 F

根据机构的工作情况,液压缸受力如图 13-15 所示。总机械载荷

$$F = F_{工} + F_{惯} + F_{封} + F_{摩} + F_{回}$$

式中　$F_{工}$——按题目给定为 12 000 N;

$F_{惯}$——活塞上所受惯性力,N;

$F_{封}$——密封阻力,N;

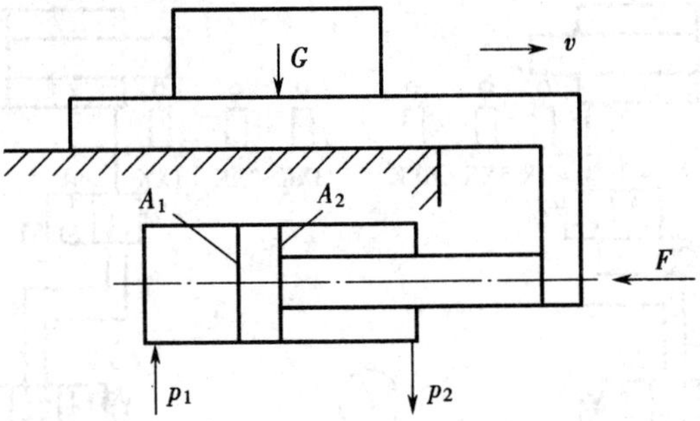

图 13-15　液压缸受力示意图

$F_{摩}$——导轨摩擦阻力，N；

$F_{回}$——回油背压形成的阻力，N。

(1) $F_{惯}$ 的计算

$F_{惯}$ 按下式计算

$$F_{惯}=\frac{G}{g}\cdot\frac{\Delta v}{\Delta t}$$

式中　G——液压缸驱动的总重力，题目给定为 15 000 N；

g——重力加速度，9.81 m/s^2；

Δv——速度变化量，由题知，工进时 $\Delta v=1.2$ m/min $=0.02$ m/s；

Δt——启动或制动时间，一般为 0.01 ~ 0.5 s，因移动较重的重物，取 $\Delta t=0.2$ s。

将上面各值代入上式，得

$$F_{惯}=\frac{G}{g}\cdot\frac{\Delta v}{\Delta t}=\frac{15\ 000\ \text{N}}{9.81\ \text{m/s}^2}\cdot\frac{0.02\ \text{m/s}}{0.2\ \text{s}}=153\ \text{N}$$

(2) $F_{封}$ 的计算

$F_{封}$ 按式(13-7)计算

$$F_{封}=\Delta p_{摩}\cdot A_{工}$$

式中　$\Delta p_{摩}$——克服液压缸密封件摩擦阻力所需要的空载压力，Pa（如液压缸选"Y"型密封圈，设液压缸工作压力 $p<16$ MPa，由表 13-2 查得 $\Delta p_{摩}<0.3$ MPa，取 $\Delta p_{摩}=0.2$ MPa）；

$A_{工}$——进油工作腔有效面积，m^2，此值属未定数值，初估为 80 cm^2。

启动时　$F_{封}=0.2\times10^6\times0.008=1\ 600$ N

运动时　$F_{封}=0.2\times10^6\times0.008\times50\%=800$ N

(3) $F_{摩}$ 的计算

该机床导轨材料选用铸铁，结构受力情况如图 13-16 所示，那么铸铁件之间的摩擦力

$$F_{摩}=\left(\frac{G+F_z}{2}\right)\cdot\mu+\left(\frac{G+F_z}{2}\right)\cdot\frac{\mu}{\sin\frac{\alpha}{2}}$$

式中　G——驱动的总重力，N；

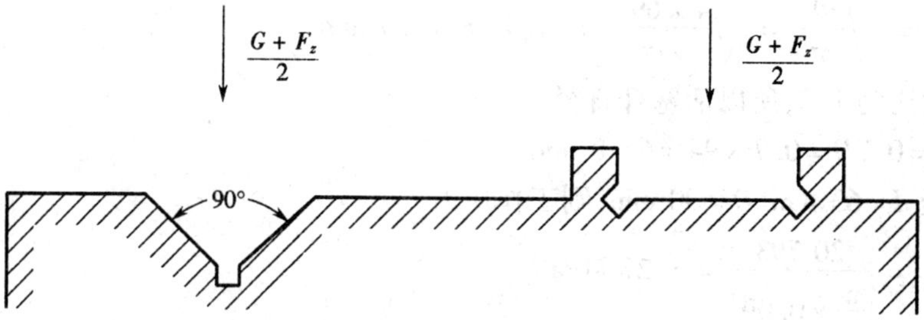

图 13-16　机床导轨结构受力示意图

F_z——切削力在导轨垂直方向的分力(按切削原理,一般 $F_z:F_y:F_x=1:0.4:0.3$,本题给定 $F_x=12\,000$ N,则 $F_z=\frac{12\,000}{0.3}=40\,000$ N);

μ——摩擦因数,按表 13-1 选 $\mu=0.1$;

α——V 形导轨夹角,$\alpha=90°$。

将上面各值代入上式,得

$$F_{摩}=\left(\frac{G+P_z}{2}\right)\cdot\mu+\left(\frac{G+P_z}{2}\right)\cdot\frac{\mu}{\sin\frac{\alpha}{2}}$$

$$=\left(\frac{15\,000+40\,000}{2}\right)\times0.1+\left(\frac{15\,000+40\,000}{2}\right)\times\frac{0.1}{\sin 45°}$$

$$=6\,640\ \text{N}$$

(4)$F_{回}$ 的计算

回油背压形成的阻力按下式计算:

$$F_{回}=p_{出}\cdot A_2$$

式中 $p_{出}$——回油背压,一般为 0.3 ~ 0.5 MPa,取 $p_{出}=0.3$ MPa;

A_2——有杆腔活塞面积,考虑两边差动比为 2,已初估 $A_1=80\ \text{cm}^2$,故 $A_2=40\ \text{cm}^2$。

将上面各值代入上式,得

$$F_{回}=p_{出}\cdot A_2=0.3\ \text{MPa}\times0.004=1\,200\ \text{N}$$

分析液压缸各工作阶段受力情况,得知在工进阶段受力最大,作用在活塞上的总机械载荷

$$F=F_{工}+F_{惯}+F_{封}+F_{回}=12\,000+153+800+6\,640+1\,200$$
$$=20\,793\ \text{N}$$

2. 确定液压缸的结构尺寸和工作压力

按表 13-3 经验数据确定系统工作压力。工作压力取 $p_{工}=3$ MPa。

液压缸工作腔有效工作面积

$$A_1=\frac{F}{p_{工}}=\frac{20\,793}{3.0\times10^6}=0.006\,93\ \text{m}^2=69.3\ \text{cm}^2$$

活塞直径

$$D = \sqrt{\frac{4A_1}{\pi}} = \sqrt{\frac{4 \times 69.3}{\pi}} = 9.4\ \text{cm} = 94\ \text{mm}$$

因差动比为1:2,所以活塞杆直径

$$d = 0.7D = 0.7 \times 94 = 65.8\ \text{mm}$$

取标准直径 $d = 63$ mm, $D = 90$ mm,则工作压力

$$p_{工} = \frac{20\,793}{\frac{\pi}{4} \times 0.09^2} = 3.27\ \text{MPa}$$

今取 $p_{工} = 3.3$ MPa。

由于两个切削头工作时需做低速进给运动,在确定液压缸活塞面积 A_1 之后,还必须按最低进给速度验算液压缸尺寸。设液压缸有效工作面积为 A_1,则

$$A_1 \geqslant \frac{q_{min}}{v_{min}}$$

式中 q_{min}——流量阀最小稳定流量,取调速阀最小稳定流量为50 mL/min;

v_{min}——活塞最低进给速度,本例为20 mm/min;

A_1——液压缸有效工作面积,cm^2。

根据上面计算值,得

$$A_1 = \frac{\pi}{4}D^2 = \frac{\pi}{4} \times 9^2 = 63.59\ \text{cm}^2$$

又 $\frac{q_{min}}{v_{min}} = \frac{50}{2} = 25\ \text{cm}^2$,所以

$$A_1 > \frac{q_{min}}{v_{min}}$$

说明液压缸尺寸满足活塞最小稳定速度要求。

13.5.3.2 液压泵的计算

1. 确定液压泵的实际工作压力 p_B

$$p_B = p_{工} + \Delta p_{总}$$

式中 $p_{工}$——前面已选定为3.3 MPa;

$\Delta p_{总}$——$\Delta p_{沿程} + \Delta p_{局部}$ 之和,对于进油路采用调速阀的系统,$\Delta p_{总}$ 可估为0.5~1.5 MPa,取1 MPa。

因此,可确定液压泵的实际工作压力

$$p_B = 3.3\ \text{MPa} + 1\ \text{MPa} = 4.3\ \text{MPa}$$

2. 确定液压泵的流量

$$q_B = K \cdot q_{max}$$

式中 K——泄漏因数,取1.1;

q_{max}——两切削头快进时所需最大流量之和。

q_{max}的计算为:

$$q_{max} = 2 \times A_{差动} \cdot v_{快} = 2 \times \frac{\pi}{4} \times 6.3^2 \times 400$$

$$= 25 \text{ L/min}$$

将上面各值代入上式，得

$$q_B = 1.1 \times 25 = 27.5 \text{ L/min}。$$

按压力 4.3 MPa，流量 27.5 L/min，液压泵具有变量功能，选择 YBX—40B 液压泵。

3. 确定液压泵电机的功率

该系统选用变量泵，故应分别计算快速空载所需功率与最大工进时所需的功率。

(1) 最大工进时所需的功率

由式(13-21)得

$$P_{工} = 2 \times \frac{p_B \cdot q_{工max}}{60 \cdot \eta}$$

式中 $q_{工max}$—— 一个液压缸最大工进速度下所需流量；

p_B——液压泵实际工作压力，取 4.3 MPa；

η——液压泵总效率，取 $\eta = 0.8$。

$q_{工max}$的计算如下：

$$q_{工max} = \frac{\pi}{4} D^2 \cdot v_{工max} = \frac{\pi}{4} \times 9^2 \times 120 = 7.6 \text{ L/min}$$

将上面各值代入上式得

$$p_{工} = 2 \times \frac{4.3 \times 7.6}{60 \times 0.8} = 1.36 \text{ kW}$$

(2) 空载快速时所需功率

空载快速时，$F_{空载} = F_{惯} + F_{封} + F_{摩}$，其中各量计算如下：

$$F_{惯} = \frac{G}{g} \cdot \left(\frac{\Delta V}{\Delta t}\right) = \frac{15\,000}{9.81} \cdot \frac{4/60}{0.2} = 510 \text{ N}$$

$$F_{封} = 0.2 \times 10^6 \times \frac{\pi}{4} \times 0.063^2 \times 50\% = 155 \text{ N}$$

$$F_{摩} = \frac{G}{2} \cdot f + \frac{G}{2} \cdot \frac{f}{\sin \frac{\alpha}{2}} = \frac{15\,000}{2} \times 0.1 + \frac{15\,000}{2} \times \frac{0.1}{\sin 45°}$$

$$= 1\,800 \text{ N}$$

所以 $F_{空载} = 510 + 155 + 1\,800 = 2\,465 \text{ N}$

空载快速时，取 $\Delta p_{总}$ 为 0.5 MPa。于是空载快速进给时，液压泵输出压力

$$p_B = \frac{F_{空载}}{A_{差动}} + \Delta p_{总} = \frac{2\,465}{\frac{\pi}{4} \times 0.063^2} + 0.5$$

$$= 1.29 \text{ MPa}$$

前已求出，液压泵最大流量 $q_B = 27.5$ L/min。空载快速功率

$$P_{空} = \frac{p_B \cdot q_B}{60 \times 0.8} = \frac{1.29 \times 27.5}{60 \times 0.8} = 0.74\ \text{kW}$$

故按最大工进时所需功率选取电机。

13.5.3.3　选择控制元件

将上述各液压元件的工作压力及流量计算值列入表13-8。

表13-8　液压元件的工作压力及流量

序　号	元件名称	工作压力(MPa)	流　量(L/min)
1	液压泵	$p=4.3$	$q=27.5$
2	单向阀	$p=4.3$	$q=27.5$
3	三位四通换向阀	$p=4.3$	$q=12.5$
4	二位三通换向阀	$p=4.3$	$q=12.5$
5	二位三通行程换向阀	$p=1.3$	$q=12.5$
6	单向调速阀	$p=4.3$	$q=7.6$
7	单向阀	$p=4.3$	$q=7.6$
8	顺序阀	$p=1.3$	$q=7.6$
9	背压(溢流)阀	$p=0.3$	$q=7.6$

为规范设计集成块油路,依据系统最大工作压力及通过各液压元件的流量,各控制阀尽可能取相同通径。在液压元件产品样本中选定标准元件型号并列入表13-9中。

表13-9　双头车床液压元件明细表

序　号	元件名称	型　号	数　量
1	限压式变量叶片泵	YBX—40B	1
2	单向阀	S10P.0/	1
3	三位四通电磁换向阀	4WE10E20/AG24NZ5L	2
4	二位三通电磁换向阀	4WE10E20/AG24NZ5L	2
5	二位三通行程换向阀	3WMU6A50/	2
6	单向调速阀	2FRM10-20/10	2
7	单向阀	S10P1.0/	2
8	顺序阀	DZ6DP2-50/25XY	2
9	背压(溢流)阀	DBDS6P10/2.5	2

13.5.3.4　油管及其他辅助装置的选择

1.查阅设计手册,选择油管公称通径、外径、壁厚参数

液压泵出口流量以27.5 L/min计,选取通径$\phi10$;液压泵吸油管管径稍大,选$\phi12$;其

余油管按流量 12.5 L/min 计,选 $\phi 8$。

2. 确定油箱容量

一般取泵流量的 3 ~5 倍,本例取 4 倍,有效容积

$$V = 4 \times q_B = 4 \times 30 = 120\ \text{L}$$

13.5.4 液压系统性能验算

绘制液压系统装配管路图后应验算压力损失。该液压系统较简单,验算从略。

本系统采用限压式变量泵,效率高,功率小,发热少,油箱容量较大,不再检验温升。

参 考 文 献

[1] 雷天觉. 新编液压工程手册[M]. 北京:北京理工大学出版社,1998.

[2] 上海市业余工业大学. 液压传动与控制[M]. 上海:上海科学技术出版社,1981.

[3] 杨宝光. 锻压机械液压传动[M]. 北京:机械工业出版社,1985.

[4] 机械工程手册编辑委员会. 机械工程手册[M]. 北京:机械工业出版社,1997.

[5] A. H. 海恩. 流体动力系统的故障诊断及排除[M]. 易孟林,等,译. 北京:机械工业出版社,2000.

[6] 何存兴. 液压元件[M]. 北京:机械工业出版社,1988.

[7] 左健民. 液压与气压传动[M]. 北京:机械工业出版社,2001.

[8] 章宏甲,黄谊. 机床液压传动[M]. 北京:机械工业出版社,1987.

[9] 林国重,盛东初. 液压传动与控制[M]. 北京:北京工业学院出版社,1986.

[10] 大连工学院机械制造教研室. 金属切削机床液压传动[M]. 北京:科学出版社,1978.

[11] 黎启柏. 电液比例控制与数字控制系统[M]. 北京:机械工业出版社,1997.

[12] 王兴天. 塑料成型技术[M]. 北京:化学工业出版社,2001.

[13] 绪方胜彦. 系统动力学[M]. 北京:机械工业出版社,1983.

[14] 路甬祥. 流体传动控制技术的历史进程与展望[J]. 机械工程学报,2001,10(37).

[15] 何存兴. 液压传动与气压传动[M]. 武汉:华中科技大学出版社,2000.

[16] 李洪人. 液压控制系统[M]. 修订版. 北京:国防工业出版社,1990.

[17] 王春行. 液压伺服控制系统[M]. 北京:机械工业出版社,1981.

[18] 李寿刚. 液压传动[M]. 北京:北京理工大学出版社,1994.

[19] 官忠范. 液压传动系统[M]. 3 版. 北京:机械工业出版社,1997.

[20] 王懋瑶. 液压传动与控制教程[M]. 天津:天津大学出版社,1985.